蘭花與蒲公英

讓孩子的敏感天性，成為肯定自我、發揮潛力、強化韌性的助力

THE ORCHID AND THE DANDELION

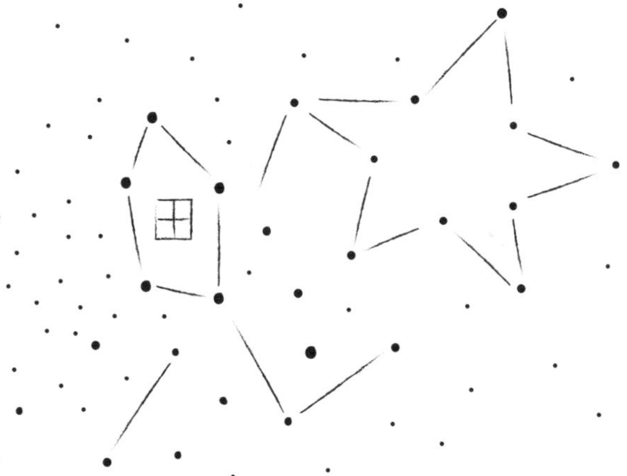

Why Some Children Struggle and How All Can Thrive

湯瑪士・波依斯 醫學博士 W. THOMAS BOYCE, M.D ● 著 周宜芳 ● 譯

獻給吉兒（Jill）、安德魯（Andrew）和艾美（Amy）

目錄

推薦序

天性與教養

貝瑞・布列茲頓（T. Berry Brazelton，1918-2018）
哈佛醫學院退休小兒科教授

這是一本令人讚嘆的重要著作！彙集了諸多觀念和研究，揭露關於產前期（prenatal）和圍生期（perinatal）影響嬰兒與孩童身心發展的重大因素。波依斯醫師指出有一小群孩童（蘭花小孩），身處在發展較為典型的孩童群裡（蒲公英小孩），顯得特別地與眾不同。蘭花小孩非常脆弱，需要特別的照顧，才能有極致的表現；反觀蒲公英小孩則較為堅韌，多半能克服任何困難，但是表現通常較為普通或平凡。

波依斯醫師提出一項論述，並以具有說服力的研究佐證，孩童的發展會受到基因與環境之間獨特的交互作用，導致成長出現大幅度的差異。由於胎兒會在母體中受到壓力源、營養以及母親情緒的影響，所以這些交互作用甚至早從胎兒在子宮裡的時候就已經開始。

母親與尚未出生的胎兒努力適應這些影響，彷彿像是為出生後要應付同樣的情況預做準備。因此，懷胎的母親若長期處於壓力、糟糕的飲食或抑鬱的狀態，那麼胎兒出生後，可能會成為壓力荷爾蒙濃度高、過度警戒和不易專注學習的新生兒。

另一方面，倘若母親懷胎時，沒有壓力或抑鬱，對寶寶的出生滿懷期待，吃得好，睡得好，那麼新生兒則會展現旺盛的學習能力，在情感關係中悠然自得並能夠充分發展，這些嬰兒較具有自我調節的能力（例如，在煩躁時會藉由吸吮大姆指或手指來安撫自己），一個能夠對寶寶即時哺育、摟抱、輕拍、安撫，並且柔聲細語的母親，就會把這些健康且正向的發展要素一一傳遞給寶寶。

波依斯指出，這些交互作用的影響會如實反映在寶寶的表觀基因組（epigenome）裡，最後造就出蘭花嬰兒和蒲公英嬰兒兩種不同的結果。所有父母都應被給予打從一開始就理解寶寶的氣質和個別差異的機會。因此小兒科醫師、新生兒科醫師或護理人員，都要能夠擔任解譯者，幫助父母理解寶寶，指導他們觀察寶寶的行為是如何構成一種有用的語言。好讓他們能對孩子的需求做出適當的回應，成為合格的爸媽。一旦能正確的解讀孩子以及孩子的行為，所有的父母就能擴大關懷、提升敏銳度。

我在麻州劍橋市的小兒科診療工作裡，曾為那些企圖保護嬰兒和孩童不受任何壓力侵擾的慈愛型爸媽感到憂心。嬰兒與孩童的重要課題之一，就是及早發展出面對壓力和困難的方法。這種自我調節能力必須在童年早期就取得並反覆練習，不論是蘭花小孩和蒲公英小孩都一樣，如此他們才能為所有孩童終將必須面對的逆境做好因應的準備。

我希望所有的父母和專業人士，包括醫師、護理師、兒童早期專家及教師，都能閱讀此書，書裡不僅幫助大家理解個別孩子間的差異發展和成長情況，還提供每個孩子的最佳養育方式，尤其是那些傳統養育方式裡被視為最大挑戰的孩子。

推薦序

兒科醫師對孩子生命的全記錄

小兒科&兒童精神科醫師、哈佛大學名譽教授
羅勃特．寇爾斯（Robert Coles）

本書是一位醫師對他的年幼病患的側寫，他描繪這些孩子的人生，也記錄下他們生命裡的高低起伏。

這些故事讓我想起師事醫師、作家卡洛斯．威廉斯（Carlos Williams）時的醫學院學生歲月。威廉斯醫師經常到府看診，藉以了解孩童們的居住環境以及生活情況，還有——沒錯，他們如何面對人生的挑戰、機會和磨難。

多虧有波依斯醫師，我們這些幸運的讀者才得以身臨其境地了解和一探這些他以醫師身分思考和治療的年幼生命。

作家佛斯特（E. M. Forster）曾說「惟有羈絆」（only connect），在本書裡，我們就能感受到這樣的羈絆：字裡行間發人深省，各種類型的孩童是如何面對人生的障礙？透過醫師善於洞察的雙

眼、耳朵、心智和心靈，本書不只揭露人們會面臨的磨難，也揭示許多人——包括孩童也一樣，會在磨難中展現出種種奮力堅持的恆毅、勇氣以及努力。

推薦序

深入蘭花孩子的內心世界

親子作家
彭菊仙

我自己有三個男孩，天性與特質迥異，如同天下多數的父母，難免會在某個孩子身上驚見熟悉的自己：衣服的標籤突出堅持謝絕、沒吃過的東西永遠逃避不願嘗試、有一點小聲響就無法入眠；愛哭、易感、容易悲傷、容易焦慮、更容易感動與興奮；人多的時候極度不自在、面對沒有預期會出現的人事物惴惴難安。

回溯到嬰兒期，這個難搞的小子打從出生就是「整人高手」，尿布一點點濕必醒、肚子稍餓就驚哭，直到吃喝拉撒都解決，卻還是沒來由地不斷驚醒，夜夜哭鬧，讓我頭痛欲裂、夜不成眠，有時為了怕吵到要一早趕著上班的爸爸，我在虛脫之餘還得把自己和難纏小子一同埋進棉被裡「滅音」；學步兒時期，好哭功力有增無減，餓了哭、不餓也哭、冷了哭、熱了也哭、突然有人按門鈴哭、鄰居媽媽來串門子抱著我的大腿堅定地哭；小子開始上幼稚園時，分離焦慮整整發作了三個月，讓老師都束手無策，直喊退貨；所有期盼他嘗試的任何新事物，第一個反應永遠都是NO！

打從生下這個難養難帶彷彿來報仇的磨人精之後，我信誓旦旦昭告全世界「本人就此打住，絕對不會再傻傻增產報國！」沒想到孩子的爸爸卻說：「最壞狀況就是這樣，不可能生出更難帶的了吧！」

一晃眼，小子卓然長成，正處在準備大學學測的水生火熱苦痛中，難纏小子又帶來了一個難解的挑戰。一家五口，人丁眾多，小子和另一個孩子睡上下鋪，但是另一隻每晚香甜酣睡之後必發出節奏明朗的打鼾聲，搞得這小子輾轉反側、憤怒難抑，最終因精神耗弱而逼著爸媽召開家庭會議以解決紛爭。

爸爸劈頭對小子說：「你也太脆弱了，這絕不只是別人的問題，是你自己太敏感！你自己也得想辦法，不然以後住校怎麼辦？」

我一聽爸爸的仲裁，竟脫韁而出一個直覺反應：「是你們不了解他！這真的不是他太脆弱，他天生就是這樣，你們不會了解那種擺脫不了噪音睡不著的痛苦，尤其就要大考了，他真的更焦慮，不知道該怎麼辦才好！」

是，我是真的了解，因為，我就是這樣一個感官敏銳到自己難以駕馭的怪咖，三十多年前我在大學聯考時也有一模一樣的症頭。

日本臨終關懷的森津純子醫師曾經用「音叉」來譬喻這樣特質的人：「若一般人對『開心、悲傷、快樂、害怕』等情緒的反應為十支小音叉，那麼感覺豐富的人就擁有約一千支到一萬支大音叉。」我從生養這隻難纏小子的過程中回過頭來了解自己，原來我也是帶著相同的難纏基因，而因著自己在成長中的種種切身痛苦，所以懂得小心呵護與對待此小子的「十萬支音叉」。小子對心神領會他的媽媽總是會回應一種「謝謝你懂我」的放心安定眼神。

拿到這本書之後，我非常欣喜，即使忙碌，也在片片刻刻零碎時間愛不釋手，因為，即使我非常清楚兒子和我都有高敏感症頭，但卻是知其然而不知其所以然，這本科普鉅作一頁頁地引著我解開此款人類的命運密碼，在先天基因與後天環境的交互作用，以及我們非常陌生的「表觀基因」之調節下，到底我們呈現了什麼樣的生命面貌？如何避免被別人誤解的「脆弱」特質所磨損摧毀？如何把纖細易感、易受傷害的特質扭轉成一種絕然出眾的優勢？

作者波依斯醫生從小生長在一個紛擾不斷、負面能量充斥的家庭，但是他的一生卻朝向光亮、正向、繁榮的方向成長，他絲毫不受影響，然而他胞妹纖細美麗之內在卻在幼年時就承受不住，無法消弭的童年創傷帶進她的整輩子，使她一生身心波折不斷。就在我疑惑為什麼波依斯醫生如此殘忍地揭露自己妹妹的悲慘命運時，書裡赫然出現妹妹以自殺來結束不算長的生命結局。

兩個在相同家庭長大的孩子，卻分道揚鑣，長成了樣貌完全不同的生命，一光明一黑暗、一天堂一地獄、一順遂一悲劇，身為哥哥的波依斯醫生滿心遺憾、甚或自責，因此三十多年來無法停下挖掘命運真相的腳步。書裡有數據可靠的量的分析、有充滿溫度的個案研究，甚至在最終章，還替我們還原三十年前被當成樣本的幼兒個案，波依斯驚喜地發現，他們後來的人生發展真實驗證了這本書的兩大族群假設：堅韌的「蒲公英」族群，與纖弱的「蘭花」族群。後者，就是所謂的我們這種高敏感怪咖，大約占所有人類約五分之一。

然而，波依斯醫生也在書末大力解開種種關於「蘭花」孩子的謬思，在許多有效度的實驗中已經驗證：纖弱的「蘭花」孩子其實也可以很堅韌、甚至嶄露頭角、大放異彩。因為，蘭花孩子很特別，他們在充滿壓力、挫折、負面的環境裡比任何人都容易倒下，一蹶不振；但是，他們在充滿關懷、支持、正向、同理的環境中，也比一般人更容易發揮優勢、更傑出、更強勁優秀。

蘭花孩子不全然脆弱，要大好或是大壞，端看陪伴照護他們的大人給他什麼樣的環境與教養方式；而占了多數的「蒲公英」孩子，雖然在任何處境都因為易感性較弱而不太容易受到情境的干擾，但絕非百毒不侵，在強烈且長期的壓力環境下，蒲公英一樣會整株壞去。

波依斯醫生是科學家，但這本科普書卻充滿溫度與詩意，他很擅長說故事，文筆相當的好，幾乎讓我誤以為他是一位文史哲人，在他的筆下，一個個硬梆梆的科學研究都變成一則則耐人尋味的探奇情節。讀者順著這些情節，能一步步深入蘭花孩子與蒲公英孩子的內心世界與命運樣貌，最終能引出最深的同理、獲得最實用的陪伴養育技巧。

推薦序

譜出獨一無二的生命樂章

王意中心理治療所所長、臨床心理師
王意中

人生的錯愕與美好，困頓與順遂，很現實，且殘酷的，在生命中的年幼初期，孩子們就得需要登場，接受無數的變數與挑戰。面對這些生命歷程中的不確定性，有些孩子尚可化為各種可能，但有些孩子卻只能無奈承受。

關於孩子的成長與教養，最是忌諱一種「反正這一生就是如此」的宿命信念。大人抱持著什麼樣的態度，終將影響孩子對待自己的看法。

面對成長過程中的逆境，隨著身心特質的殊異，支持系統的差別，每個孩子所發展出來的壓力因應與調適能力不盡相同。對於孩子來說，許多生命力的展現，是亟需要身旁重要他人、父母以及老師等，予以陪伴、接納與了解，並適時化為孩子成長的資源。

在《蘭花與蒲公英》這本書中，作者以蘭花與蒲公英的概念為喻，讓我們能以全新的概念來瞭解眼前孩子的生命歷程。

在蘭花與蒲公英之間，在脆弱與堅韌之距，不是二分的絕對，而是讓我們看見如光譜般的移動變化與排列組合，進而造就了孩子的不同生命樣貌。而影響這些組合的方式，往往來自於許多不同的變項與條件。無論是孩子天生的氣質，生理與遺傳，父母的教養以及孩子成長的環境等。

本書不僅內容包含嚴謹的科學研究、實驗證明，來說明孩子的認知、行為、社交、情緒、學習等發展，是如何形成與演變。文字當中，也讓我們深刻感受到，作者以親身的臨床經驗，貼近地描述了，不同孩子的生命故事。並且反映了親子之間的細膩關照與合理對待，提出了相對應，陪伴孩子的教養方式。

我經常說，教養是一場非常細膩的藝術。書中，讓我們對於蘭花小孩、蒲公英小孩，以及在這光譜上的孩子們，能有全面性的敏銳瞭解。陪伴孩子在脆弱與堅韌的光譜上，進行不同程度的位移，而形塑孩子現在與未來的獨特自己。

在解析眼前孩子的過去與現況，我經常透過「生理—心理—社會」（bio-psycho-social）觀點，以三者交互作用的角度來釐清。這關鍵三角，缺一不可。面對成長過程中，生命不斷地變動，「生理—心理—社會」三者彼此如何交互影響？我相信，從這本書中，你將得到非常詳實且周延的解惑。

教養沒有標準答案，但透過這本書的閱讀，將有機會讓我們找到最適合孩子的對待方式。同時，讓我們面對各種身心特質的孩子，無論是資賦優異、身心障礙或一般孩子，更具備了包容與接納。面對孩子所呈現出來的情緒或行為等成長課題，能更加優雅、從容、並以開放的心態來陪伴孩子，在堅韌與脆弱之間，譜出動人的生命之歌，獨一無二的樂章。

推薦序

父母的光輝，來自於接納孩子的本然

親子作家、親職教育顧問
陳其正（醜爸）

小時候很愛聽大人聊是非，誰家的孩子怎樣又怎樣的。好帶的孩子，是「來報恩」、「吃歐羅肥長大的」，不好帶的則是「磨娘精」、「上輩子欠他」。照顧者很早就發現孩子天性氣質不同，養育過程也難易有別。

本書作者借用了「花名」來進入這個主題，那些看起來怎麼養怎麼長，風雨飄搖都不礙事的孩子就像蒲公英，在任何荒瘠之地都能堅毅不拔；但有一群孩子，纖弱敏感，稍不小心即枝折葉落，須細心呵護，好似不易栽培的蘭花。

過去我們把蘭花小孩視為「麻煩」，甚至貼上許多標籤，期待他們可以開竅，仿效蒲公英孩子般強大的適應能力。蘭花小孩買單了，努力讓自己不像自己，卻使其內蘊獨一無二、卻須清水沃土才能養成的美麗蒙塵。

作者富含象徵性且恰如其分的比喻，正呼應這幾年興起的「高敏感與內向孩子」風。許多父母發現那些所謂的「難搞」，是孩子自然且獨特的適應環境行為，易哭易鬧是對人情感的共鳴，堅持不受控是超越同齡的洞察。「在惡劣環境裡最可能受傷、凋零的蘭花小孩，也正是那些在滋育和關懷環境最可能蓬勃、成功和壯大的孩子。」「脆弱性其實是敏感性，其中包含一種在正向、支持的環境裡翻轉命運的非凡能力。」作者提醒我們，養育蘭花小孩並不是「相欠債」，而是在他們相對脆弱的童年時期，在照顧者以理解與接納為前提的陪伴下，內建巨大的潛能和天賦將被實現，成為最奪目的那顆星。

然而蒲公英孩子並非金剛不壞之身，在快速成長的童年、青少年階段，社會環境的影響即使一時可以克服，影響仍會隨著個體一起進入中年與老年期。而能幫助蒲公英孩子的最佳伴侶也許正是蘭花小孩，從小學習看見不同人的特點，練習同理與表達情感，將讓每一位孩子都受益。

我們都希望上天賜給我們「蘭花與蒲公英之超強綜合體小孩」（也許有這樣的小孩，畢竟蘭花與蒲公英並非絕對值，而是光譜上的兩端），但父母的光輝來自於接納孩子的本然，且盡力而為。這本書並非部落客育兒指南，而是一位蒲公英小孩，親身經歷他摯愛的蘭花妹妹殞落，並把一生投注在營造一個讓孩子能獲得更好環境的科學家，為你我所寫的書。

書的最後，作者提升了教養的高度，提醒我們：從全人類的角度來看，也許大人就像蒲公英小孩，全部的兒童好似蘭花小孩。這世界是為了大人而設計、運轉的，大部分的大人可以在任何地方落地深根，適應茁壯，但孩子不行。保護兒童，是所有大人的責任，這道理也同樣適用於其他弱勢團體。

一本實作、科學理論、生命血淚交融的好書，期待你也同我一樣感動。

前言

所有的孩子，都需要大人的悉心關愛

要是那些最讓我們擔憂的孩子，其實擁有最雄厚的潛力呢？要是那些刻畫了混亂和困厄的年輕生命，極可能繼承了最燦爛、最富創造力的未來呢？要是營造一個鼓勵與支持的友善環境，就足以改變一個看似阻礙、麻煩不斷的童年，讓一個人成年以後的人生不只是生活正常、成就尚可，而是能夠建立深刻、豐富的人際關係，並開創出富有啟發意義的成就呢？孩童異常的脆弱，雖然會造成沉重的負擔，但要是積極的因應就能夠化脆弱為韌性，成為一種有利的優勢呢？簡言之，要是家庭或社區的悉心撫育擁有轉化的力量，就像是一種煉金術，能夠讓某些軟弱與混亂的年輕生命得到救贖呢？

本書的故事，正是這樣一個驚奇的救贖。故事汲取自一生鑽研兒童發展的親身觀察與研究，觀察者曾經是一名年輕的小兒科醫師，在幸運之神的眷顧下，他後來為人父，也當了祖父，最後成為頭髮花白、歷練豐富的兒童與家庭諮商顧問。

這個故事，有科學的層面，也有個人的色彩；它是一份包含著鼓勵和希望的禮物，要獻給所有為了教導、保護、照顧和養育孩童而擔憂的人，還有那些從童年就一路跌跌撞撞，想要理解人與人之間的差異在自己身上所造成的磨難，根源究竟為何的人。

媳婦懷著我們的第一個孫子時，有一天深夜，內人吉兒和我因為床邊突如其來一陣刺耳的電話鈴聲，從熟睡中驚醒。那通電話是我們的兒子從三千哩外的紐約市布魯克林區打來的。他那進入第二孕期尾聲的年輕妻子，腹側及骨盆不斷出現陣陣劇痛，痛得無法入睡。痛感很強烈，他們兩個人因此都提高了警覺，尤其他們在寶寶和懷孕這些事情上還是新手。

吉兒（她是護士）和我奮力甩掉睡意，針對疼痛症狀做了概略但不失謹慎的問診，試著分辨疼痛更精確的位置、特質和可能的成因。我們彼此心照不宣的擔憂是，我們害怕這個疼痛是分娩的訊號，如此一來，嬰兒可能會在三十二週早產，母親和孩子的種種風險也會接踵而至。不過，等到我們聽了更多關於疼痛的細節，我們相當有把握，這是肌肉拉傷，原因可能是身材嬌小的媽媽挺著一個她還不習慣的大肚子，在床上猛然翻身時過度用力造成的。我們安撫這對年輕夫妻，說疼痛會自己消失，熱敷墊和臥床休息會加快復原速度。

掛上電話，我轉向吉兒，有氣無力地說道，我們的子女能夠找到他們的伴侶，建立自己的家庭，儘管是無比美好，但是我們要擔憂和關心的人，數目也因此加倍了，這點倒是始料未及。三十年來，我們為了兩個孩子的小病小傷各種疑難雜症，不時飽受驚嚇和煎熬，現在又多了三個我們不得不操心的人——媳婦、女婿，外加一個三十二週的胎兒！雖然開心，但仍然掛慮*1。

平心而論，我們所經歷的，大多是平常且微不足道的煩惱，是尋常父母經常會踩到的地雷：兩歲大的女孩，想要爬上洗碗槽尿尿，結果跌了個跤，造成嘴唇裂傷；五歲大的男孩，在幼兒園教室裡因為寂寞而感到失落；一個中學生，光是在一年內就弄丟了五件外套、四個置物櫃鎖；一個十二歲的孩子遭到「朋友」霸凌，被逼到垃圾箱裡；一個十五歲的少女，在父母位於郊區的屋裡開派對，還廣發邀請函，歡迎任何人參加，引起父母好一陣子的不悅。這些司空見慣的犯規事件，幾乎所有爸媽都曾在撫育子女的過程中遭遇過，只是形式和時間略有差異。雖然事後回想起來覺得好笑，但在當下，這些事件卻足以引爆相當程度的憤怒和焦慮。

但是，當子女誤入歧途，如藥物濫用、犯罪、抑鬱或執迷於一段毀滅性的友誼關係中，這時身為父母的痛苦，則是完全不同層次的考驗。看著孩子一步一步地沉淪，遠離健康的生活，因而導致可怕的後果，惡性循環下，難題不但無法消除，還會不斷地糾纏，這時父母心理上的焦慮不安，反映在生理就是一種「揪心扯肺」的痛，那是一種六神無主，甚至想要嘔吐的絕望和恐懼。在夜裡吞噬睡眠，在工作時盤踞整個思緒，即使是最堅固的婚姻關係，也禁不起它所帶來的誤解、惡言相向和失望的侵蝕。眼見孩子受到嚴重的心理疾病侵襲、上癮、學業脫序或深陷犯罪的暗黑國度，是一種難以言喻的哀慟。雖然身為家長的我不曾經歷過這種程度的憂慮，但是在我的大半人生裡，對於這種痛苦，卻有著更直接且難以忘懷的親身遭遇——因為我的妹妹。後文會對她有更多著墨。

——

1　編按：本書中所有標示＊的文字，請參閱第三一五頁起「注釋」的進一步說明。

本書最衷心的期盼之一，是為正遭遇如此痛苦的「家庭」帶來一絲安慰和希望，除此之外，還包括家長、老師、手足，以及其他對孩子的可開發潛能失去信心的人；甚至是那些對孩童天生擁有純良與潛力的信念已經動搖的人。本書謎樣的書名取自蘭花與蒲公英的比喻，這個比喻背後的故事，關乎個人生命中痛苦和救贖的起源，其中蘊藏著一個深奧而且顛簸不破的真理。在我們家庭、校園和社區裡的孩童，大多數的人都像蒲公英，不論在何處，幾乎都能欣欣向榮地生長。這些孩子就和蒲公英一樣，那與生俱來的強健體質和力量，幾乎就是他們健康幸福的保障。然而，別忘了還有少部分孩子卻更像蘭花，如果缺乏關懷的支持，就會枯萎或衰頹，但是，只要一被同理心和慈愛細心灌溉，就能綻放出美麗、細緻與優雅的花朵。

根據一個常見但恐怕有所不足的觀點，孩童面對試煉時，往往表現得若非「脆弱」（vulnerable），就是「堅韌」（resilient），但我們和其他人的研究成果，卻愈來愈清楚的顯示，脆弱／堅韌是錯誤（或至少是誤導）的二元論。它是有缺陷的二分法，以軟弱或強勢（虛弱或活力）把孩童分成兩群，讓人忽略了一個更深層的事實：孩童對於供養他們成長的周遭環境、感受力和敏感度各異，就像蘭花和蒲公英。大部分孩童，即使在最嚴苛、最凶險的環境，也能和蒲公英一樣堅韌地蓬勃生長，少部分孩童如嬌貴的蘭花，不是美麗地盛開，就是黯然地凋萎，端視園丁如何照顧、保護、關懷他們。這個事實揭示了一個通往救贖的祕密：這些容易受挫、失敗的蘭花小孩，只要栽培得法，其實也能以獨一無二的形式展現生命的韌性，而且易如反掌。

身為讀者的你，或許是基於某個原因，才會想要探索本書所要敘述的科學故事。也許你是家長，正為家裡各不相同的孩子費心盡力，想要一個有效的教養之道，卻因為體認到「沒有一體適用的萬用教養法」而感到失落。或許，你有個小孩，雖然直覺他是個出色且有潛力的孩子，但他在學校或生活裡卻備嘗艱苦。或者，你是學校老師，想要摸索一套更好的方法，好理解你負責教導（還有管理！）的那一群不守規矩的孩子。又或者，蘭花和蒲公英的這個比喻正是你自己的寫照，道出你一直存在、但卻從不曾向人傾吐或被理解的個人真實面。

我在本書後文所論述的科學發現和可以實踐的建議，不只與蘭花小孩有關，也關乎蒲公英小孩。蒲公英小孩所面臨的人生風險儘管低於蘭花小孩，但是他們也有其獨特的生理和心理特質，而理解這些就能帶來更高的知覺、成就和滿足感。蒲公英小孩本身同樣要面對環境和世道嚴酷的考驗，一如我們從觀察大自然植物所得知的，不管一個物種多麼活力充沛、抵抗力多麼強，都有可能在生命的某一刻乍然凋萎。因此，本書雖然主要在探討幼童易受各種社會情緒環境的影響為主，但這個生命初期的影響作用力，其實會一直持續不斷地形塑我們，一路進入中年和老年。因此，人類這個物種並非擁有金剛不壞之身，只是在開發和更新方面具備強而有力、生生不息的韌性。

在接下來的章節裡，我謙卑且懇切的期盼，能為各種類型的讀者提供實用的知識和協助。我們將探索早期根源（early origins）的相關研究，討論關於壓力與逆境對孩童身心發展的影響。有時候，科學的發現確實是源自於意外和機緣，後文裡會看到，我們是如何無意間發現，不同的社會情境，竟會引發神經生物面上的強烈反應差異。還會描述我們對蘭花小孩和蒲公英小孩發育起源（developmental origins）的所知，闡釋為何即便兩個孩子是在一模一樣的家庭裡成長卻依舊截然不同？而表觀遺傳學（epigenetics）又掀起怎麼樣的一場革命，影響我們解讀基因—環境交互作用（gene-environment interaction），決定我們是什麼樣的人？又將會成為什麼樣的人？

我會總結目前的證據，描述蘭花型人和蒲公英型人兩者之間的差異，影響所及包括健康以及慢性疾病的起源、發展程度以及教育成就、甚至他們對防治措施的正面回應為何。關於那些我們所關愛、支持和鼓勵的蘭花小孩，也許那是你的子女、學生、病患，甚或是你自己的寫照，我會知無不言，言無不盡；我也會擴及，在人們建構、創造的社會環境裡，蘭花型人要如何發揮讓他們光彩奪目的潛能。

對於一個蘭花小孩來說，這個世界有時候是個令人恐懼、難以承受的地方，但是就像我們後來驚異的發現，只要透過愛和扶助的灌溉，他們也能欣欣向榮，盛開程度甚至勝過那些蒲公英同儕。說到底，蘭花小孩的特質並非脆弱，而是敏感，只要有適當的支持，那份敏感也能成為綻放出喜樂、成功和美麗人生的助力。

當我勾勒蘭花生命的關鍵特質時，也將不忘省視那些生機盎然的蒲公英，正如小說家艾略特（George Eliot）所描述的「善的增長」，幸而有他們，在人世間肩負起多麼根本而重要的角色。儘管在幾個面向上有顯著的不同，蒲公英們自有其人生的掙扎與挑戰，需要我們去理解和關注*。

用「蘭花」與「蒲公英」的作為二分法固然方便，但是別忘了，真正隱含其後的意義，兩者間不僅是一個連續區間，更是一張對世界的敏感度光譜，而每個人都位於這個光譜的某處。到頭來，我們要維護並記住的，是蘭花和蒲公英之間驚人的互補性：他們相輔相成，通常彼此友愛；在人類的論述和歷史裡，他們協奏時所流露出的對稱和交融；還有當深陷人生兩難的困境時，他們共同演進，提出各自不同卻又同樣可信的解答。

最後，放眼全球，在我們生活的這個時代，理應關懷、保護這個世界上最容易受到影響、力量最弱小一群，然而漠視的氛圍卻空前洶湧瀰漫，程度或許是我們此生初見。全世界有愈來愈多國家（或許最明顯、最令人不安的是我自己的國家——美國），讓沒有防衛能力的人遭遇霸凌和嘲諷；讓窮人因為貧窮而遭到譴責；讓無家可歸的人被譏為懶散和無能；讓逃離暴力的難民無人聞問；讓低微者被忽視；讓最弱的弱者被拒絕和遺忘。對最邊緣、被剝奪、脆弱的人所面臨的苦難和需求，採取冷眼旁觀的姿態，儼然已是全球默認的態度，令人悲嘆。

然而，本書的關注焦點若是擴大來看，適足以突顯一個事實：在我們的社會裡，那些無權無勢、必須仰賴他人的施予和慈善才能生存的人當中，孩子是其中最敏感且最容易受到影響的一群。沒有自力更生的能力、沒有保護或協助就無法獨力生存，一旦國家失能或輕忽之時，首當其衝，成為犧牲品的，正是我們的孩子。一如我們將在本書後文裡所看到的，關於我們對待、保護年幼者的方式，儘管蘭花小孩特別有反應，也特別容易受到影響，但若是擴及整體人類社會與人口來看，所有的孩子都是這個世界的蘭花。

第1章 兩個孩子的故事

這是一個關於救贖的故事！故事裡的一對主人翁，對於環境條件有著各自迥異的敏感性，一如蘭花和蒲公英。這個故事歷經二十五年的實驗室研究和田野調查，逐漸地浮現脈絡，故事的作者，無論是在科學研究層面，或是個人層面，都為這個故事竭力付出，他不只是這則故事的研究人員，甚至早在故事尚未成形的很久以前，當他還是一個孩子時，就已經身處在其中，這是他痛苦而真實的親身經歷。

蘭花和蒲公英的故事，要從兩個紅髮孩子說起。這兩個孩子，其中一個是我，生於加州一九五〇年代的中產階級家庭，另一個是我妹妹，我們兩人年紀相差兩歲多一點，所歷經的童年，看似幾乎一模一樣。都是在戰後世代充滿愛、希望和歡欣期待的教養下成長；一如任何一對兄妹，這兩個孩子是彼此最要好、最真摯的玩伴，性情與感受力不分軒輊。

然而，在經過一段家庭生活裡某段動盪混亂的關鍵時刻後，兩個孩子卻走上不同的道路：其中一條路通往教育的成就、深厚的友誼、長久而穩定的婚姻，以及一輩子好到幾乎讓人慚愧的運氣；另一條路則是通往每況愈下的精神障礙和寂寞，墮入精神疾病與絕望的深淵。

兄妹情深

我的妹妹瑪麗（Mary）是個臉上長著雀斑、討人喜歡的小女孩，當她長大成熟，又變成一個美麗得令人屏息的年輕女子。有著孩子般純淨的面容和天性，害羞矜持，藍眼睛裡總閃現敏銳的思緒，凡是見過她的人，沒有不為她著迷傾倒。

在十三到十五歲的青春期中期，她把自己的名字從貝蒂（Betty）改為瑪麗，此舉或許是在極度痛苦之下，企圖為逐漸消逝的青春按下重新啟動鍵，藉由另一個名字再出發。然而，她的人生卻依舊衰退，充滿磨難與無奈，掩蓋了她理應多采多姿、隱而未顯的卓越天賦。她具備藝術家的眼光，擁有一種點石成金的能力，可以一眼就洞悉並創造出美麗且愉悅環境。在來生，她或許會成為享負盛名的設計師或裝潢師，而即使今日，在她的哥哥、女兒、姪女和姪子的家裡，她所珍藏的畫作、椅子、家飾品和裝飾物，仍然隨處可見。

瑪麗最得天獨厚，或許也是最不顯露於外的資產，正是她高超的智商，這份天賦隨著成長和學習過程益發亮眼，她最後摘下史丹佛學士和哈佛碩士的冠冕。在教授眼中，她不只是個勤勉認真、前途無量的學生，也是天賦異稟的年輕學者，胸臆之間滿是不平凡的見解，思路清晰通透。她絕對是我們家裡最聰穎、最富創造力，也最機敏的人，與她驚人的敏銳度和見識相比，她的哥哥只及於她的一點點。

她雖然是個天性內向害羞的人，但在童年晚期，她卻已經擅於贏得其他孩子的關注和喜愛，建立親密而愜意的友誼。儘管日後她的身體和心理健康亮起紅燈，但她在小學時結交的朋友，許多都一直維持到成人時期。

話說，在我人生的第三個年頭，我父母帶回家的這個一頭紅色捲髮的小女嬰，變成我的第一個、也是最要好的朋友，我和這個隨時在身旁的玩伴，共度無數時光，一起玩遊戲、講故事，編織美麗的幻想。我們一起想像出精采絕倫的冒險和奇遇，滿足我們兩人對想像遊戲的喜愛。

在某次難忘的小憩時間，她發揮她的古靈精怪，把一小盒葡萄乾一顆接著一顆全部塞進她的鼻孔裡，讓一旁的我看得驚異不已。因為這段意外的插曲，她被送進醫生的診所。在診間，醫生用一支閃亮的長鑷子，以深得不可思議的深度，探入這個三歲小孩的塌鼻子裡，從鼻子裡總共清出二十來顆沾滿黏液的葡萄乾，那景象真是壯觀。搭長途車時，她很容易暈車，這個毛病曾經一再惹得我大發雷霆。有一次，她吐在我們兩人中間的座椅上；另一次，她就吐在我的身上；還有，最不可原諒的一次則是吐在我最心愛的印地安帳篷裡。

有一回，我們去海邊玩，她在腰間緊緊套著一個非充氣式的救生圈，最後翻了個倒栽蔥，像個水中浮標，屁股和雙腿在空中扭擺著，我擔心她的安全，匆忙趕到她身邊去解救她，當我把她翻正時，她不斷從嘴裡吐出海水。

我們的玩鬧毫不設限，規則很少，會配合彼此的想像瘋狂演出。雖然我當時說不出口，但我真的很愛她，就像一個五歲孩子對妹妹所能付出全部的愛，一如她愛我。

歷經家庭變動的青春期

在我妹妹出生將近十年之後，我們的弟弟來報到了。分別當上哥哥和姊姊的我們，開心不已。我們加入父母的行列，把這個不起眼的紅髮嬰兒捧在手心，百般寵愛。我們保存了一張一九五七年的全家福耶誕卡，照片裡，弟弟吉姆才剛進入人生的第二個月，畫面如此傳神地點出家人圍繞的那種親密感，從那時起，我們一直稱呼這張照片為「三博士朝聖卡」。

弟弟的出生，讓我和瑪麗有共同的快樂（儘管有時會相互較勁，但氣氛總是和諧融洽），甚至因而變得更親近。當我們的心智和身體隨著青春期而開始出現變化，進入青少年時期的我們，有著最緊密、互相關懷的手足關係；我們有共同的經歷，沉浸在家庭的愛裡，我們對於世界、彼此的特質和人生目標，都有一致的感受。

後來，家裡出現劇烈的變動，我們舉家北遷，猶如連根拔起，搬到五百哩遠的舊金山灣區。我們的父親將在史丹佛大學攻讀教育博士，而他顯然已是個「老學生」。在決定遠遊前的幾個月，他非常焦慮，用當時的話形容，就是「神經崩潰」，那時的他，像是被困在客廳，一連好幾天，哪裡都去不了。

焦慮症發作讓他無法工作，每天淚水如湧泉般流不停，對未來的不確定感，讓他陷入不安的情緒。然而，我們還是搬去了北方，那裡完全沒有我們熟悉的社交圈、生活環境與教學環境。我們彷若突然置身於陌生海域，在陣陣浪濤的衝擊下載浮載沉。不熟悉的社交和環境構成的挑戰，讓我們驚慌沮喪。我們遊玩的社區，對我們而言是陌生的，宛如另一個國度；我們就讀的學校，迎面而來的是一大群不知道名字的孩子；甚至連我們自己的家，感覺都像是未下錨的船，在猛烈的暴風雨中搖擺起伏。

瑪麗和我在全新的學校就讀，一兩年間，再雙雙踏入更陌生、敵意更甚的中學環境。我們的母親一方面全心照顧嬰孩，以應付緊急突發狀況，另一方面盡她最大的努力，緩和我們青春期世界天翻地覆的衝擊。但是她的支柱，也就是我們爸爸，已經被研究所課業、課堂和學生的責任等漩渦給淹沒。我們父母的婚姻，長久以來就困陷於各種分歧的爭吵，如家庭收支、孩子管教、相左的意見，現在變本加厲，落入更嚴苛的困境中。家族祖輩和叔輩各有兩位親人過世；我們搬了第二次家，搬到史丹佛校園附近的新住處；我們的父親終於完成了學位，卻得到一份難度更高、工時更長的新工作。

以一個即將邁進一九六〇年代的年輕家庭來說，這些生活裡接二連三的事件，將它們個別審視，並沒有哪一件是特別地獨一無二，值得大書特書。確實，歷經同樣紛擾和壓力的家庭，比比皆是，有的甚至程度更嚴重，影響範圍更廣；有些家庭甚至還遭遇到更讓人遺憾的困厄逆境，只有最幸運的家庭成員得以倖存。

但是，事實證明，當這些不起眼的事件，一連串地累加起來，卻對我妹妹造成沉重的創傷。

我妹妹與身心疾病搏鬥的艱苦人生

在我們第二次搬家之後，她進入一所在地的中學就讀。就在這時，她出現嚴重、系統性的身體疾病，歷經好幾個月都無法確診，情況令人沮喪。她反覆發燒，全身的疹子時而發作、時而消退，她的脾臟和淋巴結腫大，一開始讓人以為是白血病或淋巴瘤。她反覆住院，接受痛苦不堪的侵入式檢測。到了最後，她的關節開始疼痛、腫大，症狀顯示她得的是史提爾氏症（Still's disease），那是一種幼年的類風濕關節炎，屬罕見而嚴重的類型。我們的爸媽讓瑪麗休學，她臥床休養了一整年，服用阿司匹靈、類固醇，還有冷熱交替敷療法，以放鬆、安撫她不受控的關節。

身為她的哥哥，眼看著妹妹的人生，就在走廊盡頭的臥室裡支離破碎，我覺得困惑而不安。雖然在她後來的人生，關節炎仍然不斷反覆發作，但在臥床休養的那一年進入尾聲時，她已經康復到可以重新回歸正常的生活。

然而，讓人遺憾的是，世事無法盡如人意。由於關節炎疾病的後遺症，她開始出現一些症狀，顯示她的心智不太對勁。她逐漸停止進食，體重下降，與朋友疏離，最後被診斷出患有神經性厭食症，那是一種飲食失調，好發於青春期少女的疾病。她又開始反覆住院，接受治療及營養補給；換了一所又一所的寄宿學校，因為精神科醫生認為那些學校可能對她會有療效。但是，狀況開始每況愈下，陷入各種症狀構成的混亂漩流，她憂鬱、失眠、迴避社交接觸，還出現愈來愈特異的行為和思想。高中快要結束時，醫生診斷她疑似患有思覺失調症。對於父母而言，這個診斷的結果，恐怕僅次於宣布孩子死亡。

然而，瑪麗天生內在的聰慧，仍引領著她往前邁進。她拿到史丹佛大學的入學許可，就算前路充斥著晦澀黯淡，卻仍保有一絲清明。在史丹佛，她雖一再與精神健康狀況奮戰，各方面的表現，依舊出類拔萃。回顧起來，如果把她的大學四年畫成一張圖表，那會是一條潛力無窮，學術成就節節往上攀升的曲線，但還有一條與之並列的曲線，顯現她的心智狀況急遽走下坡，陷入一團混亂和痛苦。

從史丹佛畢業後，她曾在舊金山某間法學院短暫進修，還沒完成修業，她就已獲准進入哈佛神學院（Harvard Divinity School）攻讀神學碩士。她希望能在那裡研究宗教經驗與精神病徵的共通性和匯聚點。然而，她自己的精神病徵（主要是幻聽，她會聽到敵意、邪惡的聲音；還有焦慮症發作，讓她無法行動或講話），卻因此導致更大的損傷。她幾次住進一家當地的精神療養機構，縱情於一連串荒唐的一夜情，最後懷孕。那次懷孕後來變為產程遲滯的難產，她的女兒甫一出生就有新生兒窒息，還有癲癇症（現在是有特殊需求的三十九歲女子）。

要養育一個有障礙的孩童，同時還要應付她自己嚴重且惱人的殘疾，分明是困難重重的挑戰，但瑪麗是慈愛、積極的母親，她營造出充滿愛和關懷的環境，養育女兒長大。可嘆瑪麗還是不斷受到精神疾病的摧殘，她的人生因而充滿混亂和絕望，成年的生活愈來愈像是一堆令人難以置信的碎片，幸賴家人做她堅強的後盾，還有她自己不願屈服的堅定決心，才得以勉強拼接起來。

疾病與不幸的非隨機分配

為什麼有些孩子總是跌跌撞撞，有些則順順遂遂？為什麼有些人生滿是艱難的蹇厄，有些人生就春風得意、幸福洋溢？為什麼有人會生病英年早逝，而他們的同儕卻健康安享晚年？這是純屬運氣，或者有發展模式的脈絡，能預測人生將迎來豐收或走向災難？何以我妹妹把她自己的人生推進了絕望的淵谷，形成一場無止境、毫無轉圜的災難；反觀我的人生，卻帶來遠遠超乎我預期的成功？這些問題引燃我的想像力，讓我在年少時立志向學，成為小兒科醫生。最後開啟我的追尋之旅，致力於探索兒童發展與兒科衛生這兩個領域，找出形塑我們成年後樣貌以及影響我們人生的答案。

流行病學研究的是人類的疾病和健康，而我們現在從流行病科學得知，疾病和健康的人口分布，確實有高度不均的現象。下頁圖表所描繪的，是所有衛生服務研究裡最常重複出現的一項發現，也是我們在思索人口衛生科學時的基本依據。隨著時間過去，一群孩童裡會出現身體和心理疾病的比例，大約是百分之十五至百分之二十（也就是大約每五個就有一個）。

超過一半的衛生保健服務，以及多數的醫療照護經費，會投注在這五個孩童裡的其中一個身上。此外，在成年人口中的患病比例也重現上述的現象。有證據顯示，這種疾患率偏高的孩童，成年後往往也特別容易遭受疾患折磨。值得注意的是，這個現象放諸四海皆準。從富國到窮國，社會主義和資本主義社會，東方與西方的每一洲，從北半球到南半球都一樣。

這些觀察在公共衛生領域上有顯著的重大意義：假使我們可以理解並改變這一群少數孩童疾患不均的情況，或許就有機會能夠減少人口中超過一半的生物醫學和精神疾病，並大幅降低高昂的

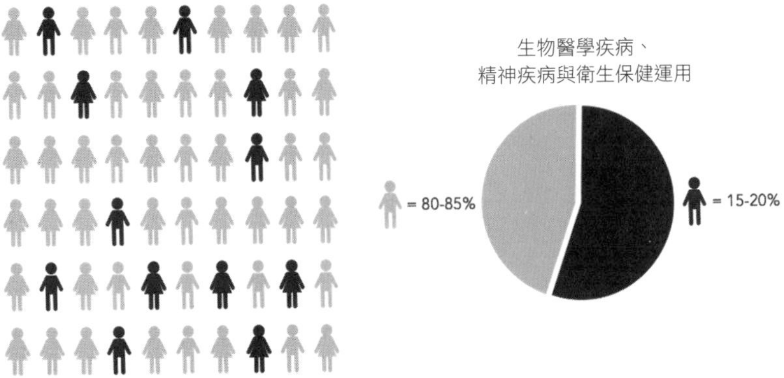

兒童衛生服務研究最常重複的一項研究：整體兒童所使用的衛生保健服務裡，其中超過半數的醫療照護資源，都集中在占比百分之十五至百分之二十身體出現疫疾和精神疾病的兒童身上（大約每五個就有一個）。

醫療照護和住院治療需求。換言之，就是創造更平衡的社會，讓社會上到處都是更快樂、更健康的人。我們也許就能有機會減少家庭在身體與心理所歷經的磨難，藉此增進家庭的穩固，並支持父母和孩童，讓他們擁有希望和樂觀的未來。

孩童惡劣的健康，以及後來在成年時期的發病率（morbidity），屬於高度非隨機事件。也就是說，疾病的分配毫無公平性可言，而是不規則地落在少數受苦的孩童身上，就像我妹妹以及其他許多人。因此，孩童中少數族群的患病率，存在著系統性的廣泛差異，而這種強烈的不規則性，成因既非純粹的先天遺傳（如基因），也不是後天養育（如經驗與環境），而是先天與後天因素持續並且全面互動的結果，也就是所謂的「基因—環境交互作用」（gene-environment interaction）。在理解這些互動的過程中，我們將會接觸到「表觀遺傳學」（epigenetics）這門新興科學的最新發展，以及其他相關資訊。

但是，首先，讓我們回頭談最早提及的，為何孩童健康的比例，在不同孩童群體之間皆是如此參差不平均？為何總是某些不幸的孩子特別容易患病[2]？

蘭花小孩VS.蒲公英小孩

雖然我對於孩童的二分法思維有過度簡化的疑慮，我的同事和我卻在另一個延伸的相關研究專案中發現，為了因應不同的環境，孩童會啟動迥異的內在生物反應模式，因此為了方便速記，稍後要檢視的科學論述內容，同樣會粗略地依照孩童對環境的反應，將他們歸納成兩個截然不同的類別。

有些孩子就像蒲公英，展現出卓越的生存能力，不管遭遇什麼環境，幾乎都能蓬勃發展。不論是肥沃的高山草原或城市人行道的磚縫，蒲公英的種子不管落在哪裡，似乎都能生長、茁壯。而有些孩子雖像蘭花，對於環境異常敏感，在逆境裡特別容易受傷，但是若能提供支持，在培育得當的環境裡，也能展現非凡的活力、創意和成就。

蘭花與蒲公英的隱喻，源自二十年前我在史丹佛大學講課時，與某位來旁聽的瑞典老人之間短暫的互動。我結束講課之後，一位身材枯瘦、有著兩道粗眉、看起來像尤達大師的老年人，拄著有如樹根般彎曲錯節的枴杖，慢慢沿著走道來到演講廳前方。他揚起那根嚇人的枴杖，指著我說：「你說的就是『maskrosbarn』（瑞典文）！」我回答道，我不知道我談的是「maskrosbarn」，我甚

1　無懼於諸如「發病」、「基因—環境交互作用」、「表觀遺傳學」等晦澀生物醫學名詞的讀者，請參閱書末的詞彙解釋。

至不知道「maskrosbarn」是什麼？他向我解釋，「maskrosbarn」是瑞典慣用語，翻譯成英語就是「dandelion child」（蒲公英小孩）。瑞典人用這個詞彙形容那些無論到哪裡都能蓬勃成長的孩子，就像蒲公英一樣，有一種「飄到哪裡，就在哪裡開花」的無限能力。受到這個動人比喻的提點，我們想出另一個瑞典語新詞——「orkidebarn」，也就是「蘭花小孩」（orchid child），形容那些極度易受環境特質影響的孩子，他們就像蘭花一樣，只要悉心照料，就能盛開出瑰麗的花朵，卻也會因為被忽視或傷害而在轉瞬間枯萎、凋零。

不管是在實驗室，還是在真實世界，對於身處環境更為敏感、生物反應相對強烈的蘭花小孩，往往是讓大部分家長、老師和醫療照護工作者頭疼的源頭。這些孩子（以及與之相對應的成人，他們是讓我們經常感到擔憂的朋友和同事）若是一路走來沒有得到適當的理解和扶持，將會為家庭、學校和社會造成更多痛苦、哀傷和失望。

蘭花小孩的故事之一：隱藏在身體不適裡的家暴秘密

有兩個孩子的故事，恰如其分地反映出蘭花小孩面對的挑戰。

第一個故事的主角是來自某個遙遠郡縣的十歲男孩「喬伊」（假名）。喬伊的家庭醫師讓他住院，評估是否患有胃潰瘍。身為他的小兒科主治醫師，我是最早聽說他的故事並對他進行腹腔檢查的人。他的痛已嚴重到痙攣的程度，痛感出現在腹部左上方，直接對應於胃的所在位置。他沒有其他症狀，排便正常，沒有血便，也沒有嘔吐，而痛感在用餐前後也沒有差異。他的各項診斷檢查結果，包括X光、驗血便或血尿、血液的發炎指數或貧血指數，全都沒有異常。

我評估病因有可能是家庭問題所引起的心因性疼痛，因此矛頭轉向搜尋家庭或學校的功能障礙，意圖找出讓小喬伊無法正常生活的疼痛根源。在學校裡，一切如常。雖然喬伊經常因為疼痛而請假在家，卻沒有任何紀錄顯示，他在學校曾歷經任何社交或學業壓力。他有好朋友，是成績優良且多才多藝的好學生，和老師也相處融洽。

後來，我在幾個場合與喬伊進一步的細談，談到家裡的生活狀況，談到父母親的關係，談到父母任一方可能的虐待，談到他家裡遇到的任何憂慮或困難。訪談結果是扎扎實實的「零」異常：他的報告裡毫無不尋常或可疑的蛛絲馬跡。

於是，我轉而找他的父母。喬伊住院時，他們全程在場陪伴，小心照料。父母任一方是否有什麼事讓喬伊擔憂或掛心？兩人的婚姻關係如何？有任何暴力或衝突嗎？對於兒子疼痛的起因，他們有任何直覺的想法嗎？沒有。在大約三、四次的訪談裡，這對父母沒有顯現任何心理或關係的問題，足以讓我們推斷為喬伊疼痛的起因。於是，儘管找不到任何胃潰瘍或十二指腸潰瘍的證據，我們開始使用抑酸劑治療，他的疼痛也立刻緩解下來。住院幾天之後，喬伊的疼痛消失，於是我們讓這個男孩出院回家，由他的主要醫師照顧。

這些就是我對喬伊和他的家人所知的全部。然而，三個月之後，我接到一通電話，來電者是喬伊家所在地的地區檢察官。他問我，喬伊的父親是否有任何暴力或虐待行為的跡象？因為「昨天在晚餐過後」，喬伊的母親從臥室取出一把預藏槍械，對著丈夫的前額開槍，正中他的眉心。幾個月後，陪審團判母親無罪，裁定她是正當防衛：因為喬伊的父親長期對她們母子不斷施加心理和身體的虐待，母親被逼得毫無退路只能反擊。對她而言，面對虐待她和兒子喬伊多年的丈夫，她唯一的指望是結束他的生命。

我在訪談時，從來不曾單獨對父親或母親訪談，都只在同一時間三方共同訪談，因而錯失了這條重要的家庭史線索。檢查喬伊身體時，也沒有看到任何被虐的傷痕，而喬伊和他的媽媽唯恐因為吐露虐待會遭致報復，再加上父親隨時在場，因而無法提供給我家庭困境的關鍵訊息。

回想起來，喬伊幾乎可以確定就是典型的蘭花小孩：母親和自己所身處的危境，對他造成難以承受的恐懼，而面對虐待引發的感受衝擊，他也沒有心理防衛能力，於是不知不覺就將壓力和痛苦以最安全而能接受的形式找到出口，也就是身體不適。

喬伊的故事也提醒我們，也許不少人都活在困厄的邊緣，夾在惶惶不安以及不堪的真相之間，一邊是分崩離析的不安全感，一邊則是相對真實而危險的世界。

蘭花小孩故事之二：溫柔與勇氣兼具的男孩

第二個蘭花小孩故事，藏在兩項藝術作品所描繪的兩個男孩肖像裡，一個是一幀令人難以忘懷的照片，另一個則是一部不朽的著作。巧合的是，兩張「圖像」都藏著蘭花小孩另一面的線索，也就是他們潛在的優勢以及不尋常的感受力。

在一九八八年的某個午後，一個孩子的影像（左頁），被攝影師保羅．達馬托（Paul D’Amato）

在緬因州波特蘭市的某個空地，攝影師達馬托用鏡頭捕捉到蘭花男孩（畫面前方）在一群男孩裡的影像。

的鏡頭捕捉下來，登上《恍然大悟》（*Double-Take*）雜誌封面。照片裡有個約莫十歲的孩子，身穿皺皺的藍襯衫，雙臂在胸前環抱，站在一群無法無天、逞凶鬥勇和血氣方剛的青春期前男孩裡，往外注視。

我認為，這張照片幾近完美的演繹出蘭花小孩，以及蘭花小孩如何應付社會環境。那個孩子平靜地站在一群狂野、分裂的同儕社會邊緣，敏銳而開放，脆弱又堅強。這張照片似乎傳達出一種矛盾的共現與共生（co-occurrence）的關係：一方面是男孩對團體遲鈍且漠然的邊緣感，另一方面是滿滿的情緒，揉合著寂寞、脆弱、拘謹和堅韌。

作家威廉·高汀（William Golding）在他那部關於成年禮、純真逝去的經典小說《蒼蠅王》（*Lord of the Flies*）裡，用文字取代圖像，建構了同一個類型的假想人物形象。在小說裡，我們遇到了孩童主角之一的「賽蒙」（Simon）。賽蒙發現自己和一群惡意愈來愈深的英國學生在一座島上迷了路；那是戰時，一架原本載著他們的飛機，在不明的敵方疆域被擊落。一股集體的恐懼，在這群男孩間逐漸蔓延開來，他們意識到有一頭陰暗的「野獸」，躲藏在感知的界限外。沒錯，賽蒙就是那個被流放到陌生世界的蘭花小孩，書中對他描述如下：

他是個清瘦、靈動的小男孩，目光從一頭覆額低垂的瀏海穿射而出……

一股危險的感覺讓賽蒙覺得有開口的必要，但是他認為當眾發言是一件恐怖的事……

「或許，」他吞吞吐吐地說，「或許有一頭野獸。」……眾人粗野地喧嘩起來，勞夫驚異地起身。「賽蒙，你、你相信這個？」「我不知道。」賽蒙說。他的心跳讓他呼吸困難……賽蒙努力想要說出人類的根本缺陷，卻顯得言辭笨拙*。

不論是達馬托鏡頭下的藍襯衫男孩抑或高汀筆下的賽蒙，儘管都是蘭花小孩纖細脆弱的體現，但也都點出這個類型的孩童往往隱藏著非凡、隱而未顯的卓越潛力。這些孩子展現出的溫柔和勇氣，是群體和社會極其需要的特質。

高敏感是天賦，也是重擔

然而家庭治療師薩爾瓦多．米紐慶（Salvador Minuchin）表示，在一個出現功能障礙和虐待事件的家庭裡，這群孩子特別容易落入「指定病人」（identified patient, IP）角色*。換句話說，他們纖細敏感的氣質，在情緒與生理上會不由自主地吸收周遭環境的負面能量。

一如我們在喬伊和他的家人身上所看到的，在糾結、受損的家庭體系下，IP（經常是孩童，雖然並非全然如此）成為一種寓意上的「基督人物」（Christ figure），是代替家人「死亡」的代罪羔羊，背負家庭的傷害與痛苦，被迫作為犧牲的祭品，以此做為保障生存的憑藉。但是，蘭花小孩也可以說是人類洞察力、創意思考以及美德的源頭。

我的同事與我在長達二十五年的研究裡發現，這類孩童由於天生特別敏感，因而容易遭受到人生中困厄和逆境的傷害，但也正因為這份獨特的敏感，反而讓他們更能接納生命給予的恩典。這裡蘊藏了一個耐人尋味，關於天命的重要祕密：蘭花並不是有瑕疵的蒲公英，而是一種截然不同、更為纖細的品種。在蘭花艱困求生和弱不禁風的表象下，藏著無與倫比的力量，以及救贖之美。

在家庭、學校和人生裡，對其他人而言幾乎無感的威脅，對蘭花小孩以及長大成人的蘭花小孩來說，卻在在都是考驗。他們就像蘭花一樣，對於棲息地、生活的環境具有極高的敏感度，這是稟賦，也是重擔；他們的脆弱會為生存和健康帶來威脅，但他們也潛藏著可以開創美麗、誠實和璀璨人生的能力。

不過，別誤以為這種對環境的高度敏感性，就足以克服人們長久以來所熟知的各種外來威脅和災禍，如暴露於有害的貧窮和壓力、戰爭和暴力、種族主義和壓制、毒素和病原等。上述這些以及這個世界上仍有其他許多險惡的事物，都會傷害蘭花小孩和蒲公英小孩的特長與健康，而貧窮的童年仍然是影響生命健康最關鍵的因素*。只是說，蘭花小孩對於這些威脅的「差別易感性」（differential susceptibility，也就是他們對環境的特殊敏感性）遠遠強過蒲公英小孩*。

蒲公英小孩和蘭花小孩在疾病、障礙和人生際遇上的懸殊差異，不管是環境暴露（environmental exposure）的不均，或是基因造成的感受力差異，皆非單一成因。這樣的懸殊差異是環境和基因交互作用下的產物；這是一個新興的科學領域，後文會再回頭詳細檢視。

我的蘭花妹妹

蘭花小孩和蒲公英小孩的形成，儘管環境和基因都扮演著重要的角色，但是我們現在知道，環境與基因的交互作用也會顯示在分子和細胞的層次上，改變了這些孩童基本且關鍵的生物性，亦即他們對於成長周圍的環境，反應的強烈程度以及敏感程度。

雖然，就科學層面來說，我感興趣的是統計的數據顯示了孩童們的發展和健康，存在著如此顯著且截然不同的軌跡；但就個人層面來說，我對於研究的投入，卻是根源於我和我妹妹瑪麗的人生歷程令人驚奇的歧異。兩個出身相同、早期路徑如此類似的生命，何以在某個分岔路口後，各自走向不同的道路。我是蒲公英小孩，她是蘭花小孩。

因此，這是兩個孩子的故事，也是一個未來將成為小兒科醫生的男孩和他的妹妹瑪麗緊密交織的生命史，它為讀者打開一扇通往新科學的門，描述（並在某個程度上解釋）來自同一個家庭的孩童，為何會走上截然不同的人生道路。儘管她內在敏銳的感受力，足以讓她比我更有機會成為出類拔萃、成就卓越的人，但是她卻被人生的悲劇和傷痛擊倒，以致那份潛能受到抑制，無法完全施展。

同樣面臨家庭失和、失望、失落和死亡的現實，那讓我妹妹跌倒的崎嶇路面，對她的蒲公英哥哥而言，卻幾乎未受侵擾。蒲公英在面對困境時所流露的韌性，不能完全歸功於個人因素。同理，瑪麗的人生最終落入的那些混亂，也不能完全歸咎於個人的責任。如果她在另一個時間點誕生，或是由不同的家庭撫養長大，她或許會成為才華洋溢的牧師、享負盛名的神學家，或是靈魂救贖運動的領導者，觸動成千上萬人的生命。她的人生或許會過得燦爛輝煌，洋溢著喜樂與讚頌，擁有許許多多的大愛善行，以及精采的構想。要是當時曾有某種奇蹟出現，讓她在保護下，走上另一條完全不同的道路，得到救贖，進入豐盛安樂的人生運行軌道，不會有人想像得到，厄運曾在暗處潛伏著，如此逼近。

第2章 韌性兒童

某個自二戰退役的荒野飛行員，駕駛著一架單引擎飛機，飛越暴風雪，機艙裡有個聲嘶力竭的孕婦。這不是什麼海上假期。這是一個考驗，挑動我蒲公英花莖的每一絲纖維、榨乾它們殘存的最後一絲精力。當時是一九七八年，我三十二歲，還是個新手小兒科醫生，我完全沒預料到那一天會是這麼度過。

新手兒科醫生的接生初體驗

在此兩個小時前，也就是清晨五點，一通來自克隆波因市（Crownpoint）印地安健康服務計畫（Indian Health Service, IHS）醫院的電話，把睡得不安穩的我從床上挖起來。那所醫院位於納瓦霍部族保留地（Navajo Nations）的東部邊境，荒涼且遺世獨立。身為它方圓五十到一百英哩之內唯一的小兒科醫生，我負責所有與兒童相關的重大醫療緊急事件，包括出生的和未出生的。

吉兒和我住在政府配發的住所，它就在新墨西哥州長滿灌木叢的台地腳下。我從我們的住所，走過半個街區，抵達配有三十床規模的醫院，直接進入產房。所謂的「產房」不過就是一間獨立房間，裡面擺著一張產床、產床腳蹬，牆上還掛著一張吉米・卡特的官方元首照，照片裡的他以睥睨一切的目光，凝視眼前所有產科程序，放在這兒莫名地流露出一絲違和的尷尬。

進入產房，眼前迎接我的是一隻早產兒兩英吋的小腳丫，從一個二十幾歲美國原住民媽媽的陰道裡露出來，彷若春天的一朵蒲公英。這位媽媽沒有做產前檢查，之前生過兩個孩子。根據她的孕程來推測，目前孕期是三十二週，但是她的肚子看起來卻比這個孕期應有的還龐大。於是，我們把她推進造影室，結果發現在她的肚子裡，不是一個嬰兒，而是一對雙胞胎。

早產的雙胞胎，外加上一隻已經露出、晃啊晃的嬰孩左腳，克隆波因醫院不適合進行這種高風險分娩，尤其是在四十五年前。於是，我抓起話筒以及鄰近醫療機構通訊錄，依距離順序，由近到遠，焦慮而迅速地一家家聯絡有配置新生兒加護病房（Neonatal Intensive Care Units, NICUs）的三級醫療機構，但每家醫院的新生兒加護病房都已經滿額或超額，畢竟要送到那裡的新生兒，各個都需要特殊的新生兒照護。最後，當作一次最後的嘗試，我打電話給科羅拉多兒童醫院，得知他們確實可以收容我那對嬌小、尚未出生的納瓦霍雙胞胎時，有如卸下千斤重擔。

我打電話叫醒另一位年輕的當地醫生，在為數不多的IHS醫生陣容裡，她是產科技術最精湛的醫生。我請她到克隆波因機場和我碰面——所謂的「機場」，其實不過是附近一條清除了鼠尾草和風滾草的乾燥泥跑道，只要一台小型的山貓挖土機就可以整平。

我們的醫療陣容裡，有五位受過訓練的醫師，但統統都是初出茅蘆的新手，卻在這裡體驗人生中的第一次真正執業。我們集生澀、經驗不足和恐懼於一身，唯一凝聚我們的是，孤身在美國第三世界的年輕醫生所懷抱的那份熱血情誼。

睡意濃厚但仍積極任事的潔兒（Gil）抵達了機場，她是我這項清晨任務的同事，跟她一起的還有一名老飛行員，叫做「歐雷．鮑伯」之類的，他是當地的荒野飛行員，有一架年紀與他相當的骨董飛機。

我們把那位年輕的媽媽放在輪床上，送進機艙（在此姑且稱她為瑟琳娜，Serena在英文裡，有寧靜之意，正好反映她在接下來的過程裡，展現了驚人的冷靜）。我們把她安置在機師後方，潔兒已經就位，負責操作設備，我陪伴在瑟琳娜的身旁，手邊有一套嬰兒用的呼吸氣袋和面罩，以及一小瓶氧氣。

飛機起飛了，載著我們飛進沙漠高遠開闊的天空，天邊有幾抹新墨西哥州日出的瑰麗朝霞。到目前為止，一切還不錯。

出生在不同州的雙胞胎寶寶

飛機一路爬升到大約一萬英呎高度，這時看起來萬事妥當。潔兒監看瑟琳娜產道裡寶寶的位置，為了以防著陸前意外分娩，我也隨時準備好施行新生兒心肺復甦術。鮑伯載著我們飛往北方，越過白雪覆頂的洛磯山脈，他滿頭大汗，不時回頭瞥視機艙後方的狀況。

就在我們靠近新墨西哥和科羅拉多的州界時，突然遭遇一場狂烈的暴風雪。頭上的天空轉為一片不祥的烏黑，前方的視野變成一片模糊不清的霧白，飛機下方，空氣變得混濁，隱約可見底下廣袤的白色山巒和平原。飛機開始劇烈搖晃，在令人暈眩的震盪迭起裡，陡降又急升兩、三百英呎。

這時的瑟琳娜，想到自己可能得要在空中亂流以及菜鳥醫師的手裡生下雙胞胎，當然是嚇壞了。她出現密集陣痛，開始分娩。潔兒意外地因劇烈晃動而暈機，又是乾嘔、又是嘔吐。結果，機艙變成搖晃的洗衣槽，嘔吐穢物、羊水和尿液四處溢流。鮑伯儘管驚恐，但仍堅定地駕駛這台洗衣機。

然後，用一隻粉紅色小腳丫，預告我們今天這一趟冒險註定不平靜的雙胞胎哥哥，突然呱呱墜地來到這個世界，降生在潔兒那雙顫抖等待的手裡。潔兒夾住、剪斷寶寶的臍帶，用紅色橡膠吸取器清理他的呼吸道，接著把這個渾身用力、放聲大哭的納瓦霍寶寶遞給我。我用新生兒「太空毯」包住這個小傢伙，為他保暖，讓他安歇在我的大腿上，面朝上，頭朝著我，用氣袋和面罩為他輸氧和輔助呼吸。

對於這樣一個孕育於資源匱乏的保護區，沒有產前的醫療照護，又誕生在新墨西哥平原上方冰雪世界的美國原住民孩子而言，他的狀況還不算差；事實上，他展露出來的生命力讓我驚異——他想要活下來！

幾分鐘後，雙胞胎弟弟跟著哥哥的腳步，以同等喧鬧、滑溜和戲劇化的方式出場了。在後續的彙報裡，我們發現，雙胞胎哥哥是在新墨西哥出生，而雙胞胎弟弟則是在科羅拉多州，這兩個分屬不同州出生的同卵雙胞胎男孩，就這樣以時速九十英哩的飛行速度，飛進大暴風雪的上層氣流。現在，這對兄弟，如同包覆在毯子裡的小豬仔般，雙雙躺在我的腿上，輪流著各吸十五秒氧氣。

想必是因為鮑伯用顫抖的聲音，講述這架被吐得慘兮兮的小飛機裡的經歷，隨著我們逐漸靠近丹佛機場，空中交通管制塔台已經開始為附近的航機重新指向，或要求他們延遲降落，替這兩個吐著口水的新生兒開路，好讓我們先行著陸。

我們滑行到最靠近丹佛機場航廈的一個停機點，兒童醫院的救護車和新生兒轉運團隊已經在那裡引頸企盼，迎接我們。這兩個體重都不足三磅的小男嬰，被迅速移進溫暖、舒適的保溫箱，和他們一臉困惑但仍浮現微笑的媽媽一起被帶走。

在接下來的幾週，我定期打電話到丹佛醫院探問，得知雙胞胎在院期間狀況都相當良好，大約六週後就能出院，回到正展開雙臂歡迎他們、這個人丁興旺家族的懷抱。

後來，當我思及這對雙胞胎出生時的環境是如此惡劣和威脅重重，我認為，他們能存活下來的關鍵，不只是有隨侍在側的醫生，也不只是有觸手可及的醫療照護資源。沒錯，如果沒有醫療技術和細心照顧他們的新生兒加護病房，他們最終可能無法倖存。但除此之外，三代同堂的納瓦霍家族，慈愛的撫育，同樣有不可抹滅的重要性。

在這場人生中最轟轟烈烈的搭機航程結束後的多年歲月裡，這個直覺一直與我同在；直至多年後回顧時才醒悟，在這不久後我所選擇追尋的研究路上，這個直覺不但伴隨著成為我省思的主題，也引領我挖掘出驚人的發現。

我人生的轉捩點──遇見南非流行病學家卡索

西方醫學透過繁複的路徑「進入人體」。像是疫苗注射、服用藥物、用手術刀切開人體的深幽腔室或是透過X光攝影，呈現器官和骨骼的陰影圖像，藉由醫師、護士、宣導手冊、網際網路和教育課程的語言和文字，將疾病和健康的知識，帶入我們的心智和意識。

但是，生活環境、先天優勢或劣勢的波折浮沉、生活的壓力，以及人類照護和社群保護……等，諸如這些要件，是如何進入人體，影響一個人的健康和幸福呢？疫苗和藥丸操之在你，但是逆境和關係呢？我們具體有形的肉身，在結構和功能上，遭遇到逆境和關係這種無形的力量時，是怎麼受到傷害？又是如何得到支撐？那對納瓦霍雙胞胎之所以能夠存活、茁壯，明顯不單僅是靠密集的新生兒照護。我們如何從科學角度描述或解釋，納瓦霍家族和族群的生活裡，那些非物質經驗的傳承中，摸不著卻又確實存在的生物效應？

無論是在我的專業發展，抑或是讓吉兒與我決定前往納瓦霍族核心地帶的克隆波因，偉大的南非流行病學家約翰．卡索（John Cassel）都扮演了至關重要的角色。

卡索是兩位當代社會流行病學領域之父的其一（另一位是加州大學柏克萊分校榮譽教授里奧納德．賽姆〈Leonard Syme〉博士，後文會更常論及）。卡索在納塔爾省（Natal）一個約萬人的祖魯部落行醫多年，心頭生出許多和盤踞在我心裡一樣的疑惑，當中部分的疑惑，我至今還無法解答。

為什麼社會環境是疾病和壽命最有力的預測指標？某個村落的人遠比其他村落的人更健康，原因何在？一個人所處的社會、經濟和心理環境，是如何嵌合進他的生理系統，影響了諸如心臟疾病、思覺失調症和結核病的患病風險？卡索不知道這些環境因素是如何轉移為人類的生物表現，但是他確定它們會。

卡索畢業自南非的金山（Witwatersrand）大學醫學院，最後接下一支科技整合醫療照護團隊的工作，工作駐在地位於南非祖魯保護區的佛雷拉（Pholela）社區健康中心。這個健康中心是一九四二年由席尼．卡爾克（Sydney Kark）博士所建立，是一個具真知灼見的卓越組織。在那裡，白人和黑人的醫療照護工作者共同生活、並肩工作，醫生的負責範疇超越了醫療照護，甚至擴及提供居民良好的衛生條件、食物和適當居所。一項旨在達成「社區導向初級醫療」的國際活動於焉誕生。

透過親身投入這個原始環境並行醫執業，卡索對於健康和疾病的起源，抱持的信念愈來愈堅定。那些信念與他習自西方醫學教育所得到的知識大相逕庭。經常與卡索並肩工作的祖魯薩滿，對於社會結構與健康之間的關聯，也一樣深信不移，因此薩滿開的處方箋經常是改變家族結構、強化部落的支持力、在地藥草療法，或是施以早該實行的懲處。

關於疾病的成因和治療，了解得愈深入，卡索愈是深信，那套極其狹隘的發病機制觀（疾病的發展方式），也就是他在學校裡學到的觀念，僅適用於部分在人口群體裡觀察到的疾病類型，他認為疾病的成因必然有更寬廣的文化和社會因素。

後來，隨著國會由南非國民黨（National Party）執政主導，種族隔離政策在一九五〇年代初期立法通過，卡索在當地的生活變得愈來愈難以為繼。佛雷拉中心最後被政府歸為「非法活動」而勒令關閉。於是，剛成家的卡索舉家遷往美國，在那裡開始研究流行病學，最後落腳北卡羅萊納大學，加入發展漸趨健全的公共衛生學院並主持流行病學系。

當我完成小兒科住院醫師訓練之後，某個改變一生的重要轉捩點，就是我幸運地在那個機構，遇見了卡索。

兩種病歷：為什麼有些孩子常感冒，有些卻幾乎不會？

我在擔任小兒科住院醫師期間學到的許多課題，其中有一課是這樣的：在電子病歷出現之前，兒童病歷的規模有兩種，一種很薄，一種很厚。大部分兒童和青年在人生初期二十年的病史，通常都可以用清晰簡潔的幾張手寫文件概括，厚度和模樣都和一本新寄來的普通雜誌差不多。

因此，當一名病患的病歷如果像磚頭一樣笨重，厚達數吋，紙張邊緣捲翹折角，有時候冊數不只一冊，上方還夾著一個綳得緊緊的金屬夾，附上一張標示順序或年份的資訊卡，你就知道你遇到什麼了。這些是那群可憐孩童的病歷，反覆感染或多重損傷，患有長期慢性疾病。這些孩童大約占人口的百分之十五到百分之二十，以如此不公平的懸殊比例，囊括了大家生命初期可能遭遇的疾病。他們當中許多人（不是全部，而是多數）的共同點是不同程度的貧窮、遭受暴力、施虐的父母、不足的食物、混亂的家庭，以及龍蛇雜處的鄰里環境。

在我初為小兒科醫師研究人員的時期，我認為在兒童衛生科學領域最引人入勝、最具挑戰性的問題，都與以下相關：無法計量的逆境和社會壓力源，如何與生理嵌合在一起，導致疾病以及精神失常。卡索從實施種族隔離制度的南非貧民窟和保護區，所帶回來的也是這些問題，而當我在研究訓練初期，聆聽他的這些南非草原生活經歷時，他的疑問也內化變成我自己的題目。它們看起來就是那種可以窮盡一生投入研究的問題或議題。

在當時，我就已經隱隱有預感，自己原生家庭所遭受的磨難，和那些病患或病患家屬經常訴說的故事，或是關於逆境、貧窮和絕望的經歷，兩者之間有著本質上的關聯，雖然和他們所經歷的創傷比起來，我的微不足道。

所有的小兒科醫生（在這個方面，家庭醫生也是），每到了冬天，都要處理一大群打噴嚏、紅眼睛和鼻腔化膿的孩子，不斷和發燒、咳嗽、乾咳和哮喘這些疾病糾纏不休。鼻塞、扁桃腺化膿和聲啞，每年悲慘地上演。因此，身為新科的兒科科學家的我，第一項真正的研究，落在呼吸道疾病（也就是童年的黏液大本營，包括感冒、流感、支氣管炎、鼻竇炎、喉嚨痛等之類的都在這裡聚集），自然也就沒什麼好意外的。

這些都是孩童常見的疾病，就像為了長大成人自然而然要付出的代價，而就在教堂山（Chapel Hill）北卡羅萊納大學葛蘭姆兒童發展機構（UNC Frank Porter Graham Child Development Institute）的扶持和指導下，有一項世界級的幼童呼吸疾病研究在持續進行中。根據當時小兒科界的普遍看法（即使是現在，多少依舊如此），這些疾病的成因是病毒和細菌，答案就是這麼簡單明瞭，頂多加上零星的真菌，讓病況因此變得曲折一點。

換句話說，他們認為，呼吸道疾病就是由小蟲引起的，沒別的。除了真正的免疫系統障礙，像是白血病、先天免疫不全或接受強力免疫抑制藥物治療的孩童會發生不同的情況。我們很少會關心，眾多沒有被感染的健康孩童，是否也對環境的易感性或脆弱性有所差異。幾乎沒有哪項研究提到，為什麼有些孩童經常感冒、咳嗽，有些孩童卻幾乎不會？

沒有出現反覆感染、免疫功能正常的孩童和成人明明屬於多數，但醫學研究卻不怎麼關注這群人對傳染媒介的疾病抵抗力（或防衛力）。因為大家都自然而然地認定，健康孩童對於呼吸道感染的防禦能力，或是感染後迅速康復的恢復力，不存在什麼差異，假使有，也不過是暴露量的多寡和運氣佳不佳使然。

然而，這方面的差異確實存在，即使是同一個家庭的孩子之間也存有差異。過去（一直到現在也是如此），總是會有父母告訴孩子的醫生說，手足裡的其中一個孩子總是比其他人更常生病。在幼兒園的某間教室裡，老師永遠知道，某幾個孩子就是比同儕或玩伴更容易被蟲咬。不管是在學校或團隊裡，有些孩子老是比其他孩子更常請病假。一如我們已經看到的，有一小群孩童承擔了他們所屬總人口超過一半的感染疫疾。

壓力、孤獨、逆境會降低免疫力

即使是在我自己研究初發表的那個古老年代，儘管多數人對於高敏感性的個體差異普遍採取視若無睹的態度，但還是有少部分科學家和觀察者例外。知名的美國微生物學家、公眾知識分子瑞內．杜博斯（René Dubos）描述宿主（即人類）、病原體（疾病的起因，通常是細菌或病毒）與環境如何構成一個三角生態的過程，亦即身體會走向健康或生病，端視宿主的抵抗力、病媒毒性以及環境條件的平衡，一如飲食和空氣汙染*。

卡索自己也寫了一篇著名的論文，述及他的觀察，「結核病和思覺失調症的患者、酗酒者、多重意外受害者或自殺者，皆有非常類似的社會環境背景。」他主張，病患們都處於社會邊緣。因此，少數有遠見的人開始理解，一個人接觸到病毒的結果，除了病毒本身之外，人體發動免疫抵抗力的體質以及內在的心理素質，也扮演了另一個關鍵的角色。也就是說，一個人是發病或無恙，取決於病原毒性和宿主防衛力之間的角力*。

引發更強烈議論的是，有少數科學家開始思考，宿主對傳染媒介的抵抗力，或許不只受到飲食、輻射、醫藥或毒素等物理層面的影響，實際上也包括社會情緒的環境牽引。換句話說，社會關係和伴隨而來的情緒，可能會影響身體健康。

接下來才是真正讓人震驚的概念！「壓力」、「社會孤立」或「寂寞」這些飄渺又定義模糊的力量，居然能夠進入人體，透過免疫作用，改變一個人抵抗感染的能力！這種說法實在太怪誕了，簡直就和針灸、代禱（為別人祈禱）、醫學催眠一樣異想天開。但是這些年來，前述這些隱形的力量，每一項或多或少都得到證實。

現在也出現備受崇敬的研究人員，把壓力、免疫力和疾病當成正式的研究主題，用動物和人體進行檢驗。羅倫斯．辛克爾（Lawrence Hinkle）、漢斯．賽耶（Hans Selye）、哈洛德．沃爾夫（Harold Wolff）等研究人員，依循華特・坎農（Walter Cannon）對壓力如何干擾體內生理恆定（homeostasis，即身心平衡的狀態）的早期研究，開始全面探究「生活壓力事件」（stressful life events）對於急症和慢性病，以及身體與精神疾病之間的關聯*。還有像羅伯・艾德（Robert Ader）之類的研究人員，運用具說服力的實驗研究方式，檢視並記錄生活壓力是如何傷害人類和動物的免疫功能，讓宿主成為病毒、細菌和病媒的攻擊對象。具有公信力的科學證據正在累積，研究對象多半是針對成年人，結果顯示壓力和逆境會以某種方式讓人增加罹患急症或慢性病的風險*。

關於人類患病的起因，我和同事就是以這些令人震驚的新概念為背景，在北卡兒童發展機構，這個依舊由傳統的傳染病專家主持呼吸道研究的地方，提出了一項專案研究：以家庭壓力源為風險因子，檢視它們在學齡前兒童的呼吸道疾病中，可能扮演的角色。

我們深入研究五十八個教堂山學齡前兒童，其中大部分是非裔美國人，清一色都是貧困兒童；我們與他們的雙親進行訪談，分析最近「生活變動」的壓力，例如離婚、祖父母過世，或是財務困難，我們也一再針對每個孩童做檢測，不放過任何在診療院所和實驗室的呼吸道感染樣本。

我們進到那些孩子的住家，在北卡羅萊納燠熱的空氣中，坐在飄著霉味的客廳裡，啜飲著南方甜茶，唯一的空調是手裡的扇子。一旦有孩子染病時，我們就從他們的鼻子採樣，培養細菌和病毒，並運用一張症狀和體證檢核表，謹慎評估病情的嚴重程度。

一九七七年，我們在《兒科期刊》（*Pediatrics*）發表了研究成果*。我們發現，在這為期一年的研究中，兒童罹患呼吸道疾病的病況和病程，與該兒童家庭陳述的壓力指數呈正比。此外，我們也用「家庭慣例（family routines）」列表（根據我們的理論，這些家庭的例行活動，能稍微舒緩壓力變動所帶來的影響）做指標，當家庭能夠堅持不懈地執行有用且可靠的例行事務時，就能阻斷或緩和家庭壓力源、病情和病程的三角關係。也就是說，孩童家庭的日常例行事務，如果能持續而且保有可預測性，那麼壓力對於疾病所產生的衝擊力道，就會明顯減弱。

這個讓人難忘又令人矚目的新假設，就是我在實證科學研究的初次入門體驗。雖然我長久以來的心願是進入資源不足的偏鄉環境，展開小兒科醫師執業的傳統生活（我當時的新婚妻子內心也和我抱持同樣的心願），我卻突然發現自己被一股浪潮推著走，一路朝著學術醫學、挖掘新知的方向前進，而不只是單純地運用知識。我的人生逐漸沉浸於這門新興科學，也就是研究孩童的社會和情感經驗是如何影響他們的身體健康。在那項研究之後的許多年裡，每當我回想自己的職涯是如何脫離掌控、凝聚動能出走的那一刻，我就會與我的學生和見習生一起省思，怎麼我的人生格言就變成了「你的人生不是你的人生」。

出現在樂音中的「噪音」：那些具有抗壓性的孩子

背負著南非流行病學家重大觀點的傳承，身心醫療科學的嶄新光環，以及迫不亟待與自己的研究成果展開迷人邂逅，於是我一頭栽進了過去不曾想像過的醫學領域。從此，我開始擁抱所有年輕研究人員都得嘗試的事物：想法子重現之前的研究發現，以確保過去的研究結果不是僥倖。

在我早期工作的納瓦霍保留區，或是我的第一份大學職務中，我幾度企圖尋找壓力影響孩童身體健康的訊號。這些研究涉及許多不同的孩童群體：從新墨西哥州沙漠高地邊境的納瓦霍寄宿學校學生、塔克松社區聰明開朗的學齡前兒童、綠樹成蔭的舊金山社區裡溫文爾雅的幼兒園孩童，最後到柏克萊精明世故的孩子。

有時候，源自地區和社區集體經驗所帶來的壓力源和逆境，遠勝於家庭生活；有時候，研究的壓力內容，本身就是個重大挑戰，如天然災害的入侵、房屋倒塌、火災和嚇壞孩子的大地震；有時候，研究的焦點是老生常談、近乎乏味的主題，如第一次展開小學生活、遇見新同伴、認識新的幼兒園老師等。當然，我們成功重現了呼吸系統疾病的發現，還有一些研究成果觸角延伸到壓力對於意外傷害、免疫系統對疫苗的反應、行為和心理問題的影響。

值得注意的是，所有這些早期研究，都浮現了一個清晰的脈絡。在每項研究裡，挑戰或壓力，與各種疾病、傷害和精神健康問題，兩者在統計學上有顯著的關聯，然而它們所顯現的關聯都僅止於中等強度，不曾超過百分之十。在另一個更牢固的因果關聯裡，解釋程度也僅達到百分之三十到百分之五十。我眼前這一系列的研究，每一項都是可複製再現的結論，童年逆境對於疾病的多種影響是可預測的，但是偏偏沒有任何一項結果的關聯性，有達到我和我的同事所希望的強度。

若是把這些早期研究的數據繪製成實際的點狀圖，圖表顯現出兩條密不可分的曲線。一方面，資料顯示，孩童的逆境和壓力體驗，會與孩童的發展和健康狀況，整體而言兩者呈線性趨勢。例如，當孩童行為問題愈嚴重，往往意味著家庭壓力源愈發強烈。另一方面，點狀圖本身也顯示，兩條曲線之間散落了許多壓根不在曲線上的樣本。例如，資料裡的反常孩童，身處強大的家庭壓力源之下，卻極少出現行為問題；也有孩童，僅肩負極低的壓力源，卻顯現極為嚴重的行為問題。因此，即使從整體來看，壓力和問題行為之間確實呈現可靠且顯著的關聯，然而一旦仔細分析每個細節，就會遇到許多干擾的「噪音」，也就是那些隨機、無法解釋的變異。因此我們無法正確地預測，在何種程度的家庭壓力下，個別孩童行為問題的嚴重程度會到哪裡？因為有許多的樣本並未落在壓力／行為的關係曲線上*。

我和我的共同研究者花了幾年的時間，試圖消除這些壓力／健康關聯裡的「噪音」，以更謹慎的態度，尋找品質更好、更有效的問卷，評量孩童生活在壓力和逆境下的狀況。我們試著訪問孩童本人，了解他們的壓力源，而非訪問他們的父母；我們改為訪問父母雙方，而不是只有其中一方。有時候，我們也訪問孩童的老師，既不是父母，也不是孩童本人。我們還從居住地區的壓力源取樣，如犯罪和暴力，不再侷限於「家庭」，這個基礎的變項。我們投入大量心力，針對疾病、意外、嚴重度、復原時間、意外傷害率、傷害嚴重程度差異和亞臨床心理健康問題等，建構最謹慎、穩健的評量指標。

然而不管我們怎麼嘗試，總是發現相同的結論：早期暴露於壓力下，與疾病、傷害和行為問題，兩造之間存在顯著、但僅止於中等的關聯。以童年壓力與逆境的科學來說，這樣的發現從來不足以稱得上是突破，甚至連掀起一個領域革命的邊都沾不上。

於是，灰心氣餒又心力交瘁的我們，終於開始反思並自問，為什麼要拚命地淨化每一個研究結果裡的「噪音」，或許那並非真的是「噪音」。要是問題不是出在資料，而是我們解讀資料的方式有問題呢？我們在研究過程中始終無法移除且揮之不去的變異，或許才是我們一直以來應該正視的現象。孩童暴露於壓力源的結果，本來就是會出現如此巨大的歧異，那才是問題真正的核心。我們拚命想打開那道門，而它就是那把鑰匙。

韌性兒童的毅力是天生的

在當時，社會大眾及學術界都有此一說：有些孩童，又稱為「韌性兒童」（resilient children），即使面對險峻的逆境，也能展現出不尋常的毅力和成長能力。例如有一份報告的研究對象，就是熬過二次世界大戰納粹集中營的倖存兒童；近代有更多觀察指出一個兒童次群體，雖出身於貧窮的社區，卻特別堅忍不拔，能為自己找到出路，脫離貧窮和壓迫的環境，成為備受尊敬的專業人士，以及成就非凡的創業家。

還有一種較缺乏詳盡文獻、不是那麼明確的說法，那就是在韌性頻譜上的另一端，還有一群特別「脆弱」的孩童，他們在面對逆境時，抵抗困苦的能力較為不足，而且缺乏防衛能力，以致於可能會損及他們的健康以及發展。

由此可見，在明尼蘇達大學的諾曼．嘉梅茲（Norman Garmez）和安．梅斯登（Ann Masten）展開全面而精采的韌性研究之前*，就已經有人理解到，當個體暴露於壓力、災厄和惡運時，性情、人格和體質上的個別差異，會導致高度差異化的結論。這項研究裡的背景噪音，有部分似乎是人類在生活中碰到艱辛時的自然反應。但重要的是，在「堅韌」和「脆弱」兩造之間，抵抗力和存活力的變化構成一道頻譜，一端是強健，上天賦與可以抵抗災厄的能力，另一端則是軟弱無力，即便是最平常的挑戰都難以負荷、克服。堅韌／脆弱位於量表的兩端，兩者進一步還被賦予了道德基調（至今仍然如此）：堅韌就是英勇、勝利的表現，脆弱則被視為怯懦和可悲。社會大眾和學術界普遍以堅韌和脆弱界定光譜的兩個端點，又分別賦予隱晦的道德色彩。

遭遇逆境後的反應，人們傾向把箇中差異蒙上榮或辱的色彩，有部分原因是我們假設這種差異源自於品格或意志力。但是，在我和我的同事看來，另一個同樣可靠的假設是，這些差異似乎有一個更深、更根本的源頭：人類面對壓力反應是非自主的基礎生物學。

逆境對健康的影響，樣本呈現的結果之所以分散，如果原因出在孩童面對這類逆境時，內隱的生物反應本身就存在著大幅差異呢？不利的環境對於健康所造成的影響之所以如此懸殊，很有可能孩童內在的壓力反應，才是居中的主導者。過去的研究（主要是針對成人）確實顯示，壓力反應的個別差異，與各種心理和生理失調有關，包括精神病理、冠心病和創傷*。要是我們想要剔除的「錯誤」（也就是壓力／疾病關聯裡的「噪音」），其實是資料裡最耐人尋味、最具啟發性的地方呢？至此，我們終於稍微靠近科學上最普世皆知的真理：自然界永遠比我們慎而重之的假設和預設來得更優雅、更複雜、更耀眼。

檢測皮質醇和「戰或逃」的壓力反應系統

如果壓力反應的變異是解讀壓力／疾病關聯真正的關鍵要素，那麼，要解釋壓力反應的變異，必然（或至少有部分）要涉及壓力反應發生的神經生物學領域。所以，我們必須詳細檢視神經生物學上，位於哺乳類大腦中的兩個主要壓力反應系統。

第一個系統位於大腦核心的下視丘，一般稱為「皮質醇系統」。想像有一條線貫穿雙耳，另外一條線則貫穿雙眼之間至後腦，這兩條線的交叉處，就是下視丘的位置，由於這裡位居樞紐，對於大腦各區域之間的傳導非常重要，因此有時也被暱稱為大腦的「卡薩布蘭卡」。在古時，卡薩布蘭卡如同地中海和大西洋兩地的商業和文化交流十字路口，就像大腦裡的下視丘，也是許多主要神經迴路的交會點和互動點。

下視丘的兩個重要核體會分泌荷爾蒙進到腦下垂體，影響腦下垂體的功能。腦下垂體也會反過來分泌長程的荷爾蒙，稱為腎上腺皮質激素（adrenocorticotropic hormone, ACTH），進入血液，分別輸送到位於腎臟頂端的腎上腺。ACTH刺激腎上腺釋放皮質醇，這是一種強效的荷爾蒙，就像一杯斟滿壓力化學物質的烈酒*。遇到壓力時，身體就會啟動系統以應變，影響層面含括了心血管系統和免疫系統，一般便將下視丘、腦下垂體和腎上腺統稱為「下視丘／腦下垂體／腎上腺軸」（hypothalamic-pituitary-adrenocortical axis，簡稱「HPA軸」）。

第二個壓力反應系統是位於腦幹的一個微小中心，也會在面對壓力時啟動，稱為「戰或逃系統」（fight-or-flight system）。這個微小中心是自下視丘延伸而出的，面對壓力時，會喚醒自律神經系統（Autonomic Nervous System, ANS）準備戰或逃，造成手心流汗、瞳孔擴張、心跳加快和顫抖，這些大部分人在遭遇突如其來的壓力環境時，很熟悉的感覺。

皮質醇和「戰或逃」的壓力反應系統，不會獨立啟動或個別發揮作用，甚至不是平行運作，而是彼此一搭一唱，當其中一個系統啟動時，另一個系統也會啟動，彼此相呼應。

這兩個系統對多項人體作用都有強而有力的影響和調節作用，包括血糖值、胰島素、血壓、心跳速率以及其他心血管功能，甚至還有細菌、病毒和異物（如花粉和疫苗）的免疫反應平衡。暴露於壓力環境下，不論出現急性或慢性壓力反應的孩童，通常血糖偏高（罹患第二型糖尿病的風險提高）、血壓較高（罹患心冠病和心血管疾病的風險也較高），還有免疫功能轉變為免疫抑制或發炎的狀況*。

所有這些生理的壓力反應，在人體內日積月累，會造成體內系統性的結構變化。神經科學家布魯斯．麥克艾文（Bruce McEwen）認為，人體會致力於保持生理平衡，而這會對生物系統造成長期損耗，出現所謂的「調適負荷」（allostatic load）。「調適」意思是透過生理面或行為面的改變，好達成生理恆定（或稱「穩態」）的過程；可以說，調適負荷就是維持平衡的生物成本*。

想像有兩頭大象分別坐在兒童蹺蹺板的兩端。蹺蹺板儘管維持了貌似穩定的平衡，但別忘了，坐著兩頭大象的蹺蹺板，本身其實承擔了駭人的壓力，最終還可能啪地應聲而斷。因此，即使生理有可能維持多年的穩定狀態，但長期暴露於壓力下，罹患慢性疾病的風險，會隨著時間一點一滴的增高*。

這時，我們的研究走到了岔口。我們感興趣的是孩童對壓力反應的強度差異，因此需要設定一

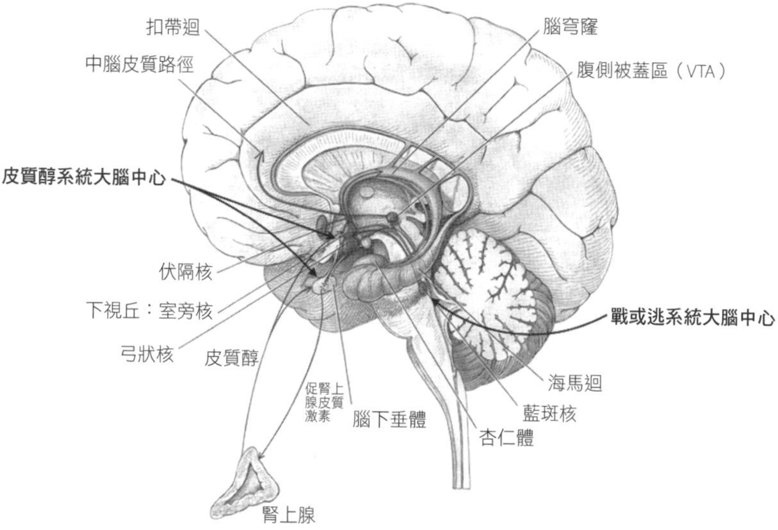

人類大腦裡有兩個主要的壓力反應系統，一個是皮質醇系統，另一個是戰或逃系統。
皮質醇系統透過下視丘裡的核體、腦下垂體和腎上腺（位於兩顆腎臟上方）之間的傳導。戰或逃系統（或稱自律神經系統）則是由腦幹裡的核體所啟動，有兩個不同的支系：一是經由交感神經系統，做為戰或逃反應的加速器；二是副交感神經系統，作用與交感神經系統相反，做為系統的煞車機制。
戰或逃系統會引發許多人們熟悉的生理壓力反應，如口乾舌燥、顫抖、心跳加速和腸胃道緊張。

種方法，能嚴謹地在標準化的條件下評估壓力反應。早年有無線監控設備可用（事實是當時並沒有），在學校或在家測量血壓或心跳，雖然能顯現出差異，但是我們卻無從得知，那些差異能否歸因於個別孩童反應的生物差異性，或是源於學校或居家的環境壓力。我們需要謹慎地控制實驗條件，以及設計一套同時可供兩種壓力反應系統指數化的衡量標準。此外，我們讓孩童面對的挑戰，也必須小心調校，好讓壓力足以觸發反應，但又不至於大到導致孩童哭泣或跑開。

實驗：三到八歲兒童會碰到的生活挑戰

我和我的同事艾碧．艾爾康（Abbey Alkon）開始著手確認一系列壓力溫和的活動，以引發適當的皮質醇和「戰或逃」系統的反應。

起初，我們嘗試援用成人心血管反應研究的壓力因子[1]，例如冷加壓反應測試，也就是要求實驗對象把一隻手放進一桶冰水裡，長達一分鐘。我們對某個五歲男孩進行這項活動時，他把手放進水裡後，愁眉苦臉地說：「好痛！」然後迅速走出實驗室——這段插曲可以證明：一、孩童的智慧，以及二、科學家的愚蠢。為了測試孩童的壓力反應，我們得找到一組最適合的標準，不會太嚴苛、也不能太溫和，而是剛剛好的東西。

為了找到這個甜蜜點，我們布置的活動，必須能夠調整強度，要適合三到八歲的兒童（處於童年中期，這是我們的重點群組），還要具備「生態效度」（ecological validity），也就是說，這些活動必須是孩童在日常生活裡，真正會遭遇到的挑戰。以下是我們決定採用的挑戰，它們分別屬於不同的類別：

- 由一位陌生的大人（研究助理）進行訪談，會問及兒童的家庭、生日、學校玩伴、最喜歡的食物，以及上一次生日派對的情況（心理類挑戰；參閱第七十頁的照片）；
- 在舌頭滴一滴檸檬汁（身體、感官類挑戰）；
- 觀看一段情感豐富的電影片段（情緒類挑戰）；

- 測試者對孩童唸出一串三到八個數字，再由孩童複誦（認知類或思考類挑戰）。

在某些特別的研究裡，我們也採用以下情境：

- 在反應實驗計畫結束時，觸動火警裝置，指稱是煮熱巧克力的水壺發出的蒸氣所導致的（即意料之外、擾亂類挑戰），隨後立刻安慰孩童，保證沒有發生真正的火災。

緊鄰著這些挑戰活動的前後，研究助理會為孩童讀一個安撫、適齡的故事，取得放鬆時的衡量數據，用來與活動中的數據做比較。以反應分數而言，我們採用同時對皮質醇和「戰或逃」系統都有反應的衡量指標，此外也採用部分其一特別有反應的指標。前者包括血壓和心跳，兩者都受到兩種系統的影響；後者的例子包括唾液中的皮質醇濃度（壓力荷爾蒙在唾液裡的濃度，與在血液中的濃度相當），還有以抗阻心動描記術（impedance cardiography）測量心跳變異狀況（副交感神經

1　原書註：不論在此處，或是全書裡，我用「我們」一詞代表一群出色的學生、實習生和自願者，他們在每一個大學研究計畫裡，充分的貢獻雙眼、臂膀和腳。他們是每項計畫的對外代表，是讓科學有所進展的推力。許多時候，也對研究的現象貢獻出寶貴的見解。雖然他們的名字通常不會出現在科學成果發表的刊物以及公開感謝名單裡，但事實是，如果沒有他們的付出，研究幾乎不可能有任何成果或成就。

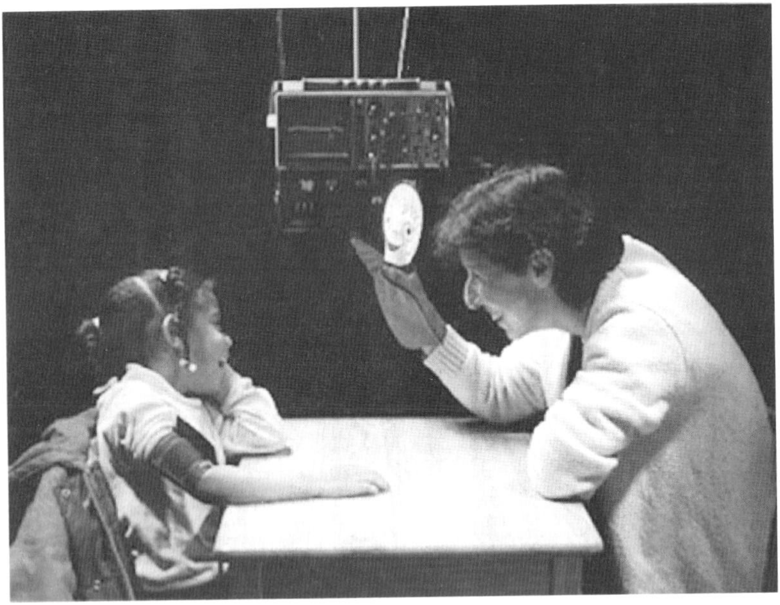

在壓力反應實驗計畫裡，由陌生的大人進行訪談的孩童。研究人員在孩童完成各種壓力挑戰的活動時，將追蹤皮質醇和「戰或逃」系統的反應。

系統功能的指標）以及心搏週期的精確時間（交感神經系統活躍程度的指標）。

測量唾液皮質醇和「戰或逃」的反應

用於測量皮質醇的唾液樣本，蒐集起來很簡單，因為地球上的每個小孩，心底都有一股吐口水的渴望。而有這股渴望想必是因為，在全世界各地，吐口水都會惹來父母的斥責，「不要吐口水！」我們的研究涵蓋了成千上萬個兒童，他們提供的唾液樣本，不但量多、浮沫豐富，而且吐的時候，還會發出很多噪音。

反觀戰或逃的自律功能心血管測量的指標樣本，情況則大不相同。我們需要從心臟蒐集連續幾分鐘的電生理學資料。我們把電極、電解凝膠和線路貼在孩童的前胸、後背和一個腳踝，當心臟把血液打到肺部和身體時，以毫秒測量它的活動時間週期。但是光設定所有的設備器材、系統測試，以及應付某些孩童在設置過程中自然產生的焦慮，可能就要花上十到十五分鐘。七、八歲大的孩子，可以用哄的，或用太空人在做太空飛行時，也要像這樣配戴線路的說法吸引他們。但是，三、四歲的小孩就沒那麼容易沉浸在勇敢的太空旅行幻想中，必須用溫柔的話語，緩慢的動作，不斷地安撫，一路慢慢引導。

然而，即使只是在反應測試程序的這個階段，觀察力強的觀察者就已經可以開始看到，幼童對陌生經驗的反應，出現了行為和情緒上的差異。這些差異，一如我們預期將會看到的，在所有實驗程序設計所要引發或突顯的壓力生理反應，甚至更為鮮明。

痛恨襪子在鞋子裡的皺摺，討厭毛衣接觸皮膚的扎刺感

如同研究人員有時候會幹的事，艾碧和我一開始也在自己的孩子身上測試所有的程序和評量。當時，我們的孩子與測試的對象，正處於同一個年齡層。我的女兒艾美當時六歲，於是她好心地自願當爸爸的白老鼠，接受壓力反應實驗——同時享有以寶物和獎品做為豐厚獎賞的特權。

實驗結果，在接受測試的孩童裡，她是屬於反應較大的一群。雖然她不曾展現明顯的「蘭花氣質」，但是她痛恨襪子在鞋子裡的「皺摺」，討厭毛衣接觸皮膚的扎刺感，此外，她對於情緒豐富的色彩和合唱音樂的聲調，也展現出高度敏銳的感受力。

我們後來理解到，對實驗室壓力源出現極端神經反應的孩童（我們稱之為「蘭花小孩」），這些高敏感的反應也是他們行為和感官的特徵之一。這群反應較極端，屬高風險的兒童（少部分到了某個時候成為我的病患），在面對實驗室外自然發生的挑戰，同樣也會有不尋常而且往往造成困擾的高敏感性，而且他們天生有一種稟性，無力抵抗緊繃或沉重的社會環境。因此，雖然我是在研究壓力的強烈反應對於發展和健康上的影響，卻無意中發現，我摯愛的親生女兒就身處於這個領域中。

面對挑戰，五分之一的孩子會出現強烈的「戰或逃」反應

在進行反應實驗這段長達數月的摸索期，我們找來不同年齡的兒童，大量投下不同的實驗活動和不同的心血管反應測量指標。直到我們認為已經找到適當的活動，足以當作可靠的評量指標，而且適用於不同年齡層和不同氣質的孩童為止，我們才開始全面探究數百名幼童的壓力反應全貌。

雖然三到八歲的兒童是我們研究的起點，但是艾碧繼續研究年齡更小的兒童，甚至是未滿一歲的嬰兒，並在研究中證明與歸納出同樣的結論。基本上，我們一貫的發現是，實驗室各類挑戰所引發的神經反應，評測結果在兒童之間有很大的差異，而這些差異都遵循標準常態（鐘型）分配，也就是大多數兒童位於中間地帶，兩側極端區的人數則較少。

下頁圖表顯示「戰或逃」與／或皮質醇反應量測數值的代表樣本。圖表顯示，壓力反應呈現平滑、連續的分布，蘭花小孩位於數值的前百分之十五到百分之二十，而蒲公英小孩位在墊底的百分之八十到百分之八十五。蘭花小孩的壓力反應在數值上高於蒲公英同儕，但不是截然二分。也就是

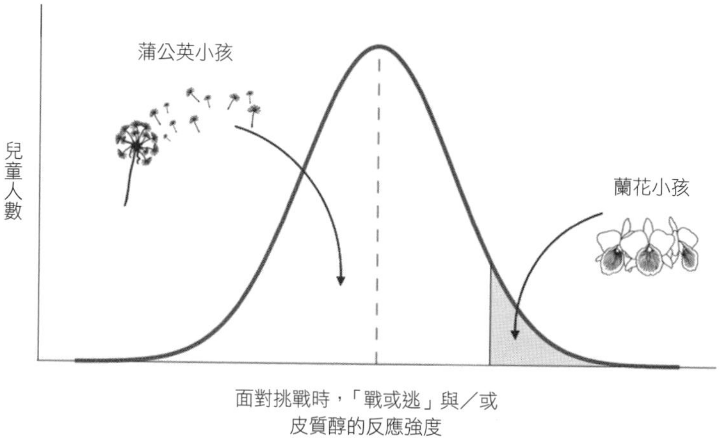

孩子面對標準化的實驗室挑戰活動時，戰或逃及／或皮質醇反應的分配。圖表顯示，涵蓋所有數值的完整區間裡，壓力反應呈現連續分布，蘭花小孩位居於區間的頂端或高反應端，蒲公英小孩位居較低的百分之八十至百分之八十五區間。

說，蘭花小孩和蒲公英小孩位於同一個連續分配裡，而非完全不同的分配。一個在此沒有圖示、但或許耐人尋味的發現是，男女孩性別在蘭花小孩和蒲公英小孩之間，以及反應區間的各個層級裡，出現的比例相當。最重要的是，這群兒童的壓力反應值分布，呈現出一種不間斷的連續頻譜樣貌。

在我們開始運用新擬定的壓力反應實驗計畫時，當時第一個觀察是，兒童對於標準化的實驗室挑戰，呈現出來的可測量反應水準出現很大的差距。我們多項實驗活動中，雖然大部分兒童都位於反應分配的中央區段，但比例上總有穩定可靠的少數（通常是五個中有一個），顯現強度驚人的「戰或逃」和皮質醇系統反應。無獨有偶，也會有差不多人數的兒童，展現程度極輕微的反應，位於曲線的另一尾端。

在實驗活動中的神經生物反應，差異是如此

的巨大，這是否就是我們尋尋覓覓的「樂音」？我們之前所辨識出的環境壓力與健康損害、發展障礙之間的關聯，裡頭總是會出現的那些「噪音」，現在這個差異反應或許就是它的解釋？有些兒童被貧窮和逆境擊垮，有些兒童卻看似愈挫愈勇，這樣的差別，能夠用面對標準化挑戰時，隱而未現的內在生物反應做為解釋嗎？

潔兒和我曾在新墨西哥和科羅拉多州界上方一萬呎高空，守護著那對納瓦霍雙胞胎來到這個世界。事件之後的一年半，我離開了保護區以及ＩＨＳ，前往塔克松的亞利桑納大學，展開我第一份真正的大學教職。某個午後，我收到一個神秘包裹，從包裹上的寄件地址來看，它來自遙遠的新墨西哥州高地北方，就在荊棘遍布的荒野、一片無垠沙漠的某處。包裹裡沒有附上隻字片語，只有一張美麗的納瓦霍傳統風格織毯，是雙胞胎的祖母所編織的，還把我的名字（T. Boyce, MD）編織進設計裡。

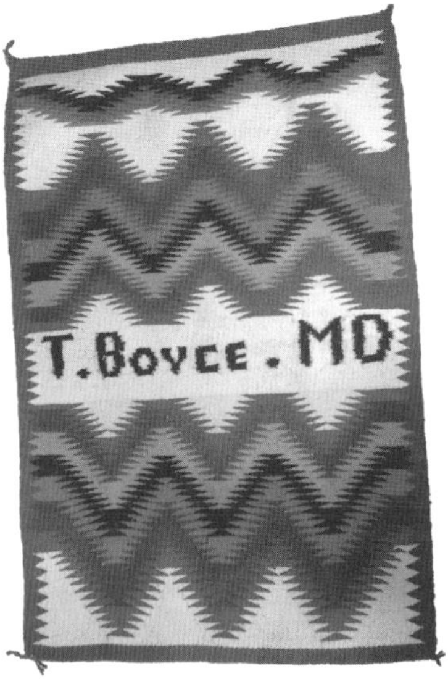

納瓦霍雙胞胎的祖母送給我個人的手工編織地毯。

那一天，以及之後的許多日子裡，我反覆咀嚼每個人心中深處都會有的感謝詞：感謝我們的家人，感謝那在無法預見的時刻、意外闖進我們生命裡的孩子；感謝孩子的降臨，你們對這個世界的反應方式是如此獨特，令人讚嘆而驚異。

雖然當時的我在醫學領域仍只是生澀的新手，正要開始探索一個鮮為人知的真相，但它將永遠改變我對童年逆境的理解；改變我如何解讀逆境所引發的生物反應，以及它所要傳達的真實訊息；也改變了我對堅韌是優點、脆弱是不幸的假設。

第3章

環境的好壞，決定蘭花小孩的未來

關於逆境對健康和行為的影響，我們在雜音裡探索樂音時，最早的某項研究裡，有個害羞的小女孩（在此姑且叫她「茉莉」），預示著當時尚未浮現的發現。

延遲滿足的實驗

茉莉剛剛完成我們的壓力反應實驗，接下來，她要面對一個精心策畫的兩難困境。她被帶進一個房間，裡頭有兩張桌子，分別放在一張兒童椅的兩側。她坐在那張兒童椅上，對面坐著一個和藹可親的年輕女研究助理*。

研究助理向茉莉解釋，她們接下來會講講話，也會玩一下在她左邊桌上的那些玩具——那是一堆雜亂難看的玩具，不但褪了色，還又舊又破。至於右手邊的那一張桌子，則擺放了一堆全新、光鮮的玩具，和左邊桌子上的殘舊玩具比起來，右邊的桌子簡直像是玩具名店史瓦茲（FAO Schewarz）的展示櫥窗。

後來，研究助理說，她把一些東西忘在另一個房間，必須去拿回來，所以要離開幾分鐘。她說，她離開的時候，茱莉可以玩一下左邊桌上的玩具（殘舊），至於右邊桌上的那些玩具（光鮮）是別人的，在研究助理得到許可之前，都不能碰。

然後研究助理就離開房間，把茱莉留在那裡，獨自為這個痛苦的道德困境傷透腦筋。要玩哪一桌的玩具？這時，在單向鏡的另一邊，有一架攝影機，暗中全程錄下她的行為。

在剛剛的壓力反應實驗裡，結果顯示茱莉是個反應強烈的孩子，幾乎對所有挑戰，如回答訪談者的問題、嚐檸檬汁、看悲傷電影和記憶幾串數字，壓力系統都呈現高敏感反應。我們透過單向鏡，看到茱莉使盡一個五歲孩子所能想到的所有策略，克制自己的強烈衝動，不去碰那些全新但是禁止觸碰的玩具。她小小的圓臉清楚展現她困惑、不知所措的苦惱。她借助准許她玩的那桌破玩具，想要讓自己暫時分心，但是很快就放棄這個一點效果也沒有的策略。她試著把眼光移開，不去看那些吸引人的新玩具，雙手擋在臉龐兩側，好把玩具擋在視線之外。她將雙手壓在屁股下，左擺右扭；她站起來，繞著室內走；她咬她的指甲，捲繞自己的頭髮；她對著鏡子做鬼臉。最後，她急了，開始一長串生動的自言自語，訓誡自己要遵守研究助理的指示，不要理會誘惑，舉止要符合大人對她的期望。在這有如酷刑般的十分鐘裡，她抵擋了欲望，一直等到助理回來。助理告訴她，現在可以玩所有的玩具，於是她興高采烈地玩了起來。

與這種高度自制力形成強烈對比的是，其他兒童置身於同樣的行為兩難困境時，他們所展現的「延遲滿足」，可能只有幾秒鐘：幾乎是當研究助理離開、門在他身後關上的那一刻，大部分的兒童就立刻投入新玩具堆的懷抱，開始大玩特玩，無拘無束，毫無半點愧色。

有能力抵抗誘惑、延遲滿足，並對於有權威的大人清楚設下的界限能克制踰越衝動的孩子，幾乎都是壓力實驗裡生理機制反應強烈的孩子。為什麼會這樣？這對我們的研究有何幫助？

不是最病重，就是最健康

早在我們研究的極初期，那些對實驗室壓力源顯現高反應的孩童，在我們探究他們的行為特徵時，已看到他們和研究裡的其他孩童，有著顯著的差異性。我們的壓力反應新實驗，就好像三稜鏡之於光，能區分出神經生物反應位於不同「波段」的孩童，找出那些對我們所設定的適度挑戰，出現極度強烈反應的孩童。

我們開始以這套實驗程序為工具，挖掘原本隱而未現的訊息，並在流行病學中，採用這套實驗室反應評量，研究範圍更廣的兒童日常生活。相較於我們在實驗室進行的研究，這些大型研究是在自然形成的社會環境裡，評估孩童在健康、疾病和發展的差異，與真實生活的壓力源有何關聯，而不是以實驗室壓力源做為替代品。

由於我們的目標是希望能清楚得知，在未經篩選的真實世界環境裡，兒童壓力反應的差異，因此我們一開始選擇的研究群體，就鎖定在社區或學校裡的孩童，而非診所或醫院的小兒科病患。後者顯然也是重要的研究和學習對象，尤其是意圖尋找特定疾病和失調的病因時。只是我們想要關注的是發展健全的孩童，暴露在日常環境裡常見的逆境壓力下，壓力對一般型疾病、傷害和功能障礙會有何影響。

於是，我們要在具代表性的平常居住環境裡，找出具代表性的孩童群體。因此，我們後來的工作場地，都以托兒所、幼兒園和小學低年級的學校環境為主。在那裡，一批批的孩子每年秋天報到集合，他們有旺盛的精力、蓄勢待發的學習衝勁，也都帶著傳染病原體。

在現代社會裡，教師是真正的無名英雄（後續章節會談到更多細節）。他們就是有辦法在混亂中整頓出秩序，在躁動喧騰裡實踐學習和探索，他們像是煉金術士，從早期童年社群關係的雜音與黑暗裡，提煉出某種微文明。沒有任何研究實驗室比得上幼兒園或托兒所的教室。

因此，我們最早的兩項研究是「暴露於壓力下的兒童感染疾病情況」，以及「壓力反應和健康的關係」。其中一項研究的進行地點是舊金山加州大學（University of California, San Francisco, UCSF）的瑪麗蓮・里德・露西亞兒童照護研究中心（Marilyn Reed Lucia Child Care Study Center）附設托兒所，另一項研究的對象則是就讀舊金山社區學校的一群幼兒園學生。

在前述第一項研究，我們在中心後方一個沒有窗戶的暗室裡，對UCSF教職員三到五歲的孩子進行測試，並請雙親接受訪談和做問卷，以了解家庭的壓力源和遭遇的困難，並由執業的兒科護士每週對孩子做檢測，評估呼吸道疾病（感冒、耳朵感染、哮喘發作、肺炎等等）的發病和嚴重程度。

壓力訪談和問卷是詢問父母關於他們和孩子在生活裡遭遇的壓力事件（如所愛的人離世、在學校被其他孩童欺侮、搬遷、父母離婚，或是在學校尿褲子），此外也會詢問為期較長且持續的逆境，例如家庭財務問題、暴露於暴力、婚姻失和或父母抑鬱症。

在第二項以幼兒園為基礎的研究中，那些孩童剛上學的前後兩週，我們帶他們來到位於UCSF的實驗室做檢測。對五歲兒童來說，進入幼兒園是重大的改變和挑戰，因為他們一下子會遇到二、三十個素昧平生的同儕，面對嶄新、刺激但有時頗嚴苛、又有壓力的社交關係。幼兒園入學也代表，老師會提高在校行為的要求，展開真正的學習，以及接觸到呼吸道與其他方面多樣的新病原。對五歲孩童年幼的身體和心智而言，社會不確定性、具挑戰的期望，以及暴露於病原和疾病的險境，這些條件匯聚，構成了一場完美風暴。

幼兒園開學前後的一或兩週，我們取得少量的血液樣本，比較免疫系統功能會因皮質醇和戰或逃壓力反應系統的啟動產生何種變化。發病率取自父母填寫的子女呼吸道症狀雙週檢核表。我們假設並預期，在實驗室顯現高度戰或逃反應、強烈皮質醇反應，或免疫功能出現變化的孩子，若身處於高壓力、逆境和危難的家庭環境，會更常生病，呼吸道疾病病情也會較嚴重。（兩項研究的合併結果，如第八十一頁圖表所示。）

一如預期，壓力反應最強烈的孩子，若加上不利的家庭環境，壓力效應伴隨而來時，病情最為嚴重。他們在呼吸道疾病有超乎尋常的發病率，病情也最嚴重，這是內在的生物敏感性以及外在的家庭環境壓力源，兩者滙聚而成的結果。

而出乎我們預料、讓人驚訝又困惑的是，同樣屬於高反應，但家庭壓力源極低（因而更具可預測性、協調度和支援能力）的孩子，在參與研究的所有孩童裡，呼吸道疾病的發病率是最低的，甚至比身在低壓力家庭的低壓力反應孩童還低*！他們的發病率不只低於身處高壓力家庭中的同儕，

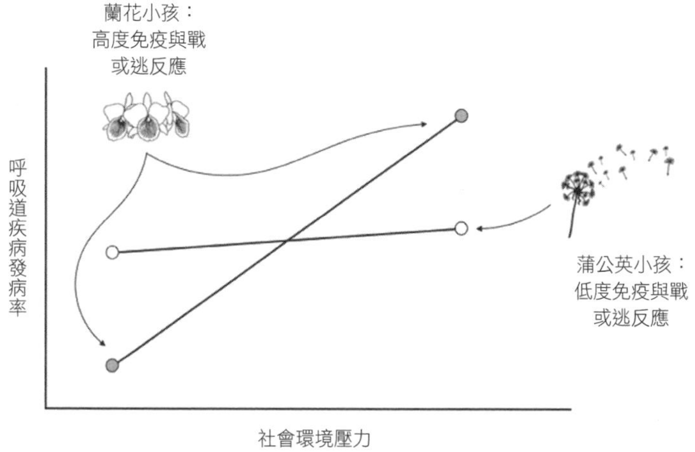

圖中顯示的是孩童呼吸道疾病發病率與社會環境逆境、壓力反應狀態的關係。在戰或逃系統或免疫系統呈高反應的蘭花小孩，呼吸道疾病的發病率若非最高，就是最低，差異取決於他們暴露於壓力的程度。壓力或免疫反應中等的蒲公英小孩，在低度與高度壓力的環境下，都只有一般的疾病程度。

也低於我們所研究的所有孩童。對壓力反應強烈的孩子，不是病得最重，就是鮮少患病最健康，差別取決於家庭的社經環境。

高反應≠脆弱，而是有不尋常的感受力

起初，這兩項不同研究卻不謀而合的結果，讓我們困惑不已，於是我們設法推敲可能的解釋。我們疑惑著，為何同一類型的孩童會出現最高和最低的發病率。

從一方面來說，對實驗室的人為壓力源出現高度生物反應的孩童，在真實世界的惡劣逆境和壓力條件下，應該會出現更多疾病，這點說來理所當然。但從另一方面來看，我們有種臨床上的直覺，認為這些身處正向支持養育環境的高反應孩童，由於對良好而有益的環境條件也會有反應，或許因而讓他們比同儕更為健康。

剎那間，我們彷彿突然找到了驚人的解釋，這個問題的答案，不是「非A即B」，而是「兩者皆是」。我們講的那些孩童，無論是面對惡劣逆境，還是處於正向支持的優良環境，他們對於社會環境的特徵和本質，都具備卓越的感受力。他們會在惡劣的環境裡凋零枯萎，也會在優質的環境裡茁壯成長，兩者都出於同一個原因：他們較為開放，較容易受到薰陶，較容易受到他們居住、成長環境裡的強烈外力所影響，不論好的或壞的都一樣。那是每個調查研究人員都渴望的頓悟時刻，一種突然出現、翻轉觀點的洞見，讓不可能變得順理成章。

同一類型的孩童怎麼會同時出現最糟或最佳的健康狀況？我們對這個問題的初步解答是：高反應孩童天生具有差別易感性，也就是對社會環境特質特別敏感，無論處於壓力環境和支持環境皆然。一九九五年，我們發表於《身心醫學》期刊（*Psychosomatic Medicine*）的一篇報告裡寫道：

> 我們進一步大膽推測並主張，過強的心理生物反應可能反映了自我調節能力的相對匱乏，導致對社會環境特質的高度敏感[1]因此，高反應的人可能會特別脆弱，或具備特別強的韌性，差別取決於壓力程度，以及他們所身處社會環境的惡劣程度。

我們姑且認同，或許高反應孩童的核心特質並不是脆弱，而是對不管任何特質或主觀價值的社會有不尋常的感受力。這些像蘭花般高度敏感的兒童，身處在對健康發展會造成影響的惡劣壓力環境時，他們的負擔遠比他人更沉重；但是如果生活在正向支持、有益的環境裡，他們也會相對地展現出超乎尋常的旺盛生命力。

害羞生物學

關於這些敏感的蘭花小孩，是否有其他更明顯的標記，也就是說，是否有行為上或其他表現型[2]上的特徵，讓我們能明確地判斷他們潛在的壓力反應強度？這個問題的答案可以說是肯定的。

哈佛的發展心理學教授傑瑞米・凱根（Jerome Kagan）奉獻了大半職涯研究他所謂的「害羞生物學*」（biology of shyness）。他觀察到，即使是新生兒，在天生氣質上都能顯現清楚而強烈的差異。「氣質」（temperament）指的是幼童持續展現、跨背景行為的早期人格面向。

根據亞歷山大・湯瑪斯（Alexander Thomas）和史黛拉・柴斯（Stella Chess）一九五〇年代在紐約縱貫研究（New York Longitudinal Study, NYLS）的早期發現*，諸如活動量、睡眠和飲食模式的規則性、適應性、情緒強度、心情、分心程度、毅力與注意力的維持度，以及感官敏感度等行為面向上，嬰兒都顯現出全面性的差異。

立基於這項研究，凱根專注於一批由父母、照顧者和教師普遍認定適應力差、內向、感官敏

---

1 兒童對養育環境影響的敏感性不同，有些小孩比其他孩子更容易受到積極與支持性環境的有利影響，相對也較容易受到消極環境的不利影響。

2 phenotype，是指能觀察得到、看得見的特質，如眼珠顏色、身高、個性和行為等，藉以用於描述個人或有機體。

感、遇到新奇或具挑戰性的情況就會退縮的嬰兒和兒童。他以「最最害羞」的群體為研究焦點，記錄這些孩童的戰或逃系統的反應傾向。結果顯示，他們在威脅、新奇和挑戰的環境裡，心跳速度會急遽加速，此外對感官的刺激也異常敏感，例如檸檬汁的味道。因此，凱根走上與我們後來研究相反的方向，也就是從行為（極度害羞）轉往神經生物反應模式（心跳速度反應），在害羞氣質和身體對壓力源的反應之間建立了清楚的關聯。

類似的研究，加州大學戴維斯分校的人類生態學教授傑・貝爾斯基（Jay Belsky），也曾針對所謂「難養型」氣質的幼童，檢視他們對負面教養的差別易感性。所謂「難養型」氣質，是指這些幼童的早期人格都顯現高度負向情緒性。負向情緒性（Negative Emotionality, NE）是指有些嬰兒容易感受並展現焦慮，出現情緒不穩、躁動不安和注意力障礙，尤其是在具挑戰性的情況下，例如：與母親分離*。

貝爾斯基採用雙親問卷調查，並觀察孩童在表情、聲音和行為所流露的情緒，辨識嬰兒和學步期幼兒的許多早期負向情緒，並研究它們後續如何影響行為問題的外顯（如唱反調、侵略性或違逆）和內隱（如抑鬱或焦慮）。也評估了大人的教養行為，方法是居家觀察父母與子女在互動中顯現的憤怒、敵意、侵略等特質。結果發現，負向情緒的嬰兒在後來的行為問題表現上，頻率既沒有特別低，也沒有特別高，除非撫養他們的父母自己也顯現負向情緒性。具負面氣質的嬰兒，如果是在負面教養家庭裡成長，外顯和內隱問題的程度都較嚴重。他對此的解讀為：具有負向情緒性氣質的嬰兒，對於撫養環境的影響，具有差別易感性*。

綜合凱根和貝爾斯基的研究，儘管其中的關聯性不高，非百分之百可靠，但我們在早期研究裡用來定義蘭花小孩的極端神經生物反應，與害羞氣質的特徵、負向情緒性，以及遇到新事物或挑戰就畏縮的稟性，其中有所關聯。這是否意味，所有的蘭花小孩都會害羞和畏縮？害羞的孩子統統都會對壓力源產生生物反應？不，也並非如此。但它似乎確實表示，高度敏感性、差別易感性強烈的蘭花小孩，通常（但不是百分之百）比較害羞、感官敏感和害怕新狀況，在惡劣條件下也較易出現問題行為。

適應性與韌性

面對實驗室挑戰時，神經生物反應類似的蘭花小孩，有著不是最壞就是最佳的健康狀態，有著適應力不是最弱就是最強的發展結果，關於這個現象，我們至此可以暫時做成解釋。我們把這類孩童想成是「臉皮薄」、過度容易受到環境「薰陶」，或是「礦井裡的金絲雀」等類似的比喻，如同「蘭花小孩」這個專有名詞，似乎都傳達一種核心特質，也就是這群孩子對於社會環境與人具備非凡的高敏感度。但是，還有更多的問題有待思索和解答：

- 這些反應強烈的蘭花小孩，會是那些在衛生醫療服務研究中疾病、受傷和行為問題占比懸殊的孩子嗎？（參閱第三十七到三十九頁）
- 若答案是肯定，那麼蘭花小孩對公共衛生領域可能帶來何種啟示？社會可以如何有效地處理這類孩童比例懸殊的疾病負擔？

- 這種複雜表現型，是從何而來、又為何而出現？它只發生在人類孩童身上嗎？
- 日後，蘭花小孩會變成什麼樣子？他們的反應會增強或減弱？學業和成就會受影響嗎？
- 我們可以多早、或用什麼方法偵測高反應的表現型？早在出生或妊娠期就能測出嗎？
- 高反應的起源是基因或是環境？

大約在此前，也就是一九九九年，在機運和天意的安排下，我到田納西州納許維爾市的范德堡大學擔任幾天的客座教授。在那裡，我遇到布魯斯．艾利斯（Bruce Ellis），並與他展開漫長的對話。艾利斯是年輕、聰明、熱情且能力出眾的演化心理學家。小時候的他可能就是蘭花小孩（現在也還是）。

在互動一開始，艾利斯顯得害羞而猶豫，但是對於那些仔細傾聽的對象，他很快就流露出多才多藝的智慧，對科學程序的深切熱誠，以及對自然世界的起源和演化論的熱切信念。他就讀研究所早期，就在當代心理學的概念基礎裡發現了普遍的不一致性。他想要知道如何將人類行為做最適當的分類和最佳的描繪，以及人類行為的根源何在，為什麼某些行為模式持續出現在人類群體當中；另外還有如何在早期發展的過程中，解釋行為的反常，以及精神病理症狀的出現。

他在一場研究生研討會裡接觸到達爾文的論述，他對於人類行為根源所抱持的疑惑，很快就在裡頭找到許多他認為透澈又一致的解答。就是在那時，他邁向了成為演化心理學家的道路，深深沉迷於天擇法則，並成為發展心理學領域裡，最富想像力、也最多產的理論學家之一。

在范德堡之行後的那個夏天，艾利斯花了幾週的時間，待在我們柏克萊的實驗室。他和我開始著手研擬一個理論架構，嘗試著解釋高敏感性、差別易感性的人類小孩，為什麼會在數千年的演化時間裡出現並留存下來。

那個夏天的合作養大了我們的胃口，最後變成一項在紐西蘭基督城為期四個月的共同寫作計畫。當時，艾利斯在當地接受了他的第一份大學教職，而我則是在那裡短期度假。在教學相長的漫長對話裡，我們共同描繪出「特殊敏感性演化論」的完整輪廓，根據這個理論的取向，設定預測及假設，並針對之前蒐集的資料進行驗證分析。理論漸趨完備，其核心概念的兩篇論文，已經在二〇〇五年發表於《發展與精神病理學》（*Development and Psychopathology*）期刊上*。

高反應是面對逆境時的自我保護優勢

首先，我們指出，有些孩童所具備的高反應表現型，是他們面對所處的社會環境時，由神經生物作用所衍生及敏感度增強的形式。演化論主張，所有這類自然發生的表現型變異，一開始全部來自於基因DNA的隨機變化，稱為「突變」。基因型（genotype）指的是個人專屬的DNA分子排序，存在於我們每個細胞裡，是承襲自雙親的基因密碼，一半來自母親，一半來自父親。在正常環境裡，基因密碼只有靠突變，才會讓DNA序列發生頻繁、永久但細微的改變，改變的原因可能是接觸到化學毒素、幅射，或是在細胞分化過程隨機發生的DNA複製錯誤。我們相信，高反應特殊敏感性表現型的突變，是人類在數千年的天擇演化裡之所以占有優勢的關鍵，因為不管是面對最困難的環境，還是壓力最大的環境，它們都能提升繁殖的適性以及生存機會。

原始人類（接近人類）所生存的高壓及具高度威脅的遠古環境裡，想必就是如此，特殊敏感性的表現型對個人和社會群體都具有警戒的保護功能，因為這類表現型對於危險和威脅有更高的警覺性。在物競天擇的機制下，敏感性高的人在演化裡留存下來，是做為危難狀況下提高存活率的手段。

然而，在相對和平而安全的史前階段，這種對環境具有特殊敏感性的特質，亦有可能會被保存下來，因為安穩環境帶給個人和健康的益處，能讓敏感性高的孩童能更明確地接收到。既然高反應孩童的核心特質是敏感，而不是脆弱，那麼在穩定且平和的史前時代裡，他們也就更能夠吸收並受惠於正面且具保護力的社會環境。

結果，不管是壓力極高或極低的環境，特殊敏感性在天擇下都是有利條件：在前者，特殊敏感性等同於對威脅的警覺性；在後者，它則能對安全、平和的環境條件展現更高的吸收力或開放度。因此我們主張，在一個人口群體中，早期暴露於心理社會壓力和逆境，與一般的生物反應，兩者之間的關係呈U型曲線。高反應的人一方面對保護性與低壓力的環境具備開放度，另一方面也對危險與高壓力環境具備警覺度，因此在環境壓力和逆境程度的兩個極端，都占居有利的地位。在所有人類群體中，高反應（就我們所知會引發精神和生理疾病）能持續存在，可以歸因於它在早期暴露於逆境的極端狀況時，所具有的保護優勢*。

能預知未來生活並做準備的「條件性適應」

下一個順理成章的問題是，所有這些變化是如何在發展過程裡發生的？胎兒或嬰兒，對於出生環境潛藏的是傷害或保護，竟能提前感知和預測，且其中還隱含他們可以調整或校準壓力反應系統的能力，以配合早期環境。這就是演化生物學家所稱的「條件性適應」（conditional adaptation）。是一種演化而成的機制，能夠追蹤童年環境的特定特質，做為調整生物發展的參考基礎，以順應那些特質。

這種條件性適應也會發生在其他生物身上。例如，同樣的毛毛蟲，之所以發育出體態完全不同的模樣，其差異是取決於生命的頭三天有什麼食物可以吃。相較於正常的控制組，提早斷奶的小貓，會更常進行與物體玩耍的活動，但這不是社交活動，而可能是一種校準，有助於適應食物稀少的環境。眼蛺蝶會因破蛹時的日光時間長度，而發展出完全不同的翼型和顏色*。

人類在條件性適應上最知名的例子，或許是母親的精神疾病與女兒青春期提早到來的關聯，這種發育成熟的時機調整，可以歸因於擾動的家庭關係，而且通常是因為父親的缺席*。根據演化理論，孩童（尤其是女孩）若因為早期家庭經驗，導致她們認為別人不值得信任，視人際關係為投機或自利性質，或是稀少且不可預測的資源，這往往導致她們發展出一種繁殖「策略」和行為模式，像是青春期提早到來、第一次性行為的年齡提前，以及傾向追求短期而非長期關係。因此，在人生中頭幾個月或幾年裡感知到家庭紛擾的孩童，可能會無意識地加速生殖發展，做為提早散播基因的生物策略。

類似的情況也出現在蘭花小孩和蒲公英小孩的發展中，但特別重要的是壓力反應系統的可塑性，還有在這些系統背後能根據環境而變化的校準機制，這顯示他們可能也會歷經條件性適應，在極低度與極高度壓力的早期環境裡都出現高度反應。

壓力與生存能力的關聯性

在上述兩種環境下，壓力反應若調整至相對較高的程度（由此形成對環境的特殊敏感性），可能會因此提高孩子生存和繁殖的「適性」。貝爾斯基也據此建議家長要「分散下注」，藉由孕育不同類型的後代，以對抗不確定的未來。僵固性高、調適能力低的孩童，在符合他們遺傳傾向的生態棲位裡，較能成功繁殖；至於彈性和可塑性較佳的孩童，有更多樣的棲位適合他們成長茁壯，所以後續發展情況如何，則取決於他們人生早期所遭遇的養育條件*。

因此，根據艾利斯為這項研究所引進的演化架構，我們對於人類這些持續存在且看似矛盾的高風險、高反應表現型，得以提出合理的解釋；如果發生條件性適應，而且前述的解釋也成立，我們將能據此假設早期壓力和反應程度的關聯性。

壞心的猴子

一個檢驗上述這些想法的機會，以出乎我們意料的方式出現。

多年前在因緣際會下，我和史提夫・蘇米（Steve Suomi）在一場幼兒早期發展科學會議的同一場論壇裡發表研究。蘇米是靈長類動物學家和比較生態學家，研究恆河猴（獼猴的一種）的行為發展。他最早在史丹佛大學師事西摩爾・雷文（Seymour Levine），接受生物心理學家的訓練，後來在威斯康辛大學師從哈利・哈洛（Harry Harlow），也就是那位對小猴子進行著名的「鐵絲媽媽實驗」的動物心理學家。蘇米的研究對於動物早期發展如何發生、壓力反應的個別差異以及早期社會環境如何影響這類差異的調校，提出十分重要的新見解。

在這場我們各自研究計畫首度匯聚的科學會議，蘇米指出恆河幼猴的高反應表現型，出現於自然環境下的一個小型次群體裡，而在一群小猴子為共同撫養、沒有出生群體的影響時，這些高反應個體的比例較高（參看第九十二頁照片圖說）。

對此，我也提出類似的資料，顯示高反應型幼童占少幼人口的百分之十五到百分之二十，也就是每五個孩童就有一個，並且在具有壓力的早期環境裡有不尋常的發病率和損傷率；但若是換成較具正向支持、可預測的養育環境，這些幼童的發病率卻又出人意表地低。

蘇米和我也發現，一九六〇年代，當我們都是史丹佛大學的新鮮人，其實就曾相遇並共度一天，只是後來的三十年間，居然不曾再見面或交談！

我們珍視這有如天意般的重逢。為了善用彼此研究中的共同點，於是計畫了一次帶薪的休假訪問，讓我可以造訪他位於馬里蘭州貝賽斯達市（Bethesda）西北郊ＮＩＨ園區的全國衛生研究院（National Institutes of Health, NIH）的靈長動物實驗室，並在該處工作一段時間。

恆河猴幼崽兩種不同的行為和生物表現型。右邊照片裡的幼猴，就像牠們百分之八十至百分之八十五的同儕，積極主動、爭強鬥勇地探索牠們的環境，活力旺盛地投入挑戰和新奇事物。對比之下，大約有百分之十五至百分之二十的幼猴，就像左邊照片裡的那隻，在幼年初期顯現恐懼、遇到新鮮事物時畏縮，以及對挑戰和壓力有激烈的生物反應。

關禁時期會增加攻擊事件

在那次休假期間，我們偶然做了一項有趣而收穫良多的自然實驗。

有群大約三、四十隻的恆河猴住在靈長動物中心六公頃大的自然保護區，那裡碧草如茵，綠樹環伺，還有攀爬設施、各種玩具，以及游泳池塘，池塘裡還有搭著橋梁的小島。簡言之，這個保護區是猴子的夏令營，到了最寒冷的隆冬月分，池塘則變成溜冰場。此外還有一個小型的煤渣磚建築，讓這群猴子在打雷、下雨或降雪時，可以有個避難所。不過，這棟建築已經不堪使用，未來棲地勢必會有一段大興土木的時期。

在我休假訪問的前一年，為了

在範圍廣大的棲地，進行更全面的營建工程時，園方曾把這群猴子全部暫時關在原來的煤渣建築，以保護牠們的安全，重建時間為六個月。在這段期間，這些動物除了食物、碎木地板和波浪鐵皮屋頂之外，只能用到少數設施，沒有池塘、沒有玩具，也不能奔跑！

事實證明，關禁會產生沉重的壓力，為動物定期做檢查的靈長類動物中心獸醫指出，猴子間的暴力行為、創傷和非預期的疾病都顯著增加。確實，在關禁期間，有三隻猴子死亡，一隻死於之前就有的退化性神經疾病，一隻是因為產後大出血，另一隻則是死於同群猴子之手，也就是所謂的圍攻行為，即某隻被鎖定的動物會被同儕暴力攻擊至死。

我們發現在六個月的關禁期間，創傷的數量和嚴重程度都成長五倍。第九十四頁圖表顯示*，創傷事件和嚴重程度，幾乎全都是對高反應、具蘭花特質動物的攻擊，與人類的霸凌行為相呼應（這點會在後文中與蘭花小孩相關的章節裡探討）。在占多數、低反應猴子身上發生的事故，在禁閉期間只有微幅增加，遠遠不及高反應個體所出現的程度。高反應猴子會被同伴盯上並暴力相向。

「接納性」與「脆弱性」是經過天擇的生存優勢

圖表也顯現另一個面向。一如我們在高反應人類孩童觀察到的，具有高反應的靈長類動物，在壓力期間不只有最高的創傷數，在猴群禁閉前與禁閉後的低壓力期間，則是出現最低的創傷數。不知怎麼地，這些高度敏感、具蘭花特質的幼猴，在自然棲地平和、低壓的環境裡，能夠有效地避開攻擊，但是一旦進入高度壓力、無法閃避的關禁裡，卻落入比例懸殊的暴力傷害中，其中很多傷勢

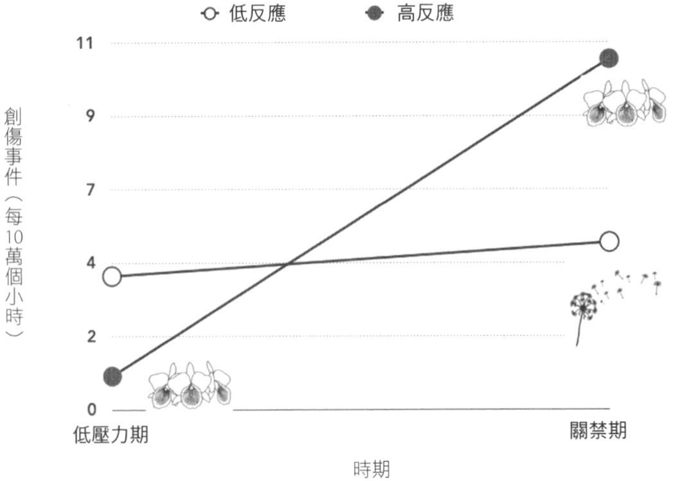

圖中顯示猴群在關禁壓力期的創傷率。高反應動物（蘭花猴子）在關禁期間所遭遇的暴力創傷率最高，但是在前一年卻是最低的。低反應動物（蒲公英猴子）在低壓力期和關禁期的創傷率都屬中等。

都極其嚴重。人類演化史上的祖先，這些對環境敏感的蘭花幼猴，境遇與牠們的後代極其相似：直覺強烈、對新事物和威脅反應劇烈，際遇與健康都經受大幅波動。

從害羞的小茉莉（她真的就是在說服自己，不要去玩那些光鮮，但禁止觸碰的玩具），到蘇米的恆河猴幼猴（牠躲避衝突，直到避無可避），一個脈絡連貫、可信的演化故事隱隱浮現。兩個物種的一個小型次群體都在天擇裡留存下來，繼承對於生命所寄之社會環境的警覺心和敏感度。這些具感知力、有反應、特別容易受到影響的年幼特異個體，具備一種二元傾向：在面對具保護力而適當的環境條件時，他們的接納性無疑是一種絕對的優勢；然而在錯誤的環境條件下，他們的脆弱性就演變成凶險的劣勢。在祥和而寧靜的環境裡，他們是健康、發展優異的模範，但是當惡意與敵意當道，他們可能成為代罪羔羊的犧牲品，一如威廉．高汀筆下的小男孩賽蒙。

儘管這個解釋逐漸變得鮮活，令人難以抗拒，但這還只是開始，因為關於蘭花小孩和蒲公英小孩他們的起源和潛能，還有如此多事情有待了解。在後續更大型、方法論更扎實的研究裡，我們的發現是否還經得起檢驗？特殊敏感性是否還有其他可衡量的標記？在其他科學家更加廣闊的研究、分析和辨證下，它能走得多遠？

第4章 高敏感體質的蘭花小孩

新的研究成果不斷出爐，除了我自己研究團隊後續的研究之外，還有來自全球各地其他實驗室和調查人員的研究，都在在驗證某些孩童特別容易受到社會與人際環境的影響。

倫敦有一支科學家團隊發現，某些嬰兒氣質類型的差別易感性，是為了在出生後適應優勢和劣勢條件不同的家庭生活*。匹茲堡大學的調查人員，則驗證了關於青春期發育步調的發現，並指出雌激素受體基因[1]的遺傳變異，會導致家庭環境條件優良的女生初經較晚；但是若處於衝突紛擾、支持度較差的家庭關係裡的女生，初經來潮則會大幅提早*。耶路撒冷有另一支研究團隊也提出類似的結論，認為多巴胺受體基因[2]的遺傳變異，顯示具高度正向支持力的母親，是三歲幼兒出現高度正向社會行為的主因。而嚴苛、冷漠的母親，則會變成幼兒缺乏正向社會行為的原因*。

綜合來看，這些成果奠定了一個研究新領域，並提出一種新方法，以理解人類敏感性變異的用處、風險和優點。科學絕對不是通往真理的唯一道路，但是由科學所發現關於孩童對社會環境所展現開放度的明顯變異，確實改變了我們對人類共通性與差異性的觀點。

猴子的耳溫實驗

一九九三年秋天，我和我的同事蘇米，正在努力思索為何某些猴子易受攻擊。那時的馬里蘭州鄉間已經飄雪，帶來厚厚的積雪。全國衛生研究院的靈長類動物村也進入冬季，那片白茫茫的五百公頃鄉村農地，現在已是一千五百隻猴子的家。獸醫們正為新的流感季忙個不停，流感病毒毫不留情地攻擊起他們負責照顧的這些長尾巴、毛絨絨的傢伙。

我和蘇米已經開始理解人類孩童和恆河幼猴在生理與心理易感性十分相似，於是進而思考一個新問題：在季節性病毒傳染高峰期，那些高反應的蘭花幼猴，相較於比較強健的蒲公英同儕，是否更容易罹患流感又或者被其他病毒感染？

我們已經知道，五隻猴子中有一隻會對自己所身處的社會環境較為敏感，那麼養育條件是否會改變牠比較容易或特別不容易感染流感的機率？這些猴子能否讓我們了解，蘭花小孩為什麼有時候更容易感染疫疾？甚或進一步能幫助我們找到讓他們更健康、不染病的方法？

猴子就像人類，要分辨牠們是否被感染，就需要檢查身體，查看鼻子、喉嚨、耳朵、肺和皮膚等所有冬季病毒經常聚集與滋生的部位。但在這些檢查裡，有個有趣但難度頗高的問題：幼猴就像

1　其作用是製造細胞表面蛋白，以辨識性荷爾蒙雌激素並有所反應。
2　會因多巴胺這種神經傳導物質或化學訊息傳導物質而產生反應蛋白。

人類的小孩一樣，不會乖乖就範，也不喜歡小兒科醫生碰牠們。平常在小兒科診所對人類小孩做的那些檢查，要在這裡的小猴子身上完成，不但讓我花上許多時間、費不少勁，還得動用一名助理「熊抱」不安分的猴子，趁著人與猴不斷扭動、變換姿態之際，見縫插針地完成看診或聽診。

但是，當我戴著聽診器和口罩靠近時，猴子又咬又抓、高聲尖叫、大便、逃跑，如此惡劣又瘋狂的任性行徑，恐怕任何人類兩歲幼兒都難望其項背。檢查猴子的眼睛或耳朵時，牠們也不會靜止不動；對於深呼吸或尿液採樣等所有要求，牠們也完全不予理會；牠們會奮力抵抗，不肯伸出舌頭，拒絕「啊——」地張開嘴巴。

幸好，靈長類動物中心有一項日常例行公事，那就是所有的動物，每季會輪流短暫施打鎮靜劑，好在無痛狀況下施行動物療護。施打過鎮靜劑的猴子，經常是一團綿軟，睡得又香又甜，任憑我們詳細檢查，而且事後對於檢查的煎熬也不會有任何記憶。這時，我會對每隻動也不動的猴子，進行仔細而詳盡的體檢，一如我對數千個清醒的兒童病患所做的一樣。

在這些檢查裡有一項基本項目，那就是有無發燒，尤其當時我們的焦點是「感染」。為了測量這些動物的核心體溫，我們用紅外線耳溫槍測體溫，就像所有醫生診間和醫院都在用的那種（也可以在一般地方藥局買到）。不同於我們放在寶寶嘴巴裡或肛門測溫的舊式水銀管，耳溫槍測量耳膜的溫度，能感應真實從耳膜散發出來的熱度。考慮到精準度和重現性，我決定兩隻耳朵都測量，而不是只測一隻耳朵。儘管我們測量的是頭部兩側的耳溫，而不是身體中線的體溫（如測量口溫或肛溫），但我們直覺認定兩耳的數值會接近或相同。

然而事實顯示，兩耳的溫度並不一致！在大部分動物身上，左耳溫度會略高於右耳，大約高攝氏半度（或華氏一度）。一般猴子的左耳溫大約是攝氏三十七．五度（華氏九十九．五度），但是右耳溫大約是攝氏三十七度（華氏九十八．六度）*。這是可信賴的不對稱性，因為左耳和右耳測得的耳膜溫度具有一再重複出現的規律性差異。

雖然我們在一批又一批昏迷不醒的動物身上都發現左耳溫度略高的同樣現象，但我們也發現，大約五隻猴子裡就有一隻是右耳溫略高於左耳，與我們在所有其他動物身上發現的不對稱性正好相反。這種不對稱性是否也有跡可循？此時，我們再次遇到八十／二十界線，也就是有四隻猴子的左耳溫較高，一隻右耳溫較高，而這個結果與衛生服務研究最重要的發現所呈現的比例分配相呼應。但我們當時認定，這個發現絕對有瑕疵。畢竟猴子頭部兩側的耳溫怎麼會有這種可信賴的差異？

我們假設這些不對稱耳溫是不可能的生理現象，因此著手修正有明顯瑕疵的量測技術。我試過交替先測量的部位。我想，或許是因為總是先測右邊，所以左邊溫度較高，因為左耳先被壓在下方，接近檢查桌，溫暖的血液可能會因為重力的關係而積壓在左邊。接下來，我又試著更換耳溫槍，認為或許原先的那支故障或不準確。後來，我猜測或許溫度不對稱只是因為測量誤差，於是兩邊都各量兩次，而不是一次，藉由增加資料的數量來做校正。最後，我在量體溫時，試著讓自己小心保持一貫的標準姿勢，因為我推測或許是我從一耳換到另一耳時，變換了我的姿勢，造成紅外線溫度計在頭部兩側量測熱力「圖像」的角度稍有不同。然而這些修正沒有改變任何的測量結果，猴子左側的耳溫仍然一面倒的較高。無論猴子是雌性或雄性，是年幼或年長，是圈籠或野放，結果都是如此。

就我們所知，身體兩側的核心溫度很少被如此謹慎而確實地測量，不管是人類或猴子都一樣，但我們不知道這有何意義。更令人費解的是，當我們開始比較左右溫差與個別猴子的行為、氣質和壓力反應特質時，發現那些右耳溫度較高的少數猴子，正是在之前的觀察裡，面對新事物或困難時會出現適應不良、有負面情緒反應的那些猴子。例如，這些右耳溫較高的猴子在與母親或熟悉群體暫時分離時，會較少進行探索活動，並展現較強的皮質醇系統反應。牠們是蘭花猴子，牠們的右耳膜似乎有神秘的高溫！

右腦型猴子行為穩定且較受控

這個測量結果讓人想起，前文提及的哈佛心理學家凱根在早期研究極度害羞、行為拘謹的幼兒時的觀察。他發現，在回應不熟悉的事件時，這類孩童會顯現兩種可能相關的生理變化。

首先，他們在右前額葉皮質區的腦波（腦波圖，簡稱ＥＥＧ）活動較為強烈，也就是與右額對應的大腦區塊，該部位與情緒、衝動和控制有關。第二，他們額頭的皮膚溫度會降低（這是因為血流減少所致），而且右額降溫程度多於左額。換句話說，關於與氣質相關的持久行為（如害羞）會對應到大腦某些類型的不對稱活動與體溫中線的偏移。這是一項有力的發現，因為它能從生理上解釋為什麼人類會這樣。探索人類「以大腦為基礎」的性格，或許能解開我們的行為以及如何能更理解自己和他人的奧秘。

在我們研究害羞孩童與蘭花猴子兩者之間的關聯性時，開始構成一幅有條有理、耐人尋味的圖像。乍看之下，人類大腦貌似對稱，但實際上它在結構和功能上是不對稱的＊。例如，左腦略微大於右腦。表面布滿皺褶的大腦，掌管著語言、思考、情緒、閱讀、寫作和學習，左半腦和右半腦所司職的功能也有所不同。基於某些我們尚未得知的理由，大腦左右兩邊的演化，在形式和功能上頗有歧異＊。

例如，右前額葉皮質區較左半腦更善於情緒控制，像是憂鬱症患者的右前額葉皮質區活動異常旺盛，勝於左腦。仔細想想，以機械工具來說，「不對稱」（lopsidedness）其實並沒那麼奇怪，例如，汽車引擎的左半部，並非右半部的對稱形；吉他上方的三根弦與下方三根弦，也並不是對稱的對應關係。以人類大腦來說，重要的是這種不對稱性，可能透露出哪些關於行為的新洞見。

大腦兩個半部的血流，部分是由位於同側的戰或逃系統所控制，當某一邊大腦的血流增加時，流到另一邊的血流就會等比例減少，這是有限資源的分配問題。當右前額葉皮質的活動，需要更多血流輸送氧氣給加速的神經元時，隨之而來的是皮膚血流量的減少，因而造成右額的降溫。由於血液供應大腦兩個半部時所流經的血管，也會經過耳膜，因此當右前額葉皮質血流增加的同時，右耳膜的血流也會增加。也就是說，右前額葉的活動會造成右耳溫度略高，以及右額的表皮溫度相對應的降低。

為了更了解EEG活動、前額溫度和耳膜溫度之間的耦合動態，請讀者花點時間看一下第一〇三頁的照片。

綜合上述的觀察，我們有了一個（暫時）可信的說法，得以解釋為什麼情緒較負面、反應較高和敏感的猴子，右耳溫會略高：牠們像蘭花孩子般強烈的敏感性，也與右前額葉皮質的旺盛活動有關。大腦的這個區塊直接涉及負面情緒和害羞行為。右前額葉的活動召來更多血液流向右腦，由於耳膜的血液供應來自同樣的血管系統，因此右耳出現與左耳不對稱的高溫。

我們開始把較高溫的右耳膜視為高反應、蘭花表現型的標記和訊號之一，至少在恆河猴身上是如此[*]。蘭花猴子右耳溫度較高的原因，是因為牠們右半腦的工作增加，以維持牠們的思考，好讓行為能穩定、受控制——這不是一件簡單的工作。

正向樂觀的左耳高溫小孩VS.負面思考的右耳高溫小孩

理所當然的下一步，是嘗試在人類孩童群裡重覆這項研究。我們分別在四個城市進行四組不同的計畫，從中累積了超過四百五十名四到八歲孩童的樣本：兩組孩童樣本來自我自己的實驗室，召募地點是舊金山和柏克萊；第三組樣本來自威斯康辛大學的威斯康辛家庭與工作研究中心瑪麗蓮・艾賽克斯（Marilyn Essex）所主持的一項孩童發展的長期研究；第四組孩童樣本則來自凱根自己在哈佛的研究。

我們再度用紅外線溫度計謹慎並重複記錄兩耳的耳溫。雖然各項研究所採用的氣質評量和孩童行為量度都略有差異，但全都足以能分辨出，在生物面與行為面模式是蘭花小孩表現型的孩童。

龐大的孩童群組檢測和耳溫之間關係，兩者清楚的模式開始顯現。首先，左右耳的溫差呈現

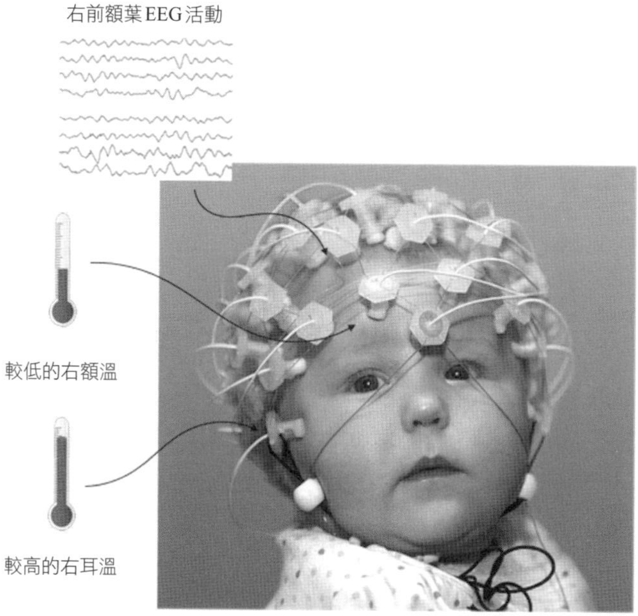

這張照片顯示，有較多負面情緒、害羞和拘謹的孩童，會出現以下三項並存的生理差異：1.右前額葉顯現的EEG軌跡，活動較左前額葉旺盛；2.右耳溫較高；3.右前額體表溫度較低。

平滑的鐘型分布，有些孩童的左耳溫較高，有些是右耳，許多則位於中間地帶。左耳的高溫是與冒險精神、社交能力和情緒正向行為相關，右耳的高溫則與障礙、情緒負向行為相關。在數百名幼兒身上觀察到的這些現象，與我們在恆河猴耳溫裡發現的不對稱現象一致：對社會環境的高敏感性、容易出現負面情緒，以及抑鬱的感受性，全都與右半腦活動和右耳的高溫呈現相關。

凱根早年的研究顯示，這類型孩童的右額體表溫度較低，而所有這些溫度差異，也許能歸因於血液流向較為活躍的右前額葉皮質區所致。與此形成對比的是，左耳溫較高的孩童對社會環境較不敏感，先天有正向情緒的稟性，並對於抑鬱較具抵抗力，這些特質全都與較旺盛的左腦活動相關。

因此，蘭花小孩一如他們在人類靈長類動物中的蘭花伙伴，顯現出右耳溫高於左耳的不對稱性，而與他們相反的蒲公英同儕則是左耳溫高於右耳，就像蒲公英猴子*。我們原本是要研究猴子的流感和感冒，卻意外踏進蹊徑，最後得到更耐人尋味、更具啟發性的發現，而這項發現在猴子和人類孩童身上看似都成立。

那麼，這些發現是否表示，要是我為當時已經十二歲的女兒量耳溫（我當然一定會忍不住這麼做），一旦發現右耳溫度較高（當然會是如此），就理所當然想到，既然連耳朵和大腦都顯示她就是蘭花小孩，難不成就意謂著她的一生都將被抑鬱和負面情緒所主宰？不，完全不是這樣。

回想一下，第二章曾描述到，家庭壓力和行為問題嚴重程度的關係，雖然兩者在統計上有關聯，但是這項原則仍有許多例外。例如，有些孩子暴露在高度家庭壓力下，卻幾乎沒有任何行為問題，而有些家庭壓力評分低的孩子，卻出現許多問題行為。因此，雖然我十二歲女兒的右耳溫較高，可能具備蘭花小孩對於社會環境的易感性，但耳溫的不對稱不過是蘭花小孩敏感性負面效應的門票，一如紅髮不過是有蘇格蘭祖先的確據之一。它只是一種關聯，並不等於任何既定的事實或注定的結果。

但是，誰能料想得到，在馬里蘭州隆冬時，一場猴子農場發燒症狀的檢查，會產生如此奇特又出乎意外的結果，能用以檢測孩童對外界的敏感性。這項發現為我們開啟了一扇門，可以更了解蘭花小孩和蒲公英小孩兩者迥然不同的優勢與弱點。

兒童行動實驗室

根據我們在蘭花猴子和蘭花小孩群體裡的紀錄，他們展現負面情緒的傾向顯示，高反應的蘭花小孩可能更容易受傷和感冒，也更容易出現心理和行為的健康失調，這賦予了研究更重大的意義。我們很可能摸索到了新知識的邊邊角角，不只是身體健康的小擾動，還包括心理健康，身心這兩個面向如何結合起來共同塑造人生。

我在聯邦猴子農場旅居的期間，不但獲得許多啟發，還與十幾位重要同事一起成為麥克阿瑟基金會的精神病理與發展研究網（Research Network on Psychopathology and Development）的一員。

透過這個研究網，我與威斯康辛家庭與工作研究中心以及它的首席科學家，威斯康辛大學精神病學系的社會學家瑪麗蓮．艾賽克斯成為關係更為緊密的盟友。她和她的同事在一九九〇年展開一項研究，研究對象包括五百七十名懷孕女性、她們的伴侶，以及正處於第二孕期階段的胎兒（很快就會成為他們的新生兒）。

雖然這項研究的源起是為了探究產假和女性重回職場的轉換期。然而隨著時間推移，艾賽克斯卻體認到，這項專案可望能成為最罕見的研究寶藏之一：一群孩童的縱貫（長期進行）、前瞻（展望未來）研究，而研究期間不但從出生前就開始，在未來，即使多年後還可能持續記錄他們發展的變動和穩定與否。參加這項研究的女性平均年齡為二十九歲，大多是白人，處於懷孕中期，其中有百分之九十五與寶寶的生父結婚（畢竟這裡是威斯康辛的心臟地帶）。從胎兒到高中畢業前，透過謹慎而頻繁地蒐集社會環境和關係、壓力源和逆境、兒童發展、精神與生理健康……等資料，威斯康辛家庭與工作研究中心將成為探究蘭花小孩和蒲公英小孩發展的絕佳資料庫。

我的研究團隊正在進行實驗室的壓力源反應測試，在研究結果出爐時，威斯康辛那群幼兒即將從幼兒園畢業就讀小學一年級，準備與「真正的學校」進行第一次接觸。有鑑於我們已經彙整的證據（壓力反應似乎反映了對社會環境的特殊生物敏感性），艾賽克斯和我認為，對這群兒童的次群體測量反應，是威斯康辛家庭與工作研究中心最為關鍵且迫切需要增加的部分。但這仍舊不如我們想像中的那麼容易。

一九九八年的夏天，在麥克阿瑟研究網的協助下，我們趕在那群威斯康辛兒童上小學之前，對他們展開戰或逃和皮質醇反應的評測。有鑑於把這些孩童從威斯康辛郊區的家裡，帶到以大學為基地的實驗室，是不切實際或不可行的計畫，於是我們決定「帶著」實驗室去找他們，把實驗室架在他們居住的社區和車道上。為了實行這項任務，我們得把一間設備齊全的心理生理實驗室，擠進一輛足球媽媽[3]灰色雪佛蘭休旅車裡。過去曾經載著威斯康辛州某家小孩們和寵物狗到處跑的交通工具，現在搖身一變，成為一間配備精良的壓力實驗室。

改裝的難度不下於挑戰一個巨大的俄羅斯方塊：錄影機和電視螢幕、生理量測設備、採樣瓶、冰箱、所有的測驗材料、一張桌子和三張椅子、兩名研究助理，和一名六歲小孩，全都要妥妥當當地放進這個只有一般廚房儲藏室大小的空間裡。我們嘗試了各種可能的組合：座椅全部撤出／座椅全部保留；測試區在最後一排／測試區在前座或中排；門打開／門關上。最後，在忙了一週之後，我們全體研究人員都露出得意的勝利笑容。

一如第一〇八頁照片所示，孩童和研究助理占據最大的空間，就在駕駛座和副駕駛座的後方。在兩排座位後的後車廂，另一名研究助理負責坐在那裡監看設備發出的讀數，並在時間日誌裡記錄筆記，控制播放給小孩看的影片，記錄下小孩的反應。

但我們很快就發現，在又濕又熱、蟬鳴處處的威斯康辛夏日，三個人和多部開啟的電子儀器一起窩在封閉的車廂裡，車內溫度高得令人有生命危險之虞。為了解決這個額外併發的難題，我們採購了工業空調機，安裝在前座乘客的位置。全部設備都是耐用安全的電線，能與家庭車庫的供電插座連接。

一切就緒之後，我們有了一間行動的全方位兒童實驗室，啟動時有如耶誕節時彩燈亮起的房屋。它能夠刺激並測量壓力系統反應、蒐集並儲存唾液樣本、記錄孩童行為，並讓一個一年級小朋友與兩名研究助理待在裡面，即使有點擠，但也還算舒適。

威斯康辛的準小一生

那個夏天，我們跑遍一百二十個威斯康辛家庭，把行動實驗室停在他們的車道上，每一次停

3　指北美中產階級家庭賢妻良母型婦女，通常住在郊區，花大量時間接送小孩去參加足球等課外活動。

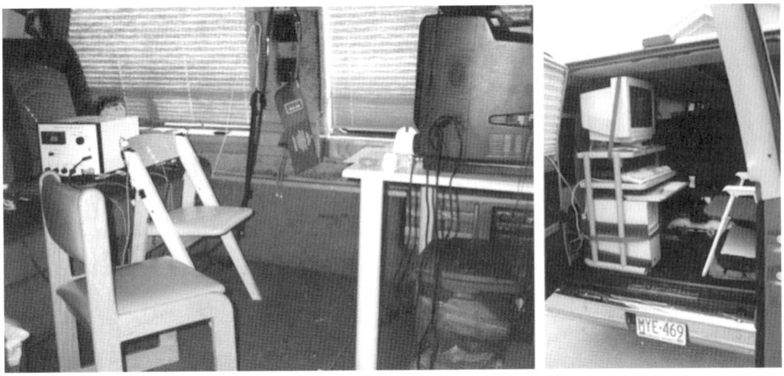

一九九八年，威斯康辛州的夏日巡迴之旅：我們把孩童實驗室移植到一台一九九五年出廠的雪佛蘭休旅車裡。

車，都得到一組完整的壓力反應和其他評量資料。

一路上，我們看到孩童在日常生活中鮮明的氣質差異，有的孩子是勉力撐持，有的則是活潑又好奇心旺盛。看到一台實驗車停在家門口的車道上，有的家庭和孩童開心的不得了，好奇的鄰居吱吱喳喳地在旁圍觀，猜測這家人在做什麼。有的孩子躲進房間和衣櫃裡，有的孩子雀躍不已，擁抱我們，和我們打招呼。我們也遇過驚恐不安的孩子，這時父母和工作人員得向六歲孩子連連保證，和非親非故的大人爬進車廂裡，雖然在其他情況下絕對要避免，但是在現在這種特殊情況時，是安全無虞的。我們還遇過完成後拍手叫好的場景：有的孩子在完成實驗後，彷彿英雄般從車廂裡現身，接受在前方草坪探頭探腦的好朋友歡呼。

我們透過這些家庭訪問測得的生物反應資料，可以同時用於後續追蹤精神健康問題的研究：一是在孩童即將進入一年級，二是在他們日後進入青春期和青少年時期（在這段期間，心理疾病會明顯增加，而且容易辨識，遺憾的是有時會以悲劇化的方式呈現）。

我們在這項並行的研究裡發現，和那些沒有精神疾病的孩童相比，有內化症狀（即抑鬱或焦慮）傾向的一年級兒童，戰或逃系統清楚地顯現出高敏感的反應模式。另一方面，蒲公英小孩（反應較為正常的百分之八十孩童）則幾乎完全不會有精神疾病的症狀*。

這是來自威斯康幼童的新增證據，顯示高反應的蘭花小孩，先天具有抑鬱和焦慮的傾向；至於反應程度普通的蒲公英小孩，就算有任何心理或行為問題，數量也是微乎其微。

但是，當這些威斯康辛的一年級小學生長成纖細脆弱的青少年，必須迎接挑戰，與變動的社會環境、中學以及複雜的人際關係周旋時，會發生什麼事？他們在一年級入學前，那個夏天的反應程度測試結果，可以拿來預測數年之後的精神狀況嗎？在進入青春期的情緒荊棘區時，蘭花小孩和蒲公英小孩之間的差異，仍會像我們眼前報告上所呈現的那麼鮮明嗎？

常產生師生衝突的小一生，青春期也容易出現精神健康問題

同樣的一群孩子，在十三歲升上七年級時，我們又再次對他們進行精神健康症狀的評估。但是，有別於早前蒐集反應評測指數與同時間精神健康的相關分析研究，我們這次想做的，是從六年前的反應和壓力評測資料，預測青少年早期的精神健康狀況。科學家非常偏好這種橫跨時間的縱貫分析，因為這類分析較不會造成錯誤結論（例如從跨部門資料做推論），也更有機會發現因果關係的關聯。

我們拿來做預測的指標，是孩童一年級老師所做的師生衝突評估，以及他們升上小一時從休旅車行動實驗室所取得的生物和行為反應數據。為了得到更可靠的結果，孩子七年級的狀況，我們採用的是由母親、教師和少年自己做的精神健康症狀綜合報告。

結果顯示出我們現在已然熟悉的特殊敏感性模式：有高度「戰或逃」反應及行為障礙的蘭花小孩，在未來所顯現的精神健康症狀，不是最嚴重，就是最輕微，這兩者的差異取決於他們與一年級老師之間的相處狀況。與老師衝突頻繁的高反應小一生，在六年後出現精神健康問題的症狀，程度之高令人擔憂。然而，同樣是高反應孩童，與老師衝突稀少的孩童，這類症狀的比率就出奇地低。對比之下，既不敏感也不害羞的蒲公英小孩，則幾乎不受到與老師衝突的影響。

以下是對差別易感性，更簡短而有力的說明：生物和行為反應指數不只能預測當時的精神健康狀態，也能穿越時空，與六年後青春期開始時的症狀相關*。

正向的環境，能讓孩子身心健康地成長

在那個一九九八年的夏天，兩個令人難忘的威斯康辛兒童，貼切地串連起一年級和七年級之間的關聯，彰顯早期教室環境和精神疾病症狀之間有力的預測關係。

有個害羞的蘭花男孩，不只是要他進入車道上的行動實驗室，連要他走出車道後方的住家，都必須好言哄勸。這個六歲男孩的身形瘦小，有著淡黃的髮色，還掉了兩顆門牙。對於我們團隊的拜訪，顯然他從遠在我們真正到訪的前一天就開始焦躁不安。在他的母親與我們初見面寒暄時，他泰

半躲在媽媽的裙子後面，他的第一個唾液樣本，皮質醇滿到你幾乎可以在唾液裡看到荷爾蒙。在車廂裡，他滿臉通紅，對於我們出的每項挑戰，他的戰或逃系統都處於隨時要爆表的架勢。雖然這個男孩對於幾週後要展開小一生活的焦慮表露無遺，但是他在學校似乎表現優異出眾，他的教師群也是所有家長的夢想陣容。到了七年級時，他已是個強健、有一定自信的中學生，完全沒有任何精神健康障礙的病徵。

第二個孩子是個有深色眼珠的蒲公英女孩，在許多方面都與前述男孩大相逕庭：我們到訪時，她泰然自若地站在門口，開心與我們打招呼，熱切地探索車廂和它的內裝，滔滔不絕地講述她的暑假活動，還有她對要上一年級的熱烈期待。她提供了豐沛的唾液樣本，裡頭幾乎沒有皮質醇，在車內時，對於我們加諸給她的普通程度壓力源，她的戰或逃系統幾乎沒有反應。在公立學校她從一年級一路升上七年級，儘管過程與老師有些衝突，甚至一年級時的師生關係特別緊張，但一直以來，她仍然是童年精神健康和發展健全的最佳代表。

以上就是這兩類孩童的明證：第一個是在正向、激勵的學校環境裡的蘭花小孩，部分由於他對於學校環境相對開放和敏感，所以能出類拔萃，散發耀眼的光芒；第二個是蒲公英女孩，對於有時候麻煩多多的教室環境，她的相對無感，讓她在童年中期可以不受心理問題侵擾。

家有青少年的親子關係

看著這些威斯康辛孩童進入青少年時期，我們也在思索，青春期是否會由於青少年社交世界的特質和依賴性，導致這些蘭花小孩和蒲公英小孩的親子關係（相當於兩種花賴以為生的土壤*），出現明顯的影響？若有影響，我們或許也會看到，對於家庭教養的易感性，反過來也能對青春期發育的時間和步調造成影響。

混亂的家庭會迫使孩子早熟

一如在第三章提及的，小兒科醫生經常看到，來自混亂、高度壓力家庭的孩子，尤其是女孩，會比較早（通常是過度快速）進入青春期。對於這種快速發育的早熟，演化上的解釋是，艱辛的家庭環境會對孩童形成內在刺激，讓生殖功能提早成熟，具備脫離那個原生家庭的潛能，以成功生存和繁殖。想像有個生性敏感的年輕女子，她的雙親酗酒成癮、爭吵不休，她在無意識的演化保留機制下，生殖系統會快速成熟，以增進她孕育後代、遺傳基因的機會。

威斯康辛家庭與工作研究中心的樣本再次成為測試這個假設的完美縱貫研究。青春期啟動的時間，以及性成熟的速度，在臨床上也具有重要指標性，因為提早或加速的青春期，與在較低年齡出現初次性行為相關，這又會回過頭來與青少年懷孕、經由性行為傳染的疾病風險有關，例如淋病、梅毒和人類免疫缺陷病毒（HIV）。

譚納量表（Tanner scale）根據第一性徵和第二性徵的漸進成熟，如乳房發育、陰毛生長、睪丸和陰莖的大小和構造等，把評估孩童和青少年生理的發育分為五個階段。我們的研究都是從譚納量表的第一階段開始，參與研究的孩童聲音尖細，沒有乳房，沒有陰毛，生殖器也沒有變化，但是他們遲早會進入譚納第五階段：具有完整的明顯性徵，討厭的青春痘會拚命冒出來，心中藏有令人難為情的欲望，還有過大的雙腳。

孩童晚一點進入青春期比較好

但是，我們是如何從一個階段邁入下一個階段？對於生殖系統健康風險而言，發育的早晚具有重大影響意義。以長期健康來看，孩童最好晚點再進入青春期；最糟的是青春期提早啟動，而且加速出現第二性徵。兩性的青春期啟動年齡，在過去一個世紀以來急遽下降，女孩的初經提早，男孩的性活動提早且增加，但我們尚不知這些情況確切是由什麼原因造成*。

我們採用一九九八年夏天行動實驗室研究的壓力反應資料，加上雙親報告以及學前期間的雙親支持度觀察評鑑，以檢視六年期間，依照譚納階段分期的青春期發展軌跡，這些軌跡是根據雙親和少年的連續報告而來，報告裡有描述第二性徵發育的敘述和曲線*。雙親具高度支持力或雙親屬低度支持力的蒲公英小孩，青春期顯現兩條平均的線型路徑，兩者在統計上並無差別。另一方面，高反應蘭花小孩所顯現的青春期變化曲線則有兩種，雙親缺乏支持力的，呈現發育急劇加速，而雙親具高度支持力的，青春期則延緩到十二歲半才啟動。

這個結果再次驗證，蘭花小孩若非顯現最早開始、最快速同時也是最危險的青春期（這與我們想要防範的情況相關，如青少年懷孕），就是顯現最遲延、最緩慢也最安全的青春期（這是對健康更為有益的結果，例如第一次性行為往後延）。

蘭花小孩會走上哪一種發育成熟軌跡，取決於家庭裡雙親的支持和鼓勵程度。至於蒲公英小孩，無論雙親支持度如何，他們都呈現線型、不快也不慢的青春期發展進程。這些結論最重要的寓意是，蘭花小孩特殊的生物敏感性，不只影響未來的健康狀況，還有非臨床與發展上的風險因子。身為蘭花小孩，周遭社會環境的品質會影響他們的發病以及所遭受的風險，例如因青春期提早而衍生的那些問題。

高度敏感的蘭花人

上述這些互有「關聯」的研究，也就是衡量兩個變項之間的因果關係，如壓力反應和青春期發育速度，有時候也會因干擾而得出不怎麼確實的結論。

無法控制的干擾因子

例如，有人宣稱賭博和癌症在統計數據上有關係，因此進一步大膽預期，賭徒比較容易罹患某些惡疾，這話乍聽起來或許頗有道理。但在為了「抗癌」而取締賭場之前，我們應該先明智地考慮，賭博和癌症之間也許還存在著第三個相關變項的可能性，例如吸菸、喝酒，或其他會造成偽關聯的「干擾因子」。

因此，表面看似有意義的關聯（以賭博行為預測癌症，乃至於認為賭博是癌症的成因），其實可能無足輕重，不過是兩個因素都與第三項條件（如菸或酒）有隱性關聯所造成的誤解。

一個城鎮的行政長官人數和電線桿支數之間的關聯，也是一樣的道理。這兩個數字儘管可能高度相關，卻只不過是因為它們都與一個干擾因子有交集，也就是城鎮的人口規模。

為了這個干擾因子的問題，科學家通常會轉而優化實驗研究，做為尋找真實因果關係的方法。在一項真實的實驗研究裡，參與者會隨機地被指派到至少兩種不同的狀況裡，通常一個是實驗組，另一個則是控制組，控制組沒有施加任何調整過的實驗措施*。

一個例子就是臨床測試，病患依隨機分配，服用的可能是具有潛力的新藥，也可能僅是安慰劑。隨機分派有助於移除（或「控制」）干擾變項的影響，因為兩組最後應該會出現同樣干擾因子的平均影響水準，例如抽菸、喝酒或人口規模。

因此，我們把實驗看成證據，是能證明兩個變項之間具有因果關聯的黃金標準。以前述例子來說，就是在關掉賭場之外，為對抗癌症找到更有效率、更不會出差錯的方法。事實上，我們目前所蒐集到關於蘭花小孩特殊敏感性的所有證據，都是屬於非實驗、觀察性質的旁證間接資料。

別緊張，來杯熱巧克力吧！

為了建構更有說服力的立論，我在柏克萊的實驗室裡，當時有個博士後研究人員認為，差別易感性理論必須付諸真正的實驗測試。於是，她把四到六歲的孩童帶進實驗室，讓他們完成我們的標準壓力實驗，測量「戰或逃」和皮質醇反應。

然而，在實驗結束時，她加了一個新元素。她告訴孩童，因為他們在實驗活動裡表現得太好了，現在要請他們喝一杯熱巧克力，獎勵他們的努力，慶祝他們成功完成測試。因此，她在孩童面前的桌子，打開裝滿水的電熱水壺開關，準備製作熱巧克力飲品的材料。她擺好一袋巧克力粉、一些棉花糖、一包五彩繽紛的裝飾配料。

一如她的預期，孩子開始垂涎三尺，眼睛圓睜，在椅子引頸期待他們熟悉的香甜滋味。接著，熱水壺開始冒蒸氣、鳴笛響起，待在隔壁房間從單向鏡觀察的研究助理啟動一陣高聲、尖銳的火警鈴聲。警鈴聲大約維持二十秒後停止，他們也向孩子保證，沒有火災發生。

此時，這位博士後研究人員仍繼續按劇本進行一系列特定動作（關掉水壺↓遠離警鈴感應器↓把水蒸氣搧散↓再把水壺放回桌上），假裝努力找出並解除觸動警報的源頭。她要孩童放心，說一定是水壺的水蒸氣觸動了警鈴，接著繼續小心地進行一系列步驟，準備熱巧克力：水倒入杯子、攪拌巧克力粉、放進棉花糖，最後再在上面撒些裝飾的配料。

最後，孩子和博士後研究人員一起享用美味的熱巧克力。

和善的訪談者VS.嚴肅的訪談者

當然，我們這些科學家尋找的是另一個隱藏版的故事。在上述實驗後的兩週裡，兩項新增的研究元素準備就緒。第一項，根據每個孩童的「戰或逃」和皮質醇反應數據，把孩童歸為高壓力反應組或低壓力反應組。

接著，我們邀請兩個組別裡的每個孩子再次重訪實驗室，詢問他們一系列問題，內容是關於他們對於兩週前那次來訪所記得的事。問題有開放式的（告訴我，你上次來實驗室時發生的所有事情。）也有直接式的（當時你的杯子裡有放鮮奶油嗎？），而訪談者是由這個孩子不曾見過的人擔任。

研究的實驗部分是，蒲公英組和蘭花組的每個小孩會隨機被分派到兩種訪談情況中的一種。在其中一種情況（我們稱之為「和善訪談者」），訪談者用最愉快的方式與孩子互動：對孩童表示肯定，和藹地說話，語帶鼓勵，盡力確保孩子覺得安適而平靜。對比之下，另一種情況裡（「嚴肅訪談者」），同樣的訪談者會與孩童保持疏遠，講話的態度唐突而傲慢，營造出一種如坐針氈的環境，雖然程度輕微但仍感覺得出來。藉由這些人為、但有說服力的情境，我們可以用壓力反應（高／低）和訪談者（和善／嚴肅）把孩子分為四組。

低反應的蒲公英小孩能夠記得兩週前的實驗室之旅的細節，不過程度為一般水準，而且他們的回想能力完全不受訪談者風格取向的影響。換句話說，他們似乎較不容易受到奇特生活遭遇的影響，不論正向和負向都是。在接受兩種訪談類型的提問時，所有蒲公英小孩的記憶力表現大約相同。

在高反應的蘭花小孩部分，接受和善訪談者的提問時，高反應蘭花小孩對於實驗室之旅有著出奇精準、百科全書式的記憶；但若是與無禮、粗暴的訪談者互動，他們則似乎什麼也想不起來。事實上，身處正向支援環境的蘭花小孩，能記得連實驗室工作人員都忘記的細節：熱巧克力材料的添加順序，研究助理當天的穿著打扮；當天確實有人走進實驗現場，檢查火災警報裝置；警報停止後，研究助理所說的一字一句。而在另一種提問情境下，蘭花小孩幾乎什麼也想不起來。

這是我們第一個真正的實驗證據，驗證蘭花小孩細緻的敏感性，以及社會環境對他們認知表現的影響（也就是他們的思考、記憶及推理能力）。蘭花小孩要不就記得幾乎所有事情，不然就幾乎全忘光光，差異取決於別人怎麼問他們問題；但是蒲公英小孩在兩種情境下，記憶力都在平均水準*。

有了這項新發現，我們更充分地理解到，蘭花小孩和蒲公英小孩對於同樣的經歷有非常不同的體驗，不管是在自然世界，還是嚴格控制的實驗室環境裡，都可以看到這個鮮明的對比。關於這個差異的來源，我們可以從歷經童年困境後所呈現的紛雜、高度分歧的結果，找到清楚、系統化而可靠的真相。

面對人類健康和發展的差異，我們一開始是為了從吵雜混亂裡梳理出可理解的模式，後來卻演變成有如交響樂般和諧的一門科學，藉此探究個人對社會世界的易感性差異。

現在，猴子和人類兒童都有紀錄顯示，這種差別易感性（或「高敏感」）涵蓋了兩個物種的一個小型次群體，他們對於任何環境的正向和負向特質都出現高反應。這個次群體在面對周遭世界時，特別嬌貴柔弱，有鑑於此，我們命名為「蘭花」。

蘭花型人也與另一個為數眾多的群體形成對比，那就是蒲公英型人。蒲公英型人對於生活的試煉和威脅，都展現超凡的韌性。描述蘭花小孩和蒲公英小孩的表現型、揭露兩者的發展和健康意涵的科學，現在已臻成熟，並有一批可靠的觀察和研究文獻。

有人已經在開拓科學新疆域，探究新問題，那就是敏感性的差異從何而來？它們如何內建於人體作用的生物學？它們是否會成為我們現在和未來的恆常特質，又是在何時形成？

第5章 蘭花的根源，蒲公英的種子

我們現在有理由相信，蘭花小孩對生活困境和災厄的敏感性，不只限於發生在生活裡，對於科學家所設定的實驗條件，也會有所反應。同理，在我們家庭和社區裡生活的蒲公英小孩，對於童年常見、月復一月的活動和壓力源，似乎也反映出一致的堅強韌性。但是，這些對環境的敏感度差異，究竟是從何而來？

全球各地的研究成果顯示，孩童的遺傳特質創造了先天的傾向，但不見得會決定最後的結果。例如：有一群科學家研究了尼古拉．西奧塞古（Nicolae Ceaușescu）獨裁統治時期在孤兒院成長的羅馬尼亞兒童，他們在孤兒院受到極度的漠視，有時甚至是殘酷的對待。科學家在研究中發現某個與血清素（也就是大腦裡的神經傳導物質）相關的基因如果較短，就會造就出像蘭花小孩的結果。擁有這個短版等位基因（一個基因的變化形式）的孩童如果持續留在孤兒院，會出現智力損傷，以及極度適應不良的狀況*。

反觀擁有同樣基因的孩童，如果被家庭領養，在發展和精神健康方面，就會出現驚人的復元程度。類似地，有一支荷蘭研究團隊也進行實驗，研究孩童看了感人的聯合國兒童基金會影片之後的捐款行為。研究發現，具備蘭花小孩的多巴胺神經傳導物質基因的參與者，慈善捐款不是最多，就是最少，差異取決於他們對於父母的依附是否有安全感，也就是說，取決於「非」遺傳因素*。

因此，這裡清楚浮現一個亟待深究的問題：蘭花小孩和蒲公英小孩的形成，是全部來自基因遺傳，還是他們早期人生發生了某些事件，把發展推向其中一種的表現型？這些差異在許多層面（無論是從感染疾病到行為問題，或是從侵略性到善心與同情心）都具有關鍵性的影響力。那麼，這些差異能否完全歸因於遺傳基因或童年早期環境其一，抑或兩者皆是？線索來自於一個意想不到的答案：甫出生的最初時刻。

孩子的性格，剛出生就看得出來

受訓期間的年輕兒科醫生和婦科醫生，最早學到的技巧之一，就是評估新生兒出生後頭幾分鐘的生理狀況。當我還是個新手小兒科醫生時，這是我最喜歡、也最珍惜的工作——迎接這個未曾謀面、出生時渾身通紅、尖聲哭喊、名副其實是乳臭未乾的新新人類，來到這個明亮、喧鬧的世界，而我是為他做檢查的第一個人。

在邁向人生這條漫長的單程通道之時，誕生的這一刻永遠具有神聖的重大意義。兒科醫生除了是這一刻的見證者以及腳趾頭和手指頭的點算人之外，更是新生兒狀態的評估者。

測試初生兒身心狀況的「愛普格評分」

新生兒的正式兒科評估採用的是「愛普格評分」（Apgar score）法，名字取自發明人，一位一九五〇年代哥倫比亞大學的婦科麻醉師愛普格醫師（Dr. Virginia Apgar）。評分的時機是出生後的一到五分鐘之內，分別統計五個生理功能領域的評分，每個領域的分數為〇、一或二分，加總後的總分範圍是〇到十分。為了方便記憶，在刻意的安排下，五個領域也採用APGAR作為縮寫，這五個單字的字母分別代表的意義：

A＝Appearance（外觀），即身體、手和腳呈現粉紅色或藍色；

P＝Pulse rate（脈搏），即心跳的速度；

G＝Grimace（苦臉，或是對刺激的反應），即寶寶對於口鼻抽吸或其他刺激出現哭泣或苦瓜臉的反應；

A＝Activity（活動），即肌肉屈曲的程度和活力；還有，

R＝Respiration（呼吸）；即寶寶呼吸的力道，從微弱到強而有力、宏亮的哭聲。

愛普格分數是新生兒是否需要醫療介入處理窒息的指標，也就是運用評分來了解此刻寶寶透過呼吸和哭，交換氧氣和二氧化碳的狀況順暢與否（沒錯，新生兒的哭聲，不只是為了表露情感，而是因為這是一種更有效率的呼吸方式）。

大部分寶寶的愛普格分數都落在七到十分，失分的原因，多半是因為嘴唇、手或腳略微呈現藍色；肌肉屈曲活力不足；或是對刺激反應有些疲弱。七分以下的寶寶，可能需要更積極而迅速的刺激或復甦措施，包括溫暖可保溫的搖籃，或是抽吸呼吸道。低於四分的寶寶，則可能要插入呼吸管以輔助呼吸，甚或是更罕見地，需要開始實施外部心臟按摩。早產兒以及有先天感染或畸型的寶寶，愛普格分數可能極低，這些是做為必要醫療因應措施在強度和時效性的指引。

然而，特別耐人尋味之處在於，愛普格評量的項目（如心跳、反射和手腳的血液循環等），在某個程度上，都是人在面對壓力處境時由戰或逃系統（自律神經系統）所控制的反應。愛普格的每個評分（即縮寫裡每個字母所代表的評量項目），或多或少反映了在出生時，寶寶暴露在生理壓力源之下（可能也有情緒上的壓力）的身體調適狀況，而低分代表了戰或逃反應出現適應不良。畢竟，對於胎兒來說，出生是空前的極端經驗，而顯示我們是什麼樣的人？還有我們在個人的生物作用下會變成什麼樣的人，能透露最多訊息的，往往正是極端經驗。

與生俱來的個性

誕生的確是一個重要且有時候堪稱危險的關卡，試想一個重達七、八磅的新生兒要經過極度的擠壓和扭曲，才能通過受生理結構侷限的狹窄產道，奮力一股腦地衝進這個冰冷、喧鬧、明亮的世界。（或許我們應該在此加上一句：為此付出高昂代價的是承受劇痛、氣力耗盡的新生兒母親。）

雖然沒有任何人能記得自己出生過程裡的任何一刻，但它必然將在記憶裡留下深刻的印記，因為不管我們準備好了沒有，我們就是會突如其來地被推進生命「沛然、喧騰的迷惑」之中，一如威廉・詹姆斯（William James）所言。

這種為了因應意外、不熟悉又不舒適的壓力源（也就是子宮外的生活）所做的緊急生理調適，聽起來十分趨近於我們此刻已然熟悉的程序：在實驗室裡進行的壓力反應測試，藉此觸發並衡量孩童面對身體和情緒挑戰時的生物反應。事實上，誕生正是人類第一道意涵深遠的壓力反應測試題目。

有鑑於我們全都在尖叫哭喊聲中，以一次壯烈的壓力測試反應展開人生，我們不得不猜想，愛普格評分除了顯現我們的口鼻是否需要抽吸，或是身體是否擦乾並保持溫暖之外，還能否透露更多訊息？假設較低的分數其實反映了適應力較低、補償力較低的戰或逃反應，那麼除了新生兒窒息，或許它們也能告訴我們更多其他事情，像是關於寶寶對將來無所不在的壓力，會不會出現適應不良的反應傾向？如果這是真的，那麼總分從〇到十的愛普格分數，除了預測新生兒呼吸窘迫之外，或許也能預期更全面、在發展上更久遠的未來。我們離開子宮的第一刻反應，是否已隱約預告生命展開後的走向？

這正是我們想說的！我的博士班學生和前博士後研究人員共同進行一項流行病學研究，以加拿大曼尼托巴省將近三萬四千個孩童，出生後五分鐘內進行分數從〇到十的愛普格評分，再拿該分數和該孩童五歲時導師的評估報告相比，愛普格評分和五歲孩子的各種發展強弱是否有關聯*？例如，愛普格評分為七的孩童（分數反映他們出生時，手或嘴唇或許有點藍，哭聲略微缺乏活力），他們的老師指出這群七分的孩子發展較弱之項目，會比愛普格分數落在九或十分的孩子多。

類似的，愛普格分數為六的幼兒園孩童（輕微的新生兒窒息，造成嘴唇和手部呈藍色、哭聲微弱和心跳較慢），老師報告的發展中，較弱之項目則少於分數三或四分的同儕。重要的是，提出發展報告的老師，對於學生五年前的愛普格評分毫不知情。這份教師報告裡的發展弱點，包括了遵守規定或指示的能力略低；坐不住，無法專注；對書籍和閱讀相對缺乏興趣；或是無法適當握筆或運筆……等諸如此類。在愛普格量表裡每降低一分，身體、社會、情緒、語言和溝通等發展領域，在五年後（也就是入學的第一年）全都反映出明顯的不足。早產兒或出生時體重過輕的嬰兒，一如預料，愛普格分數較低，即使這些變項在經過統計方法調整後，其結果與發展之間的關聯依舊成立。出生時戰或逃反應不穩定或生理復原能力較差的嬰兒，通常長大後就會較為羸弱*。

這項發現有什麼意涵？我們過去一直認為，特質或特徵都是「先天的」，是由基因或星辰天象決定的。莎士比亞的劇作，和堪稱「西班牙的莎士比亞」的大文豪佩德羅（**Pedro Calderón de la Barca**）的作品中，都反映了十七世紀時的這個信念，字裡行間令人感受到生命中無法磨滅、無止無休的命運浪潮：

> 命運的安排，人必須遵循；
> 不逆風與潮汐順流者方能行。
>
> ——莎士比亞，《亨利六世》（*Henry VI*）

命運非人力可擊破，
也非人的謀算所能阻礙。

——佩德羅，《人生如夢》（*Life Is a Dream*）

是「天象」還是「基因」決定？

同樣的預立觀點，一個近代的科學版本就是「基因決定論」（genetic determinism）。根據這個論點，我們的生理特徵、能力、弱點和潛能上的所有差異，在受孕的當下，融合父親和母親DNA的那一刻，就已經拍板定案了。

「先天遺傳」與「後天養育」之爭

人類古老觀點中，認為個人的命運和氣質是由某種內在物質決定，即希波克拉底所謂血、黃膽汁、黑膽汁和痰的混合物，或是由土、水、風和火這四個經典元素按比例混合而成。這種解釋人類行為的觀點，你可以把它視為經典「先天遺傳」與「後天養育」之爭*（nature versus nurture）裡的「遺傳」面向。（這個經典爭論指的是，我們是誰，將會變成怎麼樣的人？是出生時就已經決定了，還是說，我們居住的世界才是決定的關鍵。）

類似的決定論，最晚近的版本，出自人類基因組計畫（Human Genome Project）這個最靠近人類自然本源的研究。這項計畫曾經給予人們巨大的信心，相信我們終有一天會發現自閉症、思覺失調症、心臟病和癌症等病症的「決定基因」。儘管到目前為主，這些個別的基因尚未找出來，但此刻我們已清楚了解，對於人們將會變成什麼樣的生物個體，基因所扮演的角色，或許沒想像中的那麼絕對關鍵，基因與行為、DNA與表現型之間，也沒有一對一的路徑。事情似乎遠比現代心理論點所想得更為複雜、巧妙，也更偏向機率。事實上，科學家不斷被提醒，如果他們夠誠實的話，就應坦承，即使是最自豪、最獲讚賞、論述最嚴謹的假設，站在自然世界真實、高度的複雜性面前，都黯然失色。

兒科有句老生常談，孩子沒生下來前，所有的準父母都是環境決定論者（意即一切源頭都是「後天養育」），等到父母真正把寶寶抱在懷裡時，又全都轉變為基因決定論的忠誠擁護者（一切都是因為「先天遺傳」）。

我的意思是說，在還沒有孩子之前，我們都傾向把周遭孩子的不當行為，看成是父母的失職所致。在餐廳裡，隔壁桌那個無理取鬧、讓人胃口全失的小孩，究竟是怎麼一回事？明明就是父母沒有管好他，是父母的錯，他們沒有盡到應有的教養責任。可是，一旦我們變成父母，自己的孩子是餐廳裡或是飛機上那個無理取鬧的小霸王時，我們的觀點改變了。我們忘了之前的批判想法，反過來期待周圍的人能夠體諒：其實我們已經竭盡所能、試著教養出一個不無理取鬧、不闖禍的孩子，但是，孩子的脾氣是出世時，基因就決定的，和父母的教養能力沒有關係。這時，把吵鬧、難纏的幼兒行為歸因為基因（父母對此只有被動責任），遠比咎責父母擔任親職的技巧和能力（他們被迫得更加積極、直接負起責任）來得容易而且心安理得。

但是，一如基因決定論在近年來主導了大眾的想法，過去有一段時期，環境決定論也曾得到有力且百分之百的背書。當我還是一名沉浸於一九七〇年代科學發展的年輕住院兒科醫師，當時，尤其是在心理健康和發展的障礙方面，比起基因，環境因素被認為更具普遍性，也更具說服力。我記得有位道貌岸然的精神科老醫生，以沉重而嚴肅的態度講述這個理論，他指陳道，「冷漠而疏離的母親」是自閉症和思覺失調症的主因。更廣泛地說，家庭環境可能是孩童所有脫序思想和行為的唯一根源。因此透過矯正家庭就能矯正失常，而把精神疾病歸因於基因，甚至「生物學」的做法，會被認為是「怪罪受害者」，絕對不可能為當時的醫學專業圈所接受。

當時，要是有人敢指稱所謂的「冰冷母親假說」（refrigerator mother hypothesis，也就是冷漠的母親是自閉症的起因）是錯誤的，那可是甘冒大不韙之舉。在那個理論下，一整個世代，有自閉症子女或其他問題的母親（在某種程度上，父親和母親都有問題）深信自己是造成悲劇和磨難的始作俑者，這又是另一種遺憾。

生出自閉症的小孩是媽媽的錯?!

父母傷害或漠視子女的故事，在兒科世界雖然比比皆是，但絕大多數的父母，還是珍視、保護並鼓勵他們的子女，絲毫不顧及物質或情緒上的負擔沉重與否，這是真實世界裡隨處可見的愛。

我還記得，在不久以前，曾評估一個四歲男孩的行為。男孩是雙親的第一個孩子。我進入諮商室時，看到這一對年約三十歲，同為醫師的年輕父母，爸爸抱著一個睡著的十個月大女嬰，而那個眼淚快要掉下來的媽媽，正費盡九牛二虎之力安撫一個扭動不安、焦躁好動的學齡前小孩，男孩幾乎完全沒注意到我走進來，房間裡籠罩著明顯的低氣壓。

那名男孩（我們就叫他「戴文」好了）出生時是個健康、強壯的寶寶，為家裡帶來希望和期待，一如每個父母第一次迎接這個人生中最偉大的挑戰時，通常會懷抱的期待。戴文的媽媽在前六個月親餵母乳，但是後來因為產假結束，要重回辛苦的外科訓練，於是不得不改用瓶餵。戴文是一個「好帶」的寶寶，六週大就會與人互動微笑，四個月就會翻身，從不特別爭取別人的關注，大約一歲開始說單字。

可是，就在戴文剛滿周歲後不久，他的父母開始憂慮孩子的發展狀況。因為戴文的用字明顯減少，而不是增加，這與我們對兩歲孩子的認知背道而馳；戴文很少感興趣地指著玩具或物品，就像一般同齡的孩子會對父母表達的方式。他們發現要與戴文交流得相當費勁，即便努力與他做眼神接觸、和他說話或在遊戲中互動，如：玩躲貓貓，戴文的表現始終淡漠。戴文似乎退縮進一個封閉的角落，那是一個語言的光照不進去的地方。

到了他滿兩歲的時候，戴文的父母已確信事情不對勁。他們甚至懷疑他是不是耳聾，因為別人呼喚他的名字時，他幾乎不理不睬。他開始反覆做同樣的動作，像是拍動自己的手臂，或是踮著腳，瘋狂地上下跳動。這時，他已經完全不講話了，當他在不舒服或沮喪時，取而代之的是發出刺耳、單一的尖叫聲。

他的醫生是位善良的好人，不過他所接受的教育，是當時對自閉症的普遍認知。於是，他開始探問戴文對母親的依附狀況、戴文嬰兒時期媽媽在他身邊的頻率，還有母親回到職場時的愧疚感。醫生的舉動，清楚地傳達出訊息：醫生在尋找母子依附關係間，冷淡且疏離的證據。但是，戴文本身的障礙，難道不會導致親子溝通困難嗎？那次看診被一片淚海淹沒，戴文的爸爸火冒三丈，對著那位驚慌無措的醫生發了一頓脾氣。

後來，我的工作內容包括：診斷戴文的自閉症；消化並承擔這個消息宣布後，全家悲傷且沮喪的情緒；消除自閉症成因這個沒有根據、不公平的暗示；以及幫助這個家庭重新接納並介入他們兒子的狀況。不管環境決定論的本意有多純良，它不但是錯的，也會造成傷害，這點深深地提醒我們，探討疾病成因的理論，很少不帶價值判斷或不造成任何後果。這不是一道分辨戴文是蘭花小孩或蒲公英小孩的是非題。我們要問的問題是，所有的孩子以及後來的成人，是如何變成蘭花型人或蒲公英型人。而答案，儼然就在後天養育與先天遺傳的灰色空間裡。

基因決定論VS.環境決定論

丹麥哲學家齊克果出版的第一本著作《非此即彼》（*Either/Or*）旨在討論，隨著成長，個人生存變成是介於美學與道德之間的拉鋸戰。他主張，發展起源於一種享樂、主觀的意識，也就是說，孩童天生自私，對於他們的心智而言，需求以及欲望非立即得到滿足不可。但是，齊克果相信，天平最終會趨向倫理那端，孩童終將感受到道德責任和義務，進而形成有認知力的成人心智，足以抑制心底的欲望和自私的自我，以達到更全面、有良知的道德觀。齊克果最終主張，只有宗教信仰能夠拯救我們跳脫這種衝突而不協調的狀態*。這裡的重點是，要完全理解人類的處境，必須在檢視（或簡化）塑造我們的力量為何時，先摒棄非黑即白的二分法。這種過度簡化的二元觀點，其實罔顧了人性裡的複雜面。

某種程度來說，近數十年來，現代的發展和健康科學都遭遇了齊克果式的切割法，也就是「非此即彼」的二元觀點，對於疾病和障礙的起因，鼓勵大家在基因決定論和環境決定論之間選邊站，雙方壁壘分明。

雙胞胎之間的相異性

環境決定論堅決擁護外在原因，也就是把問題歸根於人類生活的社會和背景因素，例如把自閉症歸因於教養環境。然而，基因決定論則站在對立面，主張內在原因壓倒一切，是基因驅動了個人特徵和表現型的樣態。兩大陣營一直致力於駁倒對方，基因決定論與環境決定論因而成為同一個基本問題的兩個矛盾且不協調的解答：「人類的疾病和障礙，起源是什麼？」以及「為什麼有些人會生病，有些人不會？」或是反過來問：「人類的健康和成就，起源是什麼？」以及「為什麼有些人如此健康而圓滿，有些人不是？」

有研究企圖中和這兩個僵化的決定論與二分法觀點，最早的嘗試出現於行為基因學這個領域中對人類雙胞胎研究的精妙分析。行為基因學觀察到，如果基因決定論為真，那麼若是同卵雙胞胎中有人罹患思覺失調症，另一人也應該會（因為同卵雙生是同一個受精卵分裂成兩個一模一樣的胚胎）。畢竟，如果基因變異是引發疾病的唯一關鍵，那麼基因組完全相同的同卵雙胞胎，合理推測會有相同的疾病。但是，大部分我們認識的雙胞胎，大概至少都會有這麼一對個性和行為風格迥異的同卵雙胞胎，兩人甚至在精神或生理上的健康問題也各不相同，儘管他們身上的每個細胞都有一模一樣的DNA。

同理，相較於同卵雙胞胎，異卵雙胞胎裡的一人患有思覺失調症或任何其他疾病時，雙胞胎兩人之間的同病率（也就是說，兩人染患同一種疾病的機率）應該不會比非雙胞胎手足之間的同病率來得高（異卵雙生是兩個不同的受精卵）。另一方面，如果環境決定論就是答案的全貌，那麼出身同一個「思覺失調症家庭」背景的孩童，應該統統會出現思覺失調症。

但實際上同卵雙胞胎的思覺失調症同病率是百分之五十，而非百分之一百。這表示基因和環境都只是成因之一，而且比重大致相同。類似的研究，雙胞胎的自閉症同病率也大約落在百分之五十，再次顯示基因和環境因素同時都在作用。

行為基因學致力於透過雙胞胎研究，解析基因和環境的成因比重，以深入理解行為和精神疾病的變異。有了這些資訊，我們就可以討論思覺失調症、糖尿病或肥胖症的「遺傳力」，也有機會能更準確地找出基因和環境在致病成因中所扮演的角色。

人類的特質及健康，都是基因與環境互動的結果

然而，即使是採中庸之道的行為基因學，最後也落入了一個本質上有瑕疵的假設：疾病的成因若非基因決定，就是環境決定（齊克果式的二分法論述），不然就是兩者間隱含著某種比例原則（例如：基因和環境的比例為二比一，就像兩杯水兌一杯油）。它還是在回答「先天或後天，基因或環境，哪一個比較重要？」的問題，只不過換一種稍微講究些的答案。

加拿大神經心理學家唐納．賀伯（Donald Hebb）有次被問道，對於人格的塑造，先天或後天因素，哪一個的貢獻度較大，為了讓過度簡化的二分法增添一點層次，他拐個彎回答：「哪個對長方形的面積貢獻較多，是長邊？還是寬邊？」這回答實在貼切。我們現在知道，這件事幾乎絕對不是「非此即彼」，而是「兩者皆是」，而我們這個時代最吸引人的科學問題之一，就是基因和環境如何在維持健康以及疾病起源上共同發揮作用。

因此，對於人類健康和疾病的起源，科學家的想法至此出現巨大的分歧。我們已經開始理解，疾病成因的牽涉層面極度複雜，不是單以基因或環境就能概括，甚至是加減乘除也不夠完備。因此，現在普遍相信，成因至少一定是基因與環境之間互動的結果。不管好或壞，這種交互作用塑造了我們的樣貌，而且能夠在生命的第一個灘頭堡就策動疾病。

幾乎每一種個性、精神疾病或身體健康，都是內在與外在因素反覆的相互影響，才能生根、生長和進展。理解人類個體的差異，才是緩和並預防人類疫疾的關鍵，說到底我們還需要更真切而深

入的知識，才能了解基因差異和環境變化是如何交互作用。不管是炎症、新陳代謝疾病、傳染性疫疾或癌症，大部分人類疾病似乎都根源於某種結合了基因與環境因素的強烈互動。

同樣地不管是內向型或外向型，樂觀型氣質或冷淡型氣質，蘭花小孩或蒲公英小孩，大部分的人格特質和傾向，也都根源於此。採用這種更複雜的科學方法，以「破解」人類本質和健康的奧秘，能讓我們一窺蘭花小孩和蒲公英小孩欣欣向榮或枯萎凋零的祕密，或是在挑戰不斷、變動不綴的人生裡，理解何以人會在這兩種狀態間移動切換。

基因變異與環境風險的交互影響

對於負面和正面社會情緒都極度敏感的蘭花小孩，可能與生俱來帶有由基因所驅動的特殊敏感性，以目前所知，早期的環境力量，也可能是蘭花小孩能否充分發展的關鍵。事實上，蘭花小孩和蒲公英小孩極可能都是基因和環境的影響力在發育早期交互作用的結果，基因和社會環境（例如家庭）幾乎確定對這兩種孩童的表現型都有影響力。我們研究中的那些孩子，在用來描繪他們的行為和健康表現的圖表上，基因和環境的交互影響，可能才是決定他們落點何在的關鍵。

但是，基因—環境「交互作用」這個概念，真正的意涵是什麼？交互作用是一種綜效，由兩種或以上的元素（在這裡是指基因和環境，也就是你的生物機能和你的經驗）滙聚而成的綜合效應。在這裡，一加一不等於二，而是三或四，綜效的產物大於原有各個部分的加總，我們用「突現」（emergent）一詞來稱呼這個新穎的組合，體現它們是誕生自融合效應的新事物。

水、麵粉和酵母混合後、放入烤箱烘焙，就會變成麵包，變成一種可食用的全新物質，而且吃起來完全不同於它的個別原料（如果你對此有所懷疑，不妨吃一口熱麵粉試試）。在基因學，我們用「上位作用」（epistasis）描述這種情況，也就是某個基因的作用取決於另一個基因，兩者間具有上下的因果關係。

舉例來說，在醫學上，藥物的交互作用是指一起服用兩種以上藥物，所產生的負面或正面效果，這種效果有別於單獨服用其中一種藥物。常常，在這些交互作用的影響下，實際上促進作用發生的生理機制，反而退到極為隱晦，難以窺見的位置。勞倫斯（D. H. Lawrence）在他的短詩〈第三者〉（The Third Thing）裡，詮釋了交互作用常有的神秘本質：

水是一氧化二氫，兩份氫加一份氧，
但是還有個第三者，才能讓氫氧變成水，
而沒有人知道那是什麼。
原子鎖住兩種能量，
但是讓它成為原子的，是某個第三者的存在。

基因—環境交互作用也是如此。證據顯示，基因變異（也就是DNA序列的差異）對於個體是否容易受到某種疾病攻擊、活得長壽和健康的機率、以及對社會環境的易感性和敏感性的差異，會有重大的影響。我們幾乎可以確定，這是多個基因共同作用的結果（有時候是數十個或數百個基因，因而有「多基因風險」，也就是存在於許多基因裡的風險），而不是單一基因的突變或變異。我們也掌握了各種精神和生物醫學疾病裡的社會環境風險因子，如貧窮、兒童虐待、承受暴力或諸如此類的惡劣經驗。

但是，對於健康和發展影響最為劇烈的因子，答案極有可能正是生物和環境之間、生物學因素（如基因群）與暴露在各種環境之間的交互作用。為了釐清這點，下面將以孩童的口腔衛生為例子作說明。

蛀牙的故事

齲齒（牙齒堅硬的琺瑯層受侵蝕而破壞）是孩童最常見的慢性病，影響了全球百分之六十至百分之九十的孩童，其中少部分還引發炎症，甚至影響長大成人後的健康狀況。牙齒健康與否，明顯地和種族和社經地位有關聯，貧窮、弱勢群體的孩童，牙齒發生問題的比率遠遠高出一般孩童許多。牙科醫學和兒科團體普遍認為，貧窮人家孩子的齲齒較多，原因出在父母未能教導、期待或強制孩子養成良好的口腔衛生習慣，例如刷牙和用牙線潔牙。

本書讀到這裡，如果我說，事情其實沒有這麼簡單，你應該也不會覺得意外。

一顆乳牙付十美元的「牙仙計畫」

齲齒為什麼比較常在弱勢族群的孩子身上出現？為了取得更多元、更可信，也更有根據的觀點，我們對參與柏克萊公立學校研究的六歲孩童，提出了一個乍聽起來有點奇怪的要求：等他們上一年級時，要把脫落的乳牙送給我們。此外，我們也會問及孩童家庭壓力的狀況，並採集他們的唾液，以測量皮質醇的壓力荷爾蒙，因為皮質醇會侵蝕鈣化組織（如骨骼和牙齒）的結構完整性。

我們把這項計畫稱為「牙仙計畫」（想當然爾），而且我們說好，牙齒從孩子口腔脫落後，二十四小時之內就要送到實驗室，每顆牙付十美元。這樣的補貼費比當時的牙仙市場行情高出不少，因此孩子們動力滿滿，紛紛拔出鬆動的乳牙，把脫落的牙齒送來我們這裡。牙齒送來後，會先放在保存液裡，再轉送到加州大學舊金山分校（UCSF）的牙醫學院，而那位掉牙的一年級小學生便會得到一張嶄新的十美元鈔票。

也許是受到市場行情的鼓舞，我們的牙齒收購行動成果豐碩。某個孩子交來了一顆牙，UCSF轉送給我們時，附了一張便利貼，上頭寫著「這是狗牙……」，我不確定是哪個孩子，打哪兒拿到這顆牙的（恐怕我也沒那麼想知道），不過我想，在柏克萊的某個角落，應該有一隻微笑起來，嘴裡缺顆牙的狗。

壓力和細菌是孩子蛀牙的「必要」條件，但非「必然」的結果

回頭談科學。除了蒐集脫落的乳牙，我們也為每個孩童做了周詳的牙齒檢查，沾拭牙齦邊緣，尋找藏在孩童口腔裡會導致蛀牙的細菌蹤跡和數量。我們運用電腦斷層那種用來為病患的頭部、腹部和膝關節造影成像的技術，來掃瞄並測量乳牙每一層的硬度和厚度。我們的發現和前文討論生物學—環境交互作用時的觀點一致，也就是說，致齲細菌的數量和孩童家庭裡的社會經濟壓力源，都不能單獨被拿來預測孩童罹患齲齒的狀況。反倒是家庭經濟壓力程度能夠用來預測孩童唾液的皮質醇濃度，因而能進一步預測乳牙琺瑯層的密度與厚度。

這與庫欣氏症病患出現骨質疏鬆的原因有異曲同工之處，由於庫欣氏症患者血液中的皮質醇濃度偏高，在處於長期壓力與庫欣氏症這兩種情況下，皮質醇的過度分泌會導致諸如牙齒或骨骼等鈣化組織分解。因此，一方面是唾液中皮質醇濃度因壓力因素升高，導致孩童出現牙齒琺瑯質弱化，另一方面則是致齲細菌量，兩者的交互作用，就能預測出誰會有齲齒又或沒有。造成齲齒的罪魁禍首，既非僅是孩童牙齒琺瑯質因壓力相關因素而受到侵蝕，也非僅僅是口腔細菌的滋生。它是兩者間交互作用的結合：在口腔健康惡化的過程裡，壓力和細菌都是必要條件，而非絕對條件。

仔細想想，這種說法無疑擁有完美的邏輯，不是嗎？我們的健康和生存之所以出現威脅，不能單方面歸因於內部出現弱點（例如牙齒的琺瑯層薄），也不能單方面歸因於遭遇某種外部威脅（例如口腔細菌），疾病的起因是內在與外在出現令人遺憾且頻率極低的機遇巧合（一種綜效、交互作用或滙流）。無論你相信的是造物主的智慧，或是演化天擇，還是以上皆是，關於疾病和易感性之

於內在與外在風險的根源，都有一套必然相當複雜的事物在其中運作，就像是制約與平衡的系統。

蘭花的根源，蒲公英的種子

我們知道，人類嬰兒甚至早在出生前，對於他們所處環境，就展現出極度精細的敏銳度，一開始是在子宮，後來是在父母用來圍繞著他們的「窩」。人類胎兒和新生兒的大腦，是感官能力發展的奇妙「黑洞」，能吸取關於那名嬰兒即將面對的世界以及挑戰的大量資訊。在妊娠期的第五到第二十五週，神經幹細胞長出新的腦神經元，生長速率高達每分鐘二十五萬個神經元，而突觸（也就是神經元之間的連接點）稍後開始大量叢生，速率達每秒鐘四萬個新連結。這個龐大迴路的成長，最終會構成一個發育完整的人類大腦，擁有一百兆個突觸、八百六十億個神經元，以及八百五十億個非神經細胞，共同組成這個已知是宇宙中最獨一無二且複雜的物體。

由於大腦神經這令人驚異的發育速度，寶寶不僅剛出生就擁有辨識人臉和類似臉孔圖案的能力，而且還會顯現偏好。研究指出，新生兒在出生的第二天，就能夠辨識母親的臉孔，還可以從母奶的味道辨識出母親，並且模仿雙親的表情和行為，藉由聽覺和視覺分辨自己的母語，也就是寶寶在子宮裡不斷聽到的語言。最令人印象深刻的是，嬰兒在無意識的狀態下，就已具有評估母親周遭環境好壞的能力（透過偵測壓力荷爾蒙在胎盤裡的濃度），估計環境裡營養食物的可得性（透過胎盤傳遞的卡路里，以及寶寶在嬰兒期早期的飲食），並偵測父母是否吸菸（透過氧氣輸送在子宮裡的變化）。人類胎兒對於宮外環境，不但知之甚詳，而且有所反應，而這些甚至是發生在意識有感知之前！

由於承載了大量的早期環境資訊，胎兒和新生兒藉「早期生命編程」之助，在無意識中，就開始讓自己提前適應環境。這裡談的概念是，胎兒或新生兒的大腦從很早就開始偵察，一旦探測到重大的挑戰，生物調適作用就會開始在不知不覺中啟動，而不是等到真正身處其中，不得不因應生存環境時才開始調整。這是一種避險形式，很安全，不用冒一點險。這種早期生命編程能提升短期內生存下來的機率，至少能維持到青春期生殖能力開啟之前，但是它也隱含罹患成人慢性病的更高風險，例如冠心症、肥胖症、糖尿病和精神疾病。這是一種演化策略，透過縮減壽命和降低活力，好爭取短期內的生存機率。如此一來，就能確保基因的繁衍，唯獨得付出健康和壽命作為代價。

我們認為，對環境的差別易感性就是這樣出現的，也因而造就了蘭花小孩和蒲公英小孩。一如在第三章曾論及的，對環境具有特殊、高度敏感性的孩童，在遠古某些社會和自然環境的型態裡，可能是群體確保生存和興盛的自保手段。例如，在威脅和掠奪不斷的環境裡，擁有高警覺性，如鷹眼般注意力……等蘭花特質的孩童，或許能順理成章地成為群體的防護盾。數千年前的遠古環境，原始人裡如果有幾個蘭花型的人，在遭遇動物或其他族群發動攻擊時，或許能提前示警保護群體。另一方面，即使生活在天平的另一端環境裡，也就是特別安全、有保護力和豐盛的環境中，蘭花特質也能從中受惠。在這種環境裡，由於蘭花小孩更傾向於開放並浸淫於環境周遭的事物中，蘭花表現型的次團體甚至能因而從中得到更多的優勢。雖然大部分孩子在這樣的環境裡都能獲得良好的發展，但是蘭花小孩會特別茁壯。

反過來說，在這些最極端的養育環境裡，相對於蘭花，蒲公英小孩的風險往往較低，能以最少的代價，卻攫取最多的利益。他們即使面對最險惡的環境，甚至被威脅和踐踏，似乎也能不受影響。在人類社會常有的高低起伏裡，他們被視為在逆境裡仍能保有韌性，是最堅強而生氣蓬勃的一群人。

因此，當環境條件走向極端時，演化顯示，局勢最有利於形形色色的蘭花表現型。但一來到廣大的灰色地帶，蒲公英表現型則一躍成為主宰。沒錯，現在至少已有初步證據顯示，在既無險惡當道、也非太平盛世的環境下，蒲公英占有極懸殊的優勢。

基因上的「記號」

我的科學生涯以及我自己的研究進程，因為一段旅居在加拿大綠野的歲月，而被永遠地改變了。那片綠野之豐富，不只是有一片未開發的廣袤土地和深不見底的汪洋，還有無所限囿的智識環境，讓思想可以像雨林般恣意生長。引領我來到英屬哥倫比亞大學的，是我令人懷念的同事克萊德．赫茲曼（Clyde Hertzman）以及榮恩．巴爾（Ron Barr）。赫茲曼已經離開這個他深愛的自然世界，巴爾則是位兒童發展專科醫師，他的知識和創意是兒科學術研究的模範。

CIFAR兒童與大腦發展計畫

我永遠記得那個颳著強風的冬日午後，陰鬱的暴風正籠罩著溫哥華的英吉利灣，赫茲曼問我，什麼誘因才足以讓我離開柏克萊，來到哥倫比亞這片深綠與雪白的荒野。兩年後，彷彿歷經一輩子那麼長的判斷和規劃，吉兒和我終於排除萬難，抵達英屬哥倫比亞省，展開為期七年的探險，有科學的因素，也有個人的意願。在加拿大，我有幸在因緣巧合下，遇到麥克．科博（Mike Kobor）和瑪拉．索科洛斯基（Marla Sokolowski）。

科博是出身歐洲、在柏克萊學成的基因學家，曾在一九九二年世界划船大賽（World Rowing Championships）代表德國出賽。他在多倫多大學研究基因學，在加州大學完成博士後研究工作，二〇〇六年，在我抵達溫哥華之前，他已接受了哥倫比亞大學的聘書，在那裡展開他的第一份教職，擁有令人艷羨的加拿大國家研究講座教授（Canada Research Chair）榮銜，他的講學與研究主題是酵母基因組的分子生物學。

索科洛斯基則是享負盛譽的果蠅基因學家，是多倫多大學傑出的大學教授，也是東歐大屠殺倖存者的女兒。她發現了果蠅的覓食行為基因（foraging，所謂的「for基因」），她的研究工作確立了果蠅（以及其他種）的兩大行為表現型，即「流浪者」（rover）和「就座者」（sitter），而這些表現型取決於for基因的DNA序列差異。沒錯，從小至醱酵麵糰的酵母、出沒我們耳鼻周圍的小飛蠅，大到你我這樣的人類，所有物種的基因統統都是由DNA所構成。

除了同樣絕頂聰明以外，科博和索科洛斯基都有一種特別的天賦，那就是從基本動物模式的發現裡擴大觀點，看到其中格局更廣大的議題：例如運作順暢、平等主義（即民主與公平）的人類社會，要如何建構與延續。簡直就像是從人類的基因裡看到人類的文明！兩人還有神奇的授業解惑能力，擅用語言和圖像，讓沒有學過分子生物學的人（甚至是像我這樣的小兒科醫師）都能理解他們專業領域裡最艱澀難懂的事物。兩個人都欣然樂見這次不同領域間，既複雜又富有意義的合作挑戰。

就這樣，赫茲曼、巴爾、科博、索科洛斯基和我，很快就在加拿大高等研究院（Canadian Institute for Advanced Research, CIFAR）的贊助計畫裡聚頭。CIFAR成立兒童與大腦發展計畫（Child and Brain Development Program, CBDP），由索科洛斯基和我共同主持，現在已進入第十五年的合作。CIFAR是佛瑞瑟・馬斯塔（J. Fraser Mustard）這位血小板醫師兼研究人員的創舉，他也是麥克梅斯特大學（McMaster University）醫學院的創辦人，以及加拿大生醫科學界的元老。一九八二年，他體認到要創建具有變革性的知識殿堂，需要科學和智慧並存的冒險精神。CIFAR總計支持二十三項跨科際的整合專案研究，網羅了來自十七國、將近三百五十名的科學家，其中十八位獲得諾貝爾獎的肯定。CIFAR已經成為耀眼且獨一無二的機構，放眼全球，沒有任何一個機構足以與它相提並論。

基因變異

CIFAR跨科際整合委任計畫的保護傘，撐起了一個可以勇於嘗試的自由空間，在那裡，兒童與大腦發展計畫很快便鎖定一個引人入勝的研究問題，也是本章不斷逐步探究的議題：「基因與環境，特別是險惡與不均的環境，如何共同影響易感性、行為和疾病……這些我們已知的個別差異？」

這個問題的答案，可說暫時解釋了蘭花小孩和蒲公英從何而來？以及敏感性差異如何成形的關鍵。

我們已經確定，基因變異（構成個別基因DNA密碼的差異）確實在蘭花小孩和蒲公英小孩的起源上軋了一角。基因是四種核苷酸有順序的排列組合，核苷酸是建構出DNA的基本化學物質，而這四種核苷酸分別是腺嘌呤、鳥糞嘌呤、胞嘧啶和胸腺嘧啶。四種核苷酸的基因序列由兩個不同卻互補的複本所組成（分別來自父母），從出生到死亡都不會改變。

整個人類基因大約包含三十億個核苷酸配對，每個基因的核苷酸序列，就像字母組成字彙，會拼成或編碼成製造特定蛋白質的指令。這些蛋白質被製造出來之後（或指令被「表達」出來之後），會改變細胞運作，影響人類個體的生理和心理特徵，例如：眼珠顏色、氣質、身高和智力。

雖然很多基因都可能造就出蘭花小孩和蒲公英小孩的表現型，但最相關的，幾乎還是那些牽涉大腦發展和功能的基因。基因的表現涉及情緒調節和行為控制，例如掌管個別神經元之間溝通的神經傳導物質，這點在蘭花小孩和蒲公英小孩身上就極為明顯。這些以及其他基因的差異，可說就是孩子將成為蘭花抑或蒲公英的分水嶺。

表觀遺傳學

但是，一如我們前面提及的，早期環境接觸和經驗無疑也軋了一角，尤其是家庭和社區環境處於困厄和劣勢的經驗。新興的科學研究指出，基因和環境是蘭花小孩和蒲公英小孩的源頭，兩者的影響是累加，也是交互作用的結果。但是在此之前，我們都未曾真正釐清，這種基因—環境交互作用實際上是如何運作發生的。直到這個謎樣的境域，開始大量導入了「表觀遺傳學」（epigenetics）的研究。

表觀遺傳學研究的是，在不改變基因本身的DNA序列下，環境暴露（environmental exposures）如何改變基因表現。希臘文字首「epi」有「表面」或「上方」的意思，正恰如表觀基因組（一格格的化學「記號」或標籤）位於基因組之上，控制或抑制著DNA在生命裡的表現。

個別基因的表現可以被追蹤和改變，因為它們存在於人體各種不同類型的細胞和組織裡。切記，我們擁有的每種細胞，如血液、肝臟、肺臟、皮膚和腦細胞，都擁有一模一樣的基因組，具有同樣DNA序列的同一組基因集合，一半來自我們的母親，一半來自我們的父親。單一基因組要產生約兩百種不同的人類細胞類型，結構和功能各異，唯一的方法就是讓我們的兩萬五千個基因功能都可被獨立控制。這就是表觀基因組在胚胎發育期間所發揮的作用。幹細胞是原始、未分化的細胞，能衍生出許多細胞類型和群系；而唯有透過表觀基因調節，讓那數以萬個基因經過編程的作用，幹細胞才能變成腎臟細胞或白血球細胞。

幹細胞一旦經過分化，例如變成白血球細胞，細胞的功能也會跟著調整（一樣是透過表觀基因作用），以適應細胞及整個器官所需面對的狀況。舉例來說，一個面對高壓力環境的孩童，或許就需要改變白血球細胞的分裂速率，以增加可用的免疫細胞數量，強化細胞對壓力荷爾蒙的反應（如對皮質醇的效應更敏感），或是啟動控制炎症的分子製造（如「細胞激素」的化學遞質）。

因此，表觀基因組有兩大功能：第一，它能調節細胞分化，好讓細胞成為各種型態和組織；第二，它促使細胞進行功能的調整，以回應當下的環境。表觀基因組是出色而靈活的即興創作者，藉由調節依附於基因組上的表觀基因化學標籤，來強化或減弱每個細胞裡數千個基因的表現。

每個人都是不同的琴譜

花點時間研究左圖，我們來換個方式思考基因組和表觀基因組。你的基因就像鋼琴上的琴鍵，每個琴鍵都能發出不同的音階。別忘了，一個完整的鋼琴鍵盤總共只有八十八個白鍵和黑鍵，而你的基因組卻包含了大約兩萬五千個個別基因，也就是說，這座基因「鍵盤」儼然是鋼琴鍵盤的數千倍之長，也更為複雜。因此，當第一種表觀基因調節作用（細胞分化）開始介入，鍵盤上的這些琴鍵會因組合、順序和節奏的不同，進而彈奏出各種不同的「旋律」；事實上，它能彈奏出的曲調多達兩百種，每一種都是不同的人體細胞類型，就像某個曲調應對的是神經元的製造，另外一個則是白血球，還有一個是皮膚細胞，諸如此類。每個細胞類型和功能都是這兩萬五千個的琴鍵所彈奏出來的曲調。

一旦細胞分化在這架壯觀的鋼琴上完成，表觀基因組的第二道作用力就會啟動，亦即細胞功能的調節，以因應個體此刻遭遇的環境狀態。在這裡，表觀基因組就像一種「音聲等化器」，調節每個細胞的功能，改變細胞曲調的音色，就像音響等化器上的控制桿，控制各音頻間的平衡。例如，等化器可以突顯曲子的高低音，或改變高低音的平衡，讓爵士樂曲聽起來霸氣，或是交響樂聽起來

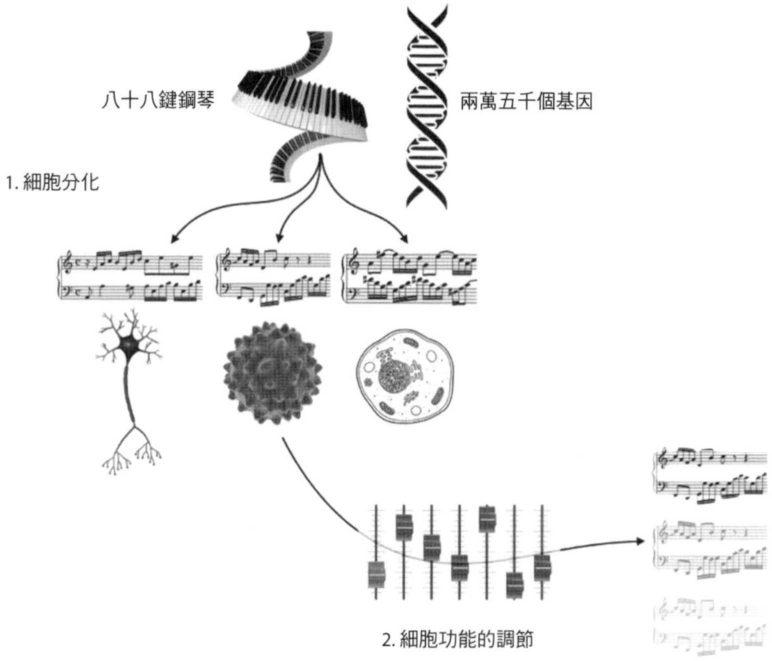

調節我們兩萬五千個基因的表現和編碼的表觀基因組，有兩個主要功能。第一、控制幹細胞變成人體兩百種細胞中的哪一種，如肺細胞、神經元、白血球細胞等等。這就像是用鋼琴鍵彈奏不同音符的組合和順序，創造出兩百種不同的曲調和旋律。第二，表觀基因組調節了基因，進而調整各種細胞的功能，以因應環境條件。這就像用音聲等化器，調節聲音頻率和音量，以改變某段旋律的聲音表現。

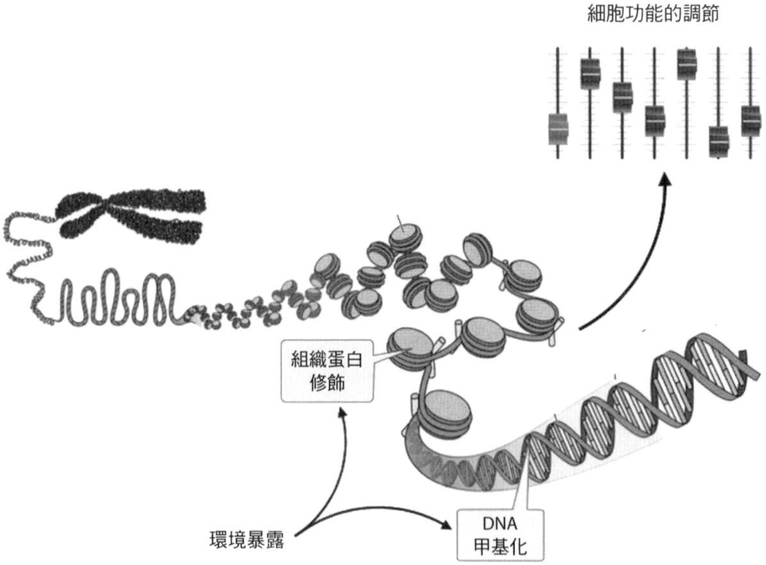

DNA就像是一長串珠子般緊密地裝在染色體和細胞裡，稱為「染色質」。

DNA是線，DNA圍繞的圓柱體是稱為「組織蛋白」的蛋白碟狀物。當DNA線或組織蛋白珠上增加或移除化學標籤（CH3或甲基）時，DNA在染色體裡的包裝（或密度）就會改變，由鬆變緊，或由緊變鬆。包裝緊密會讓DNA解碼工具難以觸及基因，因此抑制或減輕基因的表現。另一方面，鬆散的染色體包裝，則能讓基因的表現較容易。

個人經驗決定了表觀基因化學標籤的附加或移除，藉由改變染色體包裝的密度，以調節基因表現的程度。這種控制多個基因的調節方式，宛如一部音聲等化器，調整細胞「旋律」的聲音，也就是改變細胞的生物功能。

優雅而飽滿。因此，雖然每種細胞的曲調永遠不變（也就是說，白血球細胞會一直是白血球細胞，做白血球細胞該做的事），但是細胞的作用方式，以及曲調的音色卻可以調整，以適合特定環境。

舉個例子，面對人生早期重大壓力的孩童，如遭受虐待，他體內不同的細胞或許就會自動調整出許多不同的功能運作，以盡可能熬過被虐待的過程。腎上腺細胞將會被指示製造更多皮質醇（腎上腺細胞發出的曲調）；神經細胞則啟動戰或逃系統（某些神經元的曲調）；白血球細胞盡可能修補身體創傷；而大腦細胞會穩定孩童的情緒反應。以上僅只是列出細胞功能調整中的四種，實際上，同時啟動的調節作用或許達數百種之多。

除了以鋼琴做比喻，表觀基因組的細胞功能調節，實際在細胞內部的分子層面發生時，會是什麼樣子呢？如右圖所示，在細胞核裡，DNA的長鍊圍繞著「組織蛋白」，一個長得像曲棍球餅盤的圓柱體。DNA和組織蛋白看起來就像是絲線上的珠子，可以密集或鬆散地被包裝在較大的染色體裡。遇到需要調適的惡劣環境（如孩童遭受不當對待或虐待），就會改變DNA或組織蛋白「珠子」特定位置的化學標籤。依類型與相關特定基因的不同，這些化學標籤可以增加或移除，進而決定基因表現的調節幅度，好讓孩童的調適能力達到最大化。

包縛得緊密能控制解碼DNA的分子機制，進行降低或抑制基因表現。另一方面，包縛得鬆散則能讓解碼機制有運作的空間，因此增加或促進基因表現。還是一樣，這些表觀基因的化學標記變化，就像一部音聲等化器，透過調整個別基因表現的多種變化，以優化細胞的整體功能。蘭花小孩和蒲公英小孩的行為表現型可能受到許多基因中DNA序列變異的影響，除此之外，早期經驗對這些表現型的影響，亦是會透過表觀基因啟動基因調節。只是問題在於，蘭花小孩和蒲公英小孩之間，內向性格與外向性格之間，抑鬱傾向與快樂傾向之間，是哪些基因的序列不同？表觀基因的標記是標註於何處，這些問題的答案仍有待推敲。

不過，我們幾乎能肯定，人類特質、本質和健康的差異，大部分來自於多個基因中DNA序列變異交互作用的結果，還有在表觀基因指導下，多重基因表現（或解碼）而造成的差異。儘管其中涉及的變異數量，複雜得令人咋舌（究竟有多少基因變異，以及多少表觀基因組標記），但是，我們卻不得不說這項程式的設計，著實簡潔又細緻。基因和早期經驗在交互作用下，影響了人類的性格與命運，而表觀基因組則是基因和它所處環境之間的橋梁。因此，你可以把人類的生命看成是從表觀基因這架鋼琴和它的等化器流洩而出的一首歌，來自一個由基因和環境所共同合奏的複雜樂譜。

每個人天生就擁有自己的樂譜，就像蘭花小孩和蒲公英小孩，但其中仍有餘裕能留給變奏和即興來發揮。

現代神經科學之父卡哈爾

一八八九年在柏林舉行的德國解剖學會（German Anatomical Society）會議上，一個滿腔熱情、雄心壯志的年輕神經解剖學家，對著一群國際科學聽眾，侷促不安地發表他的第一項研究成果。這個年輕人名叫卡哈爾（Santiago Ramón y Cajal）。他在成長的過程裡，一直是個叛逆、桀驁不馴、不討人喜歡的青少年，永遠在製造麻煩，一方面是因為他的衝動，另一方面也是因為他的智識能力，遠遠超出學校和家庭能夠負荷和供他挑戰的限度。他在十一歲時曾入監一晚，原因是他製作出一門大砲，轟掉了他西班牙家鄉的城門。

卡哈爾走投無路的父母想方設法，要為孩子的淘氣和精力找出口，他的父親甚至兩度把他送去當學徒，第一次是送去理髮師傅那裡，第二次則是鞋匠，無奈沒有任何成效。所幸，長大後的卡哈爾終究還是穩定下來，潛心追求他父親從事的解剖專業，並決心赴醫學院深造。不過，他始終不曾真正把醫師的天職，要為病患看診這件事放在心上，對於參與醫院或診所的臨床工作也不太積極，他最有興趣的仍然是混沌未明而神秘的大腦解剖學。

卡哈爾勇敢地挑戰關於中央神經系統結構的普世看法。一直到十九世紀末之前，大家都認定大腦是單一的一種膠狀物，彷彿是會思考的「布丁」，無法再分割為更小的單位。但是，卡哈爾用光學顯微鏡和高基氏染色法（觀察神經系統組織的新方法），揭露了大腦其實一個複雜度驚人的器官，它是由數十億個個別細胞單位所組成。因此，在一八八九年的那場柏林會議，他發表了神經元學說，他說大腦就像人體其他器官和組織一樣，也具備細胞狀和原子狀結構，由無數的功能次單位所組成，也就是神經元。

那是個歷史性的一刻，更令人驚訝而且影響深遠的還在後頭，他繪製了大腦次結構圖。圖中顯示神經元之間的連接點並不連續，而是由微小、有空隙的突觸所構成，神經元之間的傳遞必須跨越這個空隙。

卡哈爾發現神經細胞之間的突觸連結，等於指出神經元之間的實質連結（連結的實質點）。這項發現不但引導出腦內迴圈的研究（也就是具備共同、集體功能的神經元以電子連結而成的神經元網絡）；還一舉揭開突觸神經傳導物質的面貌（也就是讓神經元對話的化學「信使」）；並為後來一整個精神藥物學和產業的建構奠定基礎。成年後卡哈爾又一次發射了大砲——這次，他轟掉的是現代腦科學的大門。

一如卡哈爾在一百三十年前，用大腦組織圖揭露了突觸溝通管道就像大腦中的電子迴路，現在蓬勃發展的表觀基因科學，也指出了基因和環境之間的實體連結點，就是那基因學與經驗之間複雜得嚇人的網絡。

雖然早期的人口研究已清楚顯示，基因和環境之間有交互作用，但新興的表觀基因科學則描繪出我們對這種交互作用是如何發生的想像。在歷經各種體驗時（家庭、創傷和更多有形無形的影響力），這些交互作用藉由基因組的化學調整，控制特定基因解碼和表現的時機、地點和程度。這些交互作用決定了我們將變成什麼樣的人（蘭花、蒲公英亦或在中間地帶的每個人）才足以回應我們生長的環境，以及勾勒我們可能成為何種樣貌的基因差異。這些作用的結果，就是一曲由兩萬五千個不同的琴鍵所譜出的交響樂，蘊藏著驚人的繁複之美，精巧地回應我們過去的所聽所聞，這首曲子不僅獨一無二，而且每個人都不一樣。

第6章 一樣的家庭，不一樣的感受

蘭花小孩和蒲公英小孩的研究每出現一些突破，我的職涯，也隨之與我個人更貼近一步，研究迫使我重新思索，妹妹瑪麗和我的差異之處。長大後，縱有懊悔或不捨，但我們依然先後步入了所謂的「中年階段」，而兩人之間的歧異，也變得愈來愈鮮明。

我踏上一段忙亂和充實的朝聖之旅，一路邁向醫學的學術和研究殿堂。我和妻子有孩子要養育、教導和照料，我們要與朋友聚會，擔任足球隊教練，還要參加活動。漸漸地，我被淹沒在助理和學生的管理事務、寫論文和撰書裡，成為狩獵者和採集者，也成功地爭取到生物醫學研究資金。

與此同時，瑪麗變得更封閉，但也更陰鬱，思緒更深沉，也更執迷。她逐步被牽引進漆黑無光的黑洞裡。我們之間的親近感仍在，就算殘餘不多，但仍清晰可見，她就像被困在精神疾病曲折的迷宮裡走不出來，而我則鎮日埋首於大學忙碌的生活中。她過的是和病魔打交道的人生，氣若游絲，陷入癱瘓；而我過的人生則是充滿陽光的熱忱和積極，全心全意努力著要成為受人敬仰的學者。

我和妹妹走向不同的人生，並非我們有意識或刻意為之的選擇。若回到過去，這兩種分歧的人生是否能有機會被改寫？徹底改變兩人的分岔點，會不會其實來自最初染色體分裂裡某個不同的等位基因？或是因為胚胎接觸到某種病毒或壓力？或是只要當時父母展現更慈愛的教養方式就能有所改變？又或者，瑪麗的困境純粹是一段漫長、無法阻擋的漸進式旅程，注定會走向窘困和混亂？這樣的旅程，假設揉合了環境以及表觀基因對基因表現的控制等因素，是否就足以解釋這一對兄妹（或是蘭花小孩與蒲公英小孩）何以會迎來如此遺憾的結局？

為什麼兄弟姊妹個性會差那麼多？

瑪麗和我在基因和心理層面當然不是一模一樣。我們兄妹兩個，一個是男生，一個是女生。個性都屬內向氣質，但她明顯比我羞怯得多。我們兩個天生都有良好的學習能力，但是瑪麗在這方面更勝我一籌。除此之外，在年齡、性格、行為和身體的表現型等，我們都極為相似：都有一頭紅髮，就基因來說，適合蘇格蘭高地生活，更勝於南加州的海灘。在我們還是孩子時，都曾滿臉雀斑，每年六月到九月的驕陽都會把我倆曬傷，以致於到中年時，皮膚依舊坑坑疤疤，這些都是數十年前在陽光普照的環太平洋東端惹出的疤痕。

我們兩個也都是書呆子，都有鋼鐵般的意志，但也愛玩鬧，在年少的青澀歲月裡，彼此是焦不離孟、孟不離焦的玩伴。幾張倒放的椅子，蓋上毯子，就可以開心地玩上好幾個小時，假裝那是地道、火車，或是某個祕密基地，用閱讀消磨一整個下午。回想起來，當時玩的遊戲彷彿帶著陰影的天真，預告著盈滿哀愁的未來。當我們從童年的「祕密基地」變成大人走出來時，一回神，我們已是兩個迥異於彼此的人。

一個屋簷下，有著不同的世界

瑪麗的蘭花本質讓她在中年時期，歷經險惡而具毀滅力的轉折，墮入精神疾病和混亂、依賴和自我打擊。她發現自己不可能應徵上（更不用說勝任）任何給薪的工作。她長年陷在對未來的恐懼裡，認為家人不懷好意，總是和想像中的惡鄰和叛友的陰謀對抗。幻聽曾經折磨她、摧毀她的大好青年時期，而到了這時，那個聲音已經永久進駐她破碎、混亂的心智裡。

她具備蘭花小孩異常突出的敏感性，而我擁有蒲公英小孩那種相對堅強的韌性，除了這個事實之外，我們的故事裡，還埋著一條同樣重要的線索。圍繞著謎團的悲傷故事背後，幾乎可確定一個真理：即使是在同一個家庭長大，但孩子的性格也會不盡相同。雖然住在同一個屋簷下，擁有同父同母的血緣關係，但由於被對待的方式、生物基礎和生長環境的巨大差異，手足還是可能會在非常不同的現實環境裡成長和發展，彼此對家庭的感覺也截然不同。

除了我們對社會背景環境細微變化的敏感度差異以外，我是長子，瑪麗是排行中間的女兒。雖然我在三個孩子中排行老大，但卻算不上是父親最鍾愛的兒子。這個區別體現在我們的弟弟身上，他才是最得父親真傳的那個兒子，個性與舉止都是我父親樂善好施個性的翻版。至於我母親對於我長大後可能變成什麼樣的人，倒是很篤定。當時，她的肯定其實帶著些矛盾的心情，那是因為她覺得我的外型和氣質像極了她的父親，而她對父親又畏又敬。不過，至少那仍然是一種正面的敬佩和尊敬，也是一份可以依靠的愛。

這個讓我長大成人的家，其實和瑪麗認知裡的家，兩者幾乎完全不同。出生時以及在人生早期，瑪麗和我先天的氣質和性格擁有某些清楚的共通點，但是我們的生物基礎（例如基因組成）卻可能不一樣，而我們的表觀基因調適能力也是如此。在人生中，長大後的自我，是由童年時期彼此不一樣的經驗所塑造，各人被扳動的表觀基因「開關」也大不相同。她是蘭花，種在讓她難以綻放的家庭土壤裡。而我從一開始就是韌性絕佳的蒲公英，有父母的養育和支持，生機勃勃地長在風和日麗的環境裡。

影響性格的祕密

現代的父母大多數都遵守「對所有子女一視同仁」的平等理想。至少在撫育孩子最初的幾年，我們會努力地不要偏心，對待每個小孩都一樣。現代父母很少有人會得意地公開吹噓自己給子女的禮物、對子女安全的關注、或是對子女教育和福利的關心，有明顯的差別待遇。然而事實是，儘管努力堅守公平的教養原則，但任何一個家庭裡一同長大的孩子，通常還是會顯現極大的差異，一如瑪麗和我。

大約是一九九一年的某一天，我坐在加州大學舊金山分校圖書館的研究室裡，望向窗外，看著遠處金門大橋公園那一片蔥鬱的綠意，反覆思索這件弔詭的事。在一片寧靜裡，我偶然間讀到基因學家羅伯特．普羅明（Robert Plomin）那篇現在已經被人反覆閱讀的知名論文*。他在一九八七年曾問，「來自同一個家庭的孩子，為什麼如此大不相同？」這個問題的答案，後來發展成一項新科學，剛好也在某部分解釋了瑪麗和我為何走上不同的發展路徑。

它主張，在人格、精神病理與認知能力上，手足之間差異的關鍵在於：雖然同處於一個家庭環境裡，但彼此的實際感受卻落差極大（行為基因學家稱之為「非共享家庭環境」）。關鍵就藏在細節裡，不只是事件的不同，包括手足的大腦和身體內化事件的方式也不同，不論是在共享與非共享環境一概如此。

除了基因背景的差異（即使是來自同一個家庭的孩子，在基因上通常也有很多差異），手足間在家庭環境裡的體驗、對待和感受，都被證實存有巨大的差異。原來，性別、出生排行、行為、適應「適性」以及一連串的枝微末節，都會讓在「相同」時間，成長在「相同」家庭，同一對父母的孩子們，對於明明乍看一模一樣的家庭環境，卻出現非常不同的觀感和體驗。這些差異透過表觀基因的作用，再塑造出他們成年後的樣貌。

因此，我們不只是基因差異的產物，家庭對我們的想像、觀察、協助和對待的差異，以及我們如何在表觀基因組裡編碼、保留這些經驗的差異，在在都是形塑我們的力量。當然，還有人生中超乎個人預期的「外在」偶發事件，也會影響我們的內在，像是家庭悲劇、居住地鄰里暴力、經濟困難和許多其他意外的創傷事件……等。

基因學家對此的最佳明證來自於一項自然實驗：兩個父母不同、沒有關聯的孩子，被同一個家庭收養。在這樣的情況下，因為彼此來自完全不同的生物支系，他們的基因不相同，但是在同一個收養家庭中，卻會擁有共同的家庭環境。由於他們沒有相同的基因，在心理層面若有任何的共同點，如性格、精神健康或智商，必然是受到共同養育環境的影響。但事實上，被領養的手足在這方面的近似性，幾乎為零！

我們知道，家庭環境會影響心理發展，因為即使是同卵雙胞胎，也不會擁有完全相同的個性、精神健康或智商，因此不可能全部都歸因於基因。這所代表意義是，家庭環境對孩童發展的影響，在手足之間並沒有共享——家庭的影響顯然是存在的，但是對各個孩子來說程度卻不相同。生長在同一個家庭裡的孩童，對於家的感受並不相同，而且影響重大。這些非共享家庭環境必然可以歸因於孩童在性別、出生排行（或收養排行），或是父母對待手足的差異上。

孩童對家庭體驗這些感受的差異，可能反映在負責大腦和調節基因表現的表觀基因作用裡嗎？表觀基因組會是非共享環境發揮作用以塑造人格、心理健康、疾病與失調風險的共同路徑嗎？我們在家庭、住家附近或社區的早期體驗，其中的差異會是決定我們對世界的敏感性，最終落入蘭花型人或蒲公英型人的因素嗎？如果這是真的，它會永遠改變我們，讓我們易於「被命運粗暴的矢石傷害」嗎？

果真「舐犢情深」！——鼠媽媽的實驗

揭露早期家庭環境如何影響表觀基因的研究，最廣為人知的莫過於麥基爾大學（McGill University）的心理學家麥可・梅尼（Michael Meaney）和分子生物學家莫雪・齊夫（Moshe Szyf）開創的母親舔舐和理毛的老鼠模型*。這個模型顯現的行為和生物結果，不只可見家庭在養育行為上的差異，也可一窺父母對待個別子女的差異。

這個模型讓我們看到，母獸對幼獸的養育方式，透過表觀基因作用，將影響幼獸長大後的行為，還有即便是同一窩幼獸，母獸的養育狀況也會有差別待遇（因此造成表觀基因的標記狀況）。鼠媽媽，就像人類母親，照顧幼兒的方式各不相同。有些鼠媽媽無微不至地呵護幼鼠，幾乎不間斷地舔舐幼鼠的肛門生殖器部位，梳理幼鼠稀疏的毛，並採取拱背的姿勢，想辦法讓自己能同時一次哺乳最多的幼鼠。相較之下，有些鼠媽媽只提供低度的舔舐、理毛或哺乳的照護，程度只足以維持幼鼠的存活、成長和健康。母職行為的高低落差形成一個連續區間，而在舔舐、理毛行為的連續區間裡，大部分鼠媽媽都位於中間，只有少部分位於兩頭極端。

話說回來，幸好人類的模範父母教養守則中，不包括舔舐孩子，我對此一向很感恩。

人類與猴子間一%的基因差異

在比較人鼠之間的優良親職行為前，且讓我們先暫停一下，思索我們目前已知的各種物種之間的異同，並試想：從一隻粉紅眼睛的鼠媽媽，以及她甫出世的一窩幼鼠（每一隻都比我們的指尖還小）身上，可以學到哪些適用於人類的觀點？

人類、猴子和老鼠都是哺乳動物，除此之外，哺乳類動物還包括牠們演化上的親戚，如豪豬、鯨魚和馴鹿等，約五萬四千種物種。所有雌性哺乳動物都會用乳腺（乳房）分泌乳汁哺育牠們的寶寶，大多數的哺乳類動物都有胎盤，能傳送養分給子宮裡的胎兒，做為另一種早期哺育、供應幼兒維生的方法。哺乳類動物也都有中耳，聲音可以藉此傳導到大腦，此外，哺乳類生產時，產下的是新生兒（胎生），而不是蛋（卵生）。

人類和人類最近的靈長類祖先，DNA基因序列的差異遠比大部分人以為的還要微小。人類和黑猩猩的基因差異，目前估計只剛好突破百分之一。換句話說，我們和黑猩猩有百分之九十九的基因都相同，但就是那個微小的百分之一，導致巨大的結果差異*。

對於研究哺乳類物種的科學家而言，最令他們感到驚異（我猜，也是讓他們覺得謙卑）的，就是在社會結構與行為、生理學、解剖學、分子生物學上，兩種物種間彼此出奇地相似。身為一個曾經詳細審視人類小孩和幼猴的人，觀察小猴群玩耍、爭吵、建立友誼和競爭的方式，簡直和人類小孩如出一轍，這實在是一個很有趣的經驗。

舔舐和梳理可消除焦慮

梅尼和齊夫論點的來源，是比較光譜兩端的母職行為，在鼠媽媽親密抑或疏離的行為下，受照護的幼鼠，牠們的行為、生理學和表觀基因標記有何差異。

首先，請注意，母職行為在連續區間上的任何位置，沒有特別有害或有利。高程度與低程度的舔舐、梳理毛髮和哺育行為的鼠媽媽（後文簡稱為「高舔舐」和「低舔舐」），展現的都是牠們這類物種的典型行為；而且，不管母親早期怎麼照顧幼鼠，這兩窩的寶寶幾乎都會存活、茁壯、繁殖並「後繼有鼠」。

然而，梅尼和齊夫發現，高舔舐母鼠的幼鼠與低舔舐母鼠的幼鼠在長成後，低舔舐幼鼠的皮質醇濃度較高、對壓力會出現較強的皮質醇系統反應、引發較為焦慮的行為和性早熟，行為也更具侵略性和支配性，這些特徵都能有效地強化繁殖成功的機會。

上述低舔舐幼鼠的所有特質，似乎都指向一件事，幼鼠們下意識地在為資源稀少、環境威脅和有繁殖迫切性的人生做準備。彷彿幼小且尚在發育中的大腦，已經偵測到未來的環境險惡，生存會面臨哺育稀少、食物供應不可靠和常態性的壓力，因此開始在行為面和生物面進行自我調校，以追求最大的生存和繁殖機會。

孩子未來會複製媽媽的養育方式

此外，同屬於低舔舐母鼠那窩幼鼠裡頭的雌幼鼠們，過了數週，生殖能力成熟後再觀察，科學家發現，牠們在照顧自己的後代時，也顯現同樣的低程度母職行為。長大後的雌幼鼠，複製從母親那裡學到的母職行為。

因此，證據在此（雖然是嚙齒動物）：生命早期母親如何照顧幼鼠，不只與幼鼠們的壓力反應、性早熟、焦慮和侵略性相關，也會影響牠們成年後的親職行為。從一隻幼鼠被母親養育的方式，就能直接得知牠們長大後將成為什麼樣的父母。如果幼鼠有個對照顧幼兒比較不感興趣的母親，牠長大以後就會對壓力和挑戰出現高度反應以及較焦慮的行為，而且照料後代的意願也同樣較低。這個現象看起來正是跨代傳遞的風險。

你或許會猜測，低舔舐母鼠之所以有低舔舐幼鼠，單純是因為兩世代在基因上有關聯，這是共同基因造成兩代出現共同的行為。但是，在一系列的「交叉領養」（cross-fostering）實驗裡，證明親職行為的跨代傳遞，並非單單只因為母鼠和幼鼠的基因共同點。如果低舔舐母鼠所生的幼鼠，在出生後不久就轉移到高舔舐母鼠的幼鼠窩裡，牠們長大後也會顯現高舔舐行為，一如牠們的養母。同樣地，高舔舐母鼠所生的雌幼鼠，若交由低舔舐母鼠撫養，長大就會變為低舔舐行為的鼠媽媽。在這裡證實了，後天的影響力強過先天遺傳。

最後，梅尼和齊夫確立，對於幼鼠的行為、發育成熟和壓力生物反應，母親的舔舐所產生的效應，是源自於表觀基因的變化，而這些變化是由母鼠照料幼鼠的生理感官所觸發。

母親的行為會影響孩子的個性

回想一下前一章談到的表觀基因組的化學標籤，它們依附在DNA或組織蛋白，藉由控制包裝DNA染色質的緊密度，以支配基因的表現。母鼠的低舔舐影響幼鼠製造皮質醇受體的基因DNA甲基化，皮質醇受體是一種分子接收器，皮質醇藉此幫助幼鼠大腦的神經元「接上線」。DNA甲基化造成皮質醇受體蛋白的表現較低，反過來觸發更高的皮質醇反應和較高程度的焦慮。

實驗中，低舔舐母鼠的雌幼鼠長大後，自己會變成低舔舐母鼠。由此可見，母鼠在幼鼠出生後頭幾天舔舐和理毛的自然行為，會改變幼鼠的皮質醇受體基因的表觀基因調節狀況，因而造成兩種不同的成鼠表現型。這是一種全面改造，影響了幼鼠一生對壓力和焦慮的抗壓性。

關於母親行為引發的調節，另一個扮演關鍵角色的生物介質是催產素，也就是所謂的平靜與親密感（peace and bonding）荷爾蒙。催產素（oxytocin，在希臘文意指「快速出生」）在十九世紀初發現，是下視丘製造的一種蛋白分子，和多項生產的過程相關，包括生產時的宮縮、哺乳時的泌乳。這個荷爾蒙也和滿足感、喜悅感，產後媽媽在哺乳時的感官經驗有關*。

研究指出，對某些物種而言，催產素不只與配偶間的親密感有關（人類在性行為之後會分泌催產素，以促進親密感），也和母職行為的差異有關聯*。一如舔舐和理毛影響幼鼠大腦中皮質醇受體的表現，催產素也會影響鼠媽媽在親職角色裡的投入程度，並與控制荷爾蒙及大腦受體表現的表觀基因變化產生關聯*。

人類的表觀基因組是否可能也一樣有早期雙親照顧差異的標記？雙親的養育行為是親密抑或忽視，是否會調節新生兒的壓力生物反應和行為，並且與蘭花小孩和蒲公英小孩的表現型有關？

換句話說，要是我妹妹瑪麗一出生就被送到另一個家庭，身為蘭花嬰兒的她，人生是否將會徹底不同？雖然我們不可能知道答案，但每當我回想起那段人生早期的歲月，再檢視此刻也正在同樣養育孩子的自己時，這個問題一直反覆啃蝕著我。

蘭花小孩特異的敏感性，會讓家庭環境裡最細微的差異都被放大檢視，而對於某些孩子來說，那些微小的差異會反映在身心發展，成為改變一生的關鍵。一邊是穩定的職涯和家庭，另一邊是混亂和脫節的人生，兩邊的差異取決於上述的討論嗎？如果答案是肯定的，知道這些有助於我們改善那些來自同一「窩」但在「不同家庭」成長的孩子的結局嗎？

父母的教養方式，能塑造孩子的大腦

雖然人類父母不需要舔舐幼兒就能養育孩子，但有幾個強而有力的證據顯示，雙親提供充足而豐富的關懷行為，將對孩童大腦、智力和行為的發展有莫大的影響力。

羅馬尼亞的孤兒院事件

前文曾提及的布加勒斯特早期介入計畫*（Bucharest Early Intervention Project）就顯示，早期冷漠、貧乏的雙親照顧，會從根本改變那些後來在社會收容機構長大的孩童的神經發展。

這是從一項惡名昭彰的社會操控計畫中得到的結論：西奧塞古統治時期的羅馬尼亞政府，為了擴增國家的勞動人口，進而強化國家經濟，於是下令實行多懷胎、多生產政策，結果造成父母親那一代在經濟上無力照顧或供應孩童所需。多達十七萬名羅馬尼亞孩童被棄置在孤兒院，在那裡，孩童和照顧者的比例是十五比一。

想像一下，一個有十五名子女的家庭（而且全都年齡相仿），每個孩子能分得多少母親的關注！這些孤兒院的環境慘淡而淒苦，有時候孩子甚至被綁在床上，每天做的都是機械化毫無生氣的例行公事，如安靜用餐，排隊洗澡。

聯合國兒童基金會估計，戰爭、棄養或疾病大流行，造成全球超過一億五千萬名孩童失去父親或母親，而其中有一千三百萬個則是失去雙親。因為失親而被安置在社會收容機構的孩童，可能會出現嚴重的發展缺陷，從智力損傷到類似自閉症重度的精神失常或行為都有。

只需回想一下心理學家哈洛在一九五〇和一九六〇年代的知名研究就可以明白，幼猴將情感投注在死氣沉沉的鐵絲代理母親上，日積月累下，會顯現出愈來愈多自閉的行為。如同哈洛的小猴，在收容機構的環境裡成長的孩童，也會慢慢地出現異常行為，例如搖晃、撞頭、吸手指、發出如動物般的聲音，而且極度渴求他人的關注。他們顯現超乎尋常的衝動，願意冒險跟隨任何對他們展現關注的陌生人。最終，這些孩童有極高的比例會出現發育不良、慢性生理疾病與嚴重的思覺失調症。

關愛，是孩子成長的動力

另一方面，在雙親給予關注、回應和關愛的家庭下長大的人類嬰兒，就能以令人讚嘆、有如奇蹟般的方式茁壯、發展並成長。我現在是個自豪的「老爹」，膝下有四個從九個月到四歲不等的小孫子，人生又再次被奇特而強烈的親子互動所打動。

小嬰兒快速發展的行為和互動能力，能夠喚起父母強烈的愛和關懷（一份父母自己都從未察覺到的情感），這景象令人絕倒。一個年輕的父親突然發現兒子本身就是個奇蹟——這一幕，彷彿某個學生發現了一個神祕的研究領域，竟與他自己的天賦和天性完全契合般的驚奇。

六到十二週的新生兒會開始微笑，讓父母驚喜、讚嘆不已，不由自主地流露出愛和情感。五個月大的嬰兒開始牙牙學語，用最原始的方法模仿父母講話，這時候的父母，滿心歡喜地陪著冒出寶寶話，源源不斷一點也不會覺得難為情。一歲小孩邁著蹣跚不穩的步伐，跨出人生中的第一步，一家三代無不為此大聲歡呼叫好。由於得到這樣的鼓勵，這個學步的幼兒因而發現一股動力，然後一路奔向充滿無限可能的未來。

人生經歷會產生不同的基因運作模式

無論是收容機構裡被遺棄的孤兒，或是被愛包圍受到悉心照料的嬰兒，我們在孩童人生早期所看到的，不管好或壞，多半都是表觀基因程序，依父母照顧孩子的環境是貧乏或豐足而調節出來的結果。

這些人生早期的環境和條件，能促使表觀基因活動，把基因開關打開或關上，以確保孩童能根據他出生後的世界不斷演進，而這一切都是在無意識中所進行的調適。對每個孩子來說，他的目標是盡可能在他所處的環境裡適應並存活下來，而表觀基因組就是達成這個目標的方法。

無論是羅馬尼亞的孤兒，還是受到疼愛的北美新生兒，之所以都能在各自的能力範圍裡生存、茁壯，這些微小分子的活動和調節機制，就是其中的關鍵。

瑪塔與山米的故事

不管愛的供應是貧乏還是豐足，在不同的環境裡，個別孩童的調適力強度和健康程度，也會有鮮明的差異。有些蒲公英小孩就算身在孤兒院，被死氣沉沉和冷漠的「家」包圍，仍然可以成長茁壯，頭角崢嶸。有些孩子，就算生在相對安全、溫暖的家庭，有著豐沛的物質和情感資源，仍然會落入脆弱、紛擾的人生。

生長在典型、常是壓力重重的家庭裡，身為一個蒲公英小孩，我能夠克服逆境和衝突，但是我的妹妹瑪麗，就是個反應纖細的蘭花小孩，無法克服惡劣的環境。原因一如我們現在看到的，一方面來自對社會環境的特殊生物敏感性（蘭花表現型），另一方面也是因為以下這個事實：一個看似相同的環境，對個別孩童來說，其實感受並不相同。

孤兒瑪塔

我就讀醫學院高年級時的某個夏天，曾前往尼加拉瓜鄉村的某間宣教醫院工作；我記得一個在那裡度過童年的可愛小女孩。我在此稱呼她為「瑪塔」。

瑪塔被她的原生家庭遺棄在這家醫院。即使還是個學齡前小孩，面對前途未卜而且希望微渺的處境，瑪塔依然保有開朗、快樂的精神，讓人們不由自主地被她吸引。在這家位於里約可可（Rio Coco）的醫院，她不是第一個、也不會是最後一個被丟給醫護人員的孩子，但是每一天，她羞怯又頑皮地在這家小醫院的各區轉來轉去，散發著一種光芒。

一大早，我就看到她，拿著一把有人為她特製的幼兒尺寸掃把，辛勤地打掃醫院的用餐室。稍晚，她又出現在候診室的角落，用她的母語米斯基托語（Miskito），和病人與身障者聊天。到了夜晚，我在兒童病房做最後一次巡房，視察病情最嚴重的孩童時，瑪塔通常會在那裡，蜷曲成小小一團，睡在沒有人用的乾淨病床上。這個簡陋的醫療環境，就像是一個沒有雙親的「家」，但她卻從中得到它最大程度的安慰和照顧。

後來，這個在收容機構安身立命的小生命，遇見了一個充滿希望的美麗奇蹟。那個夏天，一個有五個孩子、充滿關愛而美滿的北美家庭收養了瑪塔。那是一個人丁興旺的摩拉維亞教派家庭，一行人擠在一台老爺車，浩浩蕩蕩，跋涉三千英哩，一路從北卡羅萊納州來到尼加拉瓜內地。經過了夏天，他們全都漸漸喜愛上瑪塔這個小小流浪兒，他們決定，在回程時非得把她一起帶回家不可。在歷經與尼加拉瓜政府和美國大使館冗長而繁瑣的交涉之後，這個家庭終於得到許可，得以合法領養她。回程時，他們在已經塞得滿滿當當的車子裡，再增加一位小乘客，一路朝北開去。瑪塔長大成人後，是個美麗的年輕女子，直到今天，在北卡羅萊納那個離她不幸出身有三千五百哩遠的家庭裡，她仍然是備受呵護、不可或缺的一員。

孤身在中美洲某個邊境醫院裡長大，艱辛、貧困、看似沒有指望，像這樣的境遇，如果主角換成其他的孤兒，結局恐怕不是被遺棄在那裡等待死亡，就是多年後一無所得。但是瑪塔不同。即使身處於那樣的醫院「家庭」，瑪塔卻能完全有別於其他早年時同樣困在其中的孩子。一個孩子不會因為有個不順利的開始，就提前與她還沒有經歷的未來絕緣。

山米怎麼了？

我在北美的兒科醫師執業期間，曾在各個不同的地方，負責孩童的基礎醫療工作。我還記得，有一家人帶著四個孩子來到我們診所，想要一趟同時完成四個孩子的健康檢查。四個孩子的年齡跨幅極大，從幼兒園到初中。

我進入診間時，那裡坐著四個微微暴牙、咧著嘴笑的兄弟，他們長得很像，一家人像是同一個模子刻出來似的。四兄弟排排坐在那裡，就像是四隻邋遢得很可愛的烏鴉，從S號排到XL號。一端是年紀最小的孩子，他露出燦爛的笑容，欣然等著和醫生講話；然而，坐在另一頭的大孩子，卻一直擺出中學小屁孩的臭臉和白眼。坐在中間的兩個，一個大約八歲，有一次爬上家裡屋頂尿尿，結果跌了下來，摔斷了牙齒，而他的兄弟們為此幸災樂禍，開心得很。他頂著一頭油膩膩、亂七八糟的棕色長髮（以今天的標準來看，是亂得很有型的髮型），抬眼偷偷瞄我。

我開始詢問男孩們的健康情形、在學校的狀況，以及成長和發展進程，媽媽用堅定的語氣說，「他們都很健康，除了那一個！」她伸出手，指著坐在中間、體型中等的那個怪小孩。我們就叫他「山米」好了。

「我就是不明白，山米到底怎麼了？」她的聲音裡一半透著心痛，一半透著控訴，「所有的男孩偶爾會生病，但是他每次都有份，總是會傷到什麼或斷了哪裡，老是發疹子，外加在學校闖禍！請告訴我，山米到底哪裡不對勁？」

這個嘛，山米沒有任何不對勁。他是一個健康、強壯的七歲男孩，生長狀況良好，在校表現也算得上不錯，雖然經常因為輕微的違規事件得到校長辦公室報到。不過，當我得知更多他的事，事情的輪廓也勾勒得更清楚：他對家庭的感受與其他兄弟極度不同。他是藝術家，不是運動員；他是狗窩裡的一隻貓；他是內向的詩人，卻身處於一群善於交際的牛仔裡。他的哥哥不斷找他麻煩，山米想要捉弄弟弟，以其人之道還治其人之身，卻總是被逮到、公審、監禁。在學校，哥哥是小有名氣的天才運動員和單口相聲演員，而他卻總是那個被冷落的配角。就連最小的幼兒園弟弟，都會想辦法欺負山米，和其他人串通起來，把蟲放進他的優格裡，或是找幾個人壓制山米，然後強餵他吃草。山米彷彿在一個平行宇宙的家庭裡生活、成長。

事實上，當我回想為孩童和年輕家庭做診療的那些歲月，我不記得有哪個時候曾聽到父母說，他們家的老二，「噢，就和老大一模一樣」。這不單純是父母在稱讚孩子具有獨特的個性，事實是一家人通常僅在長相上有相似之處，其他部分，同一對父母連續生的兩個孩子都會不大相似；彷若一條無法違反的宇宙法則，同一個家庭出生的孩子絕對不一樣。如果老大暴躁又吵鬧，老二就溫和而平靜。如果老大出生六個月就可以睡過夜，老二就要等到兩歲才能睡過夜。如果老大具有演藝人員性格，喜歡與人群打成一片，老二就是個沉默寡言、沒有幽默感的內向者，除非有人找他說話，否則絕對一語不發。

孩子成長中的變數

我們要如何從母鼠舔舐實驗的故事，理解這個世界的「山米們」？也就是說，幼兒早期時，父母的養育方式，是如何讓同一個家庭內的孩子，產生如此巨大的差異？

「愛」的差異性

即使在老鼠家庭裡，對於母鼠的舔舐、理毛和哺育，同一窩幼鼠的體驗差異，與不同母鼠的不同窩幼鼠之間的差異，變化幅度看似一樣劇烈。

同一窩幼鼠，每隻接受到母親舔舐和理毛的頻率，有時候會出現高達三倍的差異。而這些母鼠一生的繁殖期裡，對於每胎幼鼠的平均投入程度也會有極大的差異。舔舐與理毛活動的程度無論是高或低，母鼠對於同一窩幼鼠的照料，在警覺度和強度上，也有明顯的變異*。

研究顯示，對於個別幼鼠的照顧差異度，在出生頭十天都很穩定，之後發現母鼠在照顧同一窩幼鼠時，公幼鼠得到的舔舐次數，通常比母幼鼠高。而這些照顧的差異，對於幼鼠長成後的行為和生物表現，也一如預期會產生長期影響。在手足間較少接受舔舐和理毛的幼鼠，長大後較不善社交；面對新奇或有挑戰性的環境時，有更多類似焦慮的行為；在壓力下，情緒反應與皮質醇系統反應也較強烈。

這些研究也證實，缺乏母鼠關注的幼鼠，表現在生物和行為上的差異，是由控制皮質醇和催產素受體等大腦蛋白的表觀基因的差異所致。

最後，母鼠對個別幼鼠撫育行為的差異，雖然能讓牠們調整出符合成年生活環境的生物和行為反應，但透過實驗，我們也清楚看到，每隻幼鼠之間的差異，如天生哭聲的強度和音高，也會影響牠們所得到的母鼠照料水準。

性別、排行與家庭狀況

正如一窩八到十隻的幼鼠，人類孩童的情況也相仿：即使是生長在一樣的家庭，但不同的孩子就會產生不一樣的感受。

蘭花小孩和蒲公英小孩不只是對於他們出生的家庭環境有非常不同的感受，他們在發展上的身分識別，如蘭花和蒲公英，部分也取決於他們在家庭這個「窩」裡的獨特地位為何。這孩子是男孩或女孩？他的出生排行是老大、老二或老三？是出生於單親或雙親家庭？富裕或貧困？

我的蘭花妹妹瑪麗，由於她的敏感與聰慧，她和她的蒲公英哥哥其實猶如是在兩個不同的家庭裡成長（雖然名義上還是同樣的家庭）。這個差異導致她陷入失落與疾病，剝奪了她如果在另一個更具支持力、更寬容的家庭裡，或許可以順理成章擁有的健康未來。所有這些精細的環境參數，加上孩子獨特的基因識別，共同造就了不同的人類生命體，在各種不同的起點和終點下，千變萬化，就像萬花筒裡的雪花和星星。

這些差異構成我們這個物種的適應力，並賦予個別生命獨特性和意義。但是，在科學過去尚未解開這層神秘的面紗之前，這些差異也讓我們彼此容易受到傷害，當然這也是瑪麗、我和我們父母未曾明白的部分。

然而在家庭之外，蘭花和蒲公英是哪些人？學校、友誼等外在世界如何塑造他們？我們又能如何確保他們能夠蓬勃發展？

第7章 孩子的善良與殘酷

一九八七年冬季，有個八歲的越南女孩（我們稱她「小蘭」）來到我的兒科診所，主訴是長期反覆發作的腹痛。

該治療的，不是身體，而是心理

小蘭有一雙動人的棕色眼睛，穿著可愛的洋裝，坐在檢查檯上等待時，焦慮地踢著雙腳。她的母親非常擔心小蘭的疼痛，雖然疼痛的部位很明確（位於身體中線、胸骨以及胸腔的正下方），但是即使用盡方法，大家卻始終查不出病因。

小蘭沒有發燒。根據她的描述，她覺得腹部中間有種鈍痛，伴隨偶爾出現尖銳的痙攣。她的疼痛與飲食、排尿和排便都無關，也沒有體重減輕、關節疼痛或其他症狀。她的初經還沒有來潮，體檢結果顯示她是個完全正常的青春期前女生。全部的驗血、驗尿報告都顯示正常，沒有貧血、發炎或感染的證據，腹部超音波影像也不見絲毫的異常。

在和小蘭談過並看過她的資料後，有兩項新事證浮現，而我在想，這是否又會是一個我用來稱某些蘭花小孩的「門止」病例。首先，小蘭的疼痛有時候會嚴重到需要請假在家，而和媽媽一起待在家裡時，她偶爾會提到學校其他孩子讓她感到擔憂。她暗示學校有「大孩子」會瞧不起年紀較小或個頭較小的孩子，排擠他們，不讓他們加入遊戲，還用譏諷、嘲笑的口氣欺負他們，老師們也都知道有這情況，但這群大孩子依舊故我，做出種種非肢體侵略的行為。

小蘭的母親描述女兒在小學裡要應付的社交環境時，小蘭就在檢查室的一角作畫，我的手邊一向會有畫紙和蠟筆。雖然我還無法斬釘截鐵的確診，但是對於腹痛的原因，我已經隱約浮現某種直覺。只是，此刻我還不太想說出來，所以我和她們約定下一次回診的時間，再做一次檢查。小蘭和媽媽要離開診所時，她害羞地遞給我一張折好的畫，彷彿偷偷塞給我一張寫著祕密訊息的紙條。我揮手告別。

回到辦公室，我仔細看了那幅畫。這幅畫似乎驗證了我的直覺。畫中有三個年紀較大的女生，兩個穿紅色洋裝，一個穿藍色洋裝。在她們旁邊，畫著一個哭泣的小女孩。我馬上就明白，這是一張自畫像，描繪的是小蘭在學校的經歷。每個「角色」都有對白框。三個大女孩說：「妳太小了，不能玩！」「妳沒有咔啦鞋，不能玩。」「妳好矮，不能玩。」（順道一提，「咔啦鞋」（click clack shoes）其實是一種流行少女鞋款，像是成熟、正式的跟鞋，走在硬地上會發出「奇哩喀啦」的聲音。我也是第一次聽到。）圖畫下方是小蘭的話：「大孩子欺負我，沒有人理我，我好傷心。」

小蘭的胃痛是生理上的疼痛，一如皮膚的傷口或骨折，但是它的成因卻不像踩到釘子或從樹屋摔下來那麼單純。她的疼痛是她的情緒轉化而來的生理疾病。她是一朵蘭花，在刻薄、不友善的環

我的八歲病患「小蘭」的畫，描述她被年紀較大的女生排擠。

境裡掙扎求生。

適者才得以生存的幼兒園

小蘭屬於心理學家伊蓮・亞容（Elaine Aron）所提出的「高敏感孩童*」（highly sensitive child），這是一個影響重大的概念；以我們所說的特殊敏感性或差別易感性來看，小蘭可說是典型的蘭花小孩——心理上較不設防，生理上對惡劣環境有所感知並有反應，對於社會傷害的感受力特別強。讓小蘭動彈不得的腹痛，不是由疾病所引起，而是她在學校經常遭遇的社交壓力，下意識投射在身體上。

「身痛」和「心痛」都產生於大腦的相同區域

在某種意義上，情緒傷痛和身體疼痛其

實是同一件事——不只是蘭花小孩，每個人都是如此。神經科學家其實已經指出，被社會排斥的痛苦，所觸發的大腦區塊，和急性與慢性疼痛所影響的區塊一致。同理，研究人員也表示，服用如乙醯胺酚等的止痛藥，可以舒緩情緒，如傷心和難過*。

因此，像小蘭這樣的孩子，會在同一個大腦迴路裡，感受到身體和心理的痛，也就是一個叫做前扣帶迴皮質和前額葉皮質的區域，位於大腦前方。我們可以把它想成是大腦裡的「痛區*」。這是人類演化出來、極為重要的工具，因為要知道身體和情感是在何時受了傷，絕對是物種生存的必要關鍵。由於情感和身體的痛感位於同一個大腦反應區，由此我們也就不難理解，何以在學校遭受言語霸凌、被忽略、遺棄或排擠會轉變成身體上的慢性腹痛，尤其如果你是一個敏感的八歲女孩。

那麼，這項知識對我們有什麼用處？我講授兒童發展這門科學，對象包括醫學院和公衛學院的學生，還有受訓中的兒科和精神科住院醫師。雖然它有時候會被矮化成醫學次專科中的一支，但兒童發展其實是所有兒科和兒童精神科的基礎科學*。它的教學領域，包含：一，界定兒童行為與兒童發展中，從正常到異常的範圍；二，早年的相關經驗對於健康和成就的深遠影響；三，兒童基因決定的先天傾向與真實世界，兩者間的互動作用，是如何決定孩子未來一生的健康和疾病、成就和失落、成功與失敗。孩童各種敏感性和氣質的「正常」範圍是如此寬廣，蘭花小孩和蒲公英小孩這兩種次類型，只是當中的一個例子。

兒童發展科學能幫助醫師、教師和父母，辨識孩子在從正常到異常、從遲緩到領先、從蘭花到蒲公英，到底位於發展光譜上的哪一個位置。有時候，一個怪異的行為（沒錯，就是怪異行為），放在某個年齡的孩童身上，卻是屬於正常範圍。只不過，倘若這種偏差如果持續表現或程度嚴重，可能就預示著精神疾病的發端、神經發展遲緩，或是重大障礙（雖然有礙良好的發展和成長，但仍可以治療）。

沒錯！幼稚園的孩子就有階級意識

只要在醫生的診間、家庭的客廳或學校的遊樂場，觀察孩童們的玩樂、學習和互動，就可以看到許多關於這種正常與異常的事情。

我經常以觀察一家社區幼兒園做為教學的方式，好讓學生認識幼兒可預期、典型行為的範圍。這時，學生會在一間有二、三十個三至四歲孩子的教室裡，觀察著（或過著）學齡前兒童的日常：扮家家酒、參加遊戲一起建造或破壞、美勞、在「圍圈圈」時間分享消息、吃點心，或小睡。

我們觀察這個特定年齡、發展群體的平均表現，同時也關注單獨個別的孩童——有些孩子喜歡呼朋引伴行動，有些則總是自己一個人玩，有些對於老師的指示和要求立刻有反應，有些似乎處於狀況外。男生通常好動又愛競爭，女生多半天生就是社會複雜性的敏銳觀察者（但有時候會正好相反）。

隱身於幼兒園兩、三個小時，仔細觀察下來，一個醫學生能夠見識到包羅萬象的行為，而當中有一件事就是：按社會權力與影響力形成階層，千真萬確就是孩童的天性。孩童行為的這項特質，是接受醫學訓練的人最不喜的發現，因為他們都深信，幼兒天生天真無邪、仁慈善良、偏好民主。

我提出過無數的例子，指出孩童會依照支配力和社會地位的尊卑等級，排列自己的位置，這時我的學生通常會激烈抗議。「可是，孩子是那麼可愛，」我的那些準醫師學生反駁道，「他們仍擁有大人已經失去的純真。」於是，很遺憾地，這時導正這群準醫師的觀念就變成我的責任。

即使是還不會說話的人類嬰兒，都有辦法辨識和思考社會支配力，透過相對大小，預測對立的兩方，產生衝突的結果。有一群科學家用卡通人物的電腦動畫（每個都有嘴巴和眼睛），描繪兩方之間的支配權之爭*。如果劇情是兩個人物要爭奪一個物體，年齡約莫十到十三個月大的嬰兒就能預測（藉由眼球追蹤以及嬰兒眼光落在兩個人物的時間多寡來測量），兩個人物中較大的那個會勝出並拿到想要的物件。這點顯示，還未滿周歲的嬰兒，其實已能理解支配力為何，並可以預測出爭奪稀少資源的競爭結果。即使在尚未與同儕社會接觸之前，非常年幼的孩童似乎就有內建的認知能力，能夠思考、判斷誰占上風、誰居下位。

沒錯，孩童天真無邪，正因為如此，不會費心用成人世界的偽裝去遮掩他們的行為，孩子赤裸裸且誠實地讓我們窺見，在蘭花小孩與蒲公英小孩遭遇彼此的成長過程裡，人類是如何透過競爭，顯露人類本質的原始樣貌。

一如動畫卡通人物，任何一對幼兒站在眼前，孩子都能一眼就分出兩個人裡，誰是贏家和輸家、強勢和軟弱、領導者和追隨者。不論走訪哪一家幼兒園，觀察哪一間教室，你都能明顯看到，蘇西總是那個領頭的，艾瑪總是那個附從的。在稀少資源的競爭中，目標可能是大家都想要的玩具，或是老師的關注，總是那少數的幾個得到最多。五個孩子開始玩遊戲，訂規則的總是那一個。

我如此果斷地否決大家對於童真的想像，雖然我的學生有時候會為此感到沮喪，但托兒所和幼兒園的教師總是能驗證我說的事實，例如在新學年開始的新班級，孩子們在一起兩、三週後，就會自然形成新的社交小團體，而孩子能憑直覺地依社會地位的高低順序，建立支配和附從關係。

雖然這些早期童年的階層，具有穩定社群的功能，這點我們很快會討論到，但這也是惡質社交的溫床，如造成一個孩子遭受另一個孩子（或一群孩子）的霸凌或威嚇。有時候，童年尊卑順序的社交黑暗面，在部分蒲公英小孩和蘭花小孩的身上會變得非常顯著，也會產生具象的傷害（如小蘭的例子）。而在後文，我們也將看到，不只孩子，在蘭花大人和蒲公英大人的生活裡亦如是。

猴群的階級制度

霸凌和排擠沒有我們想像中的罕見，就連智人（甚至連矮小的智人小孩也是）骨子裡都可見一種天性：沿著層級斜坡，建立有次序的社會關係，從支配到附從，從大人物到無名小卒，從強者到弱者，從名流到老土。

你可能會聯想到原始的動物王國，一個沒有醫院、沒有治療師、也沒有親師座談的世界。事實上，不管我們再怎麼抗拒野性的呼喚，與孩童行為極為類似的動物行為，仍然以鮮明的圖像，揭露了我們的本質以及起源。

誰能吃到香蕉？

我在全國衛生研究院觀察猴子的那段期間，跨物種應用的實物教學第一課。我們透過最讓人垂涎的東西（也就是食物），用一個非常簡單、有用而且成效顯著的方法，就能辨別哪一隻猴子位於社會階層的頂端！

我們在推車上堆滿一串串成熟的香蕉，運到有三、四十隻猴群居住的自然棲息區，再把香蕉扔進圍籬的另一邊。接下來發生的事，生動地展現了猴子社會裡階級的運作：所有猴子都順服的猴老大，悠哉地蹓躂到香蕉堆旁，一副若無其事的模樣。牠坐下來，開始大啖香蕉，吃得肚子圓滾滾地，直到再也吃不下為止。心滿意足之後，打嗝聲大作，大喇喇地大便，然後一副昏昏欲睡的模樣，大搖大擺地離開現場。

這時，才換排名第二的猴子享用香蕉。如此依序下去，一次一隻猴子，遵守絕對的次序，等輪到地位最低的猴子時，香蕉通常已經所剩無幾。身為地位最低的猴子，過的不只是撿剩餘香蕉吃的人生。在日常活動裡，一旦暴雨來襲，這些猴子也會是最後才得以躲進避難所的一群。牠們是最沒有人想要一起玩的玩伴，在成年後，最後離開原生群體，所以也最不可能得到「繁殖機會」*。

猴子的革命

在食物鏈頂層的動物，不見得是體型最大或最凶惡的那個。要在獼猴社會裡取得地位，與其說與凶猛度有關，不如說關鍵在於你認識誰、你的領導效能有多強。擁有對的母親，與同儕建立對的聯盟，在週五晚上巡遊園區時，用對的姿勢大搖大擺走路，都比體型或凶猛來得重要。

雖然個別猴子的地位在日積月累下會處於穩定狀況，但也可能會因為環境中的機緣湊巧而改變。靈長類動物學家、分子生物學家羅伯・薩波斯基（Robert Sapolsky）曾講述一個故事：有一群階級嚴明、個性殘暴的肯亞狒狒，地位高的狒狒霸氣地將旅客中心的一個垃圾箱占為己有，不讓其他狒狒接近，因為只有CEO等級的狒狒才能舒服地在那裡獨享大餐。沒想到，垃圾箱裡的肉感染了牛結核菌，就像帶著黑死病的華爾街分紅，位於支配地位的狒狒最後生病身亡。這群狒狒剩下的成員因而發展出更平等而互助的關係，而這種較平和的「文化」持續了超過二十年。

類似地，蘇米也曾提到，二〇〇九年某天早晨，NIP靈長類動物區的現場發生一場「逼宮」事件。工作中心員工根據網路攝影機的影像，重現了整起事件的始末。前一夜，兩隻猴子之間出現挑釁行為，其中一隻屬於主宰派。主宰派在猴群的崇高位階當時剛出現動搖，一方面是因為其中一隻被轉出去治療腎臟病，另一方面是因為猴老大逐漸老化，罹患了關節炎，不如從前那麼強勢*。當主宰派與他方陷入紛爭時，位階低兩層的支派看到了自己的機會。一場暴力的戰鬥爆發，每隻成年猴子都被拖下水。在一陣混戰亂鬥之中，兩名主宰派死亡，餘黨被迫越過園區電網，暫時流亡到停車場。第二天早上，靈長類動物中心的工作人員抵達現場，看到那些受傷、落寞的前上流階層猴子們，在棲地外的地面到處流竄。自那次事件後的多年，之前位居第三階的支派，一直緊握著猴群的領導權*。

薩波斯基和蘇米的猴子革命故事，點出猴子社會位階的另一個面向。每隻猴子在社群裡所在的位階，以及牠在哪些情況下擁有那個位階，不只攸關於牠能吃多少香蕉、能和多少母猴交配，也關乎牠的健康和壽命。放眼整個動物王國，從線蟲、果蠅、魚到非人類的靈長類動物，社群構成層級組織，或多或少確保了稀少資源能被掌握在少數人手上，支配者和附從者之間清楚可見不平等的待遇*。

越底層，越不幸

為什麼會無法抗拒、出於本能地建構這些層級？而且這種現象還橫跨了如此多物種，從簡單和複雜的動物都有，我們對此還無法完全理解。但是從演化的觀點來看，支配階層可能已經流傳數千年，因為它們具有適應優勢——區分勞動和社會角色、賦予社群領導地位，並透過可預測和持久的社會地位控制侵略。

換句話說，進行演化的，不只是個人，還有群體。我們以部落為單位存活著，為了讓部落能運作，顯然不是每個人都能當領導者。放在現代社會，引出了另一個問題，那就是我們要如何做，才能保留社會階層的正面功能，同時又減低它們對世間所有八歲小蘭花們的殺傷力，他們也和我們所有人一樣需要香蕉（真正的香蕉或香蕉指喻的事物）。

我們已經看到，在這些層級結構裡，處於附從地位（低層階級）的人，會引發種種生理影響。這些影響包括皮質醇、戰或逃反應系統裡慢性且持續性的刺激，到大腦裡重大壓力反應中心的啟動，還有某種在細胞間傳遞遍及免疫系統的一級戒備警示。這種低社會地位的「生物嵌入」效應，影響程度之深，可能是個別動物的一生。

研究顯示，處於社會邊緣的猴子，生理和心理／行為障礙的風險會升高，原本就存在的慢性病況也會加重，例如：高血壓、冠心症、糖尿病、免疫不全以及生殖障礙。但薩波斯基特別提醒，地位低下不是一定會產生這些健康問題。而社會附從地位是否會產生有害的影響？取決於特定社群或社會是專制還是平等，以及個人與其他社會支持度關係的深淺*。

在吃廚餘的狒狒CEO之死，以及全國衛生研究院猴子逼宮事件裡，過去是主宰者的這兩隻猴子，都是真實世界的寫照，顯示「政治」動盪、群體權力結構出現劇變時，不只地位低下者受到威脅，居上位者也可能面臨危險。

這種喪失尊貴和權力的故事，在人類社會中，不必遠求，兩個理查的悲劇就是現成的例證：一個是莎士比亞筆下的理查三世，另一個是美國總統理查·尼克森（Richard Milhous Nixon）。

悲慘又有脊椎側彎的莎劇主角理查三世，決心不計一切代價也要得到英格蘭的王位，他實行恐怖統治，殘暴地殺害任何阻擋繼承王權之路的人。最後，他的子民畏懼他，卻也唾棄他。就在一個深夜，被他殺害的那些人鬼魂出現，他在驚恐之中，死於里奇蒙伯爵攻進宮中的叛軍之手。在最後一幕，理查悲嘆道：

我的良心生出無數舌頭，

每條舌頭都訴說著故事，
每個故事都譴責我是個惡人。

本身就是莎翁式悲劇統治者縮影的尼克森，一九七四年，民主黨全國委員會的水門大廈辦公室遭到非法入侵，在政治刻意的操作下，水門案醜聞爆發，黯然辭去總統一職。臨去之前，尼克森對白宮人員發表了悲傷而哀憐的演說，他鼓勵大家：「永遠要記得，別人或許痛恨你，但是除非你自己摧毀了自己，否則那些人根本不算贏家。」辭職後幾天，尼克森的腿部出現深層靜脈栓塞，併發有生命危險的肺栓塞，最後，所幸是勉強從鬼門關前撿回一條命。

顯然，在社會政治光譜的兩端都各有其不利和陷阱，表裡不一的惡質上位者，偶爾（雖然頻率似乎不夠）會得到應有的「報應」。但是，通常，從健康、疾病和壽命的長期代價來看，位居於最底層還是最為不利。

低地位的高風險

動物的社會地位對健康的影響，以及人類社會的社經地位（Socioeconomic Status, SES）對健康的影響，兩者的曲線走勢極為類似。

社經地位決定你的健康

你的社經落點將影響你活著時的健康，也影響你死亡的時間和方式。一如猴群、魚群和人類幼兒的層級化組織，成人社會在權力、服從和資源取用方面，在一定程度上，也會顯現根據個人的社經地位（通常是綜合個人教育程度高低、職業貴賤和所得高低做為評量）而制定的分級或區隔。

事實上，就我們目前所知，人生每個階段裡，社經地位都是健康和發展，單一且最有力的預測指標。由於它在急性與慢性疾病、身體與精神健康、意外和暴力傷害、學術成就、閱讀和識字程度，以及壽命等各方面，都具備極強的預測力，以致於有人觀察到風險因子（如膽固醇或高血壓）和健康狀況之間的其他關聯時，除非研究人員表明已經先行做過社經地位的控制或調整，否則大家都會持保留態度。不看一個人的社經地位，就無法清楚呈現人類個人生命和死亡的歷程。

然而，我們對於「社經地位」這個重要因素的研究，遲至過去二十或二十五年間才開始展開，雖然它可能從遙遠的狩獵—採集社會時期，就在影響人類的生命和健康*。我記得曾參加一場由加大舊金山分校同事籌畫的會議，探索人類（廣義的）健康的決定因素。在那裡，我結識了南茜・艾德勒（Nancy Adler）。

會中，任教於加大柏克萊分校的里奧納德・賽姆（Leonard Syme）對大家說：「如果你想要知道哪件事可以預測人類健康和疾病，我現在就可以回答你，然後各位就可以解散回家，答案就是：社經地位。」

賽姆相信社會生活條件，如社會和財務資源的可取得性、暴露於壓力和逆境、親近關係的特質等，是決定誰會生病、誰能保持健康的主要因素。多年來，他與北卡羅萊納大學的卡索成為社會流行病學這門新學科的開創者，這個領域研究的是決定健康的社會因素，以及社經差距如何成為影響健康與發展的源頭。

艾德勒聽從賽姆的忠告，十三年來持續領導麥克阿瑟基金會研究網路的社會經濟地位與健康計畫，探索社經地位所驅動的懸殊健康差異，確立主觀社會地位（也就是透過自我評量而賦予自己的社會地位）在做為健康狀況的評估指標方面，重要性超過客觀評量。

麥可・馬莫爵士（Michael Marmot）之前是賽姆在柏克萊的博士班學生，現在是受敕封的爵士，也是倫敦大學聲望崇隆的流行病學和公衛教授。他不斷證明，英國公職的就業水準幾乎和所有形式的人類疫疾（生理與精神、急性與慢性）有強烈而確實的關聯。他的研究也直指位居人類社會的低地位，會造成發展與健康的損害。

馬莫指出，社會地位的影響力，不只是像貧窮影響健康和壽命這麼簡單，還有沿著社經地位層級階梯而出現的疾病差異水準*。即使是醫生和律師的子女，在受傷、慢性病和健康條件欠佳的狀況，也會多於薪資水準最高的執行長和銀行家的子女。慢性疾病的發病率顯然不是一路持平，而是直到最貧困、社經地位最低的孩童身上才急劇上升。事實上，在社經地位的每個層級，孩童的慢性疾病發病率都高於家庭財富和教育高一層的層級，也低於低一層的層級。造成健康差距的不只是貧窮，而是整體社會的不均*。

有錢人更長壽

事實上，諾丁罕大學的理查．韋金森（Richard Wilkinson）和凱特．皮凱提（Kate Pickett）在一項針對國家而非個人的國際研究中，提出強而有力的論證，指出國家所得水準的差異，與健康指標有強烈的關聯*。他們總結了來自全球各國、堆積如山的流行病學資料指出，影響一國的健康和死亡率最重要的因素，並非一般所認為是「一國的整體財富」，而是「財富在一國國民間的分配是平均或不均」。

相較於社經環境較平等的國家，在不平等的社會裡，人民普遍健康較差、教育程度較低、更多致殘失能的慢性疾病與傷害，而且壽命較短。值得注意的是，國民中最富裕的那一群人，當社會的資源和財富分配較沒有那麼不平均時，卻反而更健康、更滿足。

韋金森和皮凱提注意到，美國現在所得不均的趨勢日益嚴重（事實上是自一九二〇年代末到一九三〇年代初經濟大蕭條以來，財富不均最顯著的時刻），形成超級富有的少數，被其他極為平凡的人圍繞著；有鑑於此，兩人著手追蹤這種不均對健康的影響。

這種財富與權力不公的國家走向（某個程度也是國際走向），導致「占領華爾街」（Occupy Wall Street）和「黑人的命也是命」（Black Lives Matter）運動應運而生，人們要求更高的社會正義、更平等的經濟體、終結體制化的種族主義等訴求，在在都是對當今世代這種趨勢，發出的不平號角。

這也間接解釋了，參議員桑德斯（Bernie Sanders）為什麼能異軍突起，成功角逐二〇一六年民主黨總統候選人。雖然他輸給了希拉蕊，但當初沒人預料得到，一個禿頭、粗聲粗氣、七十幾歲的社會運動家，能引領風騷，吸引如此熱烈的吹捧和追隨。他的支持者反映出許多美國人寄望領導者能提出重大改革政策。以我們對於社經地位的影響所知，人們不只是為一個均富的美國夢而聚集。他們齊聚一堂是為了表達他們的渴求，渴望未來能有一個健康和生活機會都公平分配的社會。

獲得人際或社會的支持能讓人更健康

許多辯論都著眼於，社會不平等、打壓弱勢以及各層級的社會地位之間，那巨大鴻溝所導致的健康差異，究竟是生活物質的過剩還是匱乏？抑或是在快樂、滿足感和歸屬感的心理層面出現差異？答案可能是，兩種形式的剝奪都和社會不平等有關。

一如我還是個年輕醫師時在科羅拉多上空接生的那對雙胞胎，低社經地位孩童的人生裡，許多物質條件都會被打上折扣：較差的營養；更大量也更長時間暴露於諸如鉛之類的有毒物質；擁擠、嘈雜和不盡理想的住家環境；醫療照護資源較少；可運用支配的資源也較少。另外，孩子還可能要面對各個社會面向的負面打擊：親眼目睹鄰里和家庭暴力；貧乏或曚昧閉塞的親職教養；成效較低的學校；以及高度暴露於壓力和逆境。

艾德勒和她在麥克阿瑟基金會研究網的同事也指出，要預測人們的健康和發病率的高低，即使是使用社經地位量表落點的主觀直覺社會地位（在所屬國家或社群），都優於以教育程度高低、職業貴賤或所得水準來衡量的客觀社會地位*。

在一篇全面性的回顧論文裡發現，與一國或社群的客觀條件相比，低社會地位的主觀自我認知，與冠心症、高血壓、糖尿病和膽固醇失衡的風險具強烈的關聯性，即使考慮了個人實際的客觀社經地位也是如此*。

一名奧克蘭年長的非裔美籍工友的健康，雖然會因為收入的中斷和不穩定而受到損害，但他過去因為在地方浸信會教堂擔任執事而建立的社會關係，或許能保護、甚至強化他的健康。

所以，事實是，所有這些物質面、心理社會面和主觀面的因素，都會在孩童所站的社會階梯上發揮作用，無論是損害或維持他們的健康。

我們的童年就是個「微型社會」

孩童的健康不只受到父母和家庭的社會地位所影響。層級化的「微型社會」（例如在教室裡），也就是兒童和青少年聚集在新社會環境裡時各自形成的小團體，就像猴子、魚和果蠅，似乎對健康和發展也有影響。

一如我們對家庭和成人的社經地位會有的預期。「小蘭」這位腹痛的越南女孩讓我知道，同儕關係即使在非常年幼的年紀，階級的苛刻，都會對健康造成看得到、感覺得到的具體威脅。

班級社交地位測試一：控制與支配

時間快轉到二〇〇三年。艾德勒、博士後研究人員妮基・布希（Nicki Bush）和耶莉娜・歐布拉多維奇（Jelena Obradović）、研究人員茱麗葉．史坦波達爾（Juliet Stamperdahl）和我，設計了一項研究，針對加州柏克萊公立學校將近三十間幼兒園教室的三百多個孩童，觀察「支配與附從地位對於健康的影響」。

我們決定採用兩種不同的方式，評量孩子在教室中支配階層裡的地位。首先，我們在每間教室都派一個研究助理進駐。我們給助理一張椅子和一台平板，記錄他們所看到的孩子們互動過程。他們不能和任何孩子說話，還要避免跟所有孩子眼神接觸，對孩子的問題和關注也完全不能有任何反應。

這些研究助理是柏克萊大學的研究生和就讀學士後的年輕天才。在長達三到四個小時的時間裡，他們會觀察孩童之間各種的肢體或言詞互動。除了推論孩童在相對位階上的往來狀況（例如某個孩子在肢體上攻擊另一個孩子，或搶走玩具）之外，還包含更細微的互動（如某個孩子模仿另一個孩子）。因此，我們看到的行為，有對支配地位明顯的宣示（即某個孩子成為贏家，另一個淪為手下敗將），也有較不明顯的互動模式（如一個孩子領導、追隨、驅趕他人到別處，或是指示他人）。

我們觀察並記錄到，一個男孩教另一個男孩如何玩一個新的球類遊戲；一個女孩領著四個女生，吵吵鬧鬧地在遊樂場裡繞圈；一個孩子與玩伴發生口角，悶悶不樂、垂頭喪氣。我們還記錄到好幾回的「關係攻擊」（有時候會發生），像是兩個女孩排擠第三個女孩，不讓她加入活動，自鳴得意地維持對方是唯一好朋友的假象；或是一個塊頭比較大的男生，擺明漠視一個較瘦小的同學，以做為宣示控制權的手段。

我們的研究助理在隨堂觀察的幾個小時裡，蒐集了五歲孩子間支配與互動的資料，接著把高達三萬三千筆的數據輸入電腦演算，得出每個孩子與同班其他孩子之間的相對社會地位。

沒有任何單一的一筆資料可以告訴我們關於兩個孩子的長期關係，或是他們在教室社會層級裡的位置。但是，當這些互動資料彙整後，卻出現一個相當清晰的圖像，描繪出在一個二、三十個孩童的班級裡，支配關係的全貌：孩童的性別或家庭社經地位都不是決定班級支配地位的因素；在電腦計算的階級裡，男孩或女孩都可能位居高位或低位，而來自富有或弱勢家庭的孩童也一樣。

因此，有了每個孩子的班級支配地位圖在手，我們就可以運用測量而得的階層，分析支配和附從是否與那些孩子在校第一年的健康表現相關。

班級社交地位測試二：看電影的順位與時間長短

接下來要談辨識班級地位落點的第二個方法。

我們集合四或五個同性別、社會位階接近的孩子為一組，向他們介紹一個龐大的白色神祕箱。箱子裡正在播出當時最吸引五歲孩子的影片（在二〇〇三年時，是《海底總動員》）。箱子正面在眼睛高度的地方有兩個窺孔，可以觀賞電影。「問題」就在於，只有在同時按下兩個按鈕時，電影才會播放，而兩個按鈕位在箱子的兩側，離觀賞孔的距離太遠，孩子沒有辦法自己獨立邊按鈕邊看電影。於是，孩子們必須想出如何看電影的方法。每個人都一樣急著想看電影，但必須說服至少兩個孩子幫自己按下兩邊按鈕，才能看到電影。

我們告訴他們所有的操作規則，並給大家十五分鐘讓他們想怎麼做就怎麼做。每一組頓時都陷入滿腦子只有「想看電影」的執念裡，全部都在努力商量出一個解決方案，雖然達成協議的方式，有明顯的性別差異，但並非百分之百，一般而言，男生解決這個困境的方式，就像放出籠、突然得到解放的青春期前猴子。他們大呼小叫、指揮來指揮去，繞著箱子興奮地跑來跑去、又推又擠、蹦蹦跳跳——你可以想像得到那個景象。另一方面，女生會把四張小椅子排成一圈，坐下來，手放在腿上，進行文明的討論，深思熟慮如何進行這項任務，表現得極其有秩序、有禮貌。

不管是男生或女生，在這十五分鐘的過程中，都有研究助理在一旁用碼表記錄每個孩子的觀賞時間，並根據觀賞時間以一到四（或五）為每個孩子的階層排序*。

清楚的脈絡開始從分析結果裡浮現，反映出處於幼兒園社會階梯最下層或接近底層，在生物面和心理面的成本，以及位於頂端在生物面與心理面的利益。

我們首先注意到，之前的壓力反應實驗裡，在孩童身上量測到的皮質醇系統反應變化，顯然呼應了孩童看電影的順位。分配到觀賞時間最少的孩子，皮質醇反應分數最高，觀賞時間中等的分數在中間，觀賞時間最多的，反應分數其實是負分（表示他們在反應測試的過程中，皮質醇濃度不升反降）*。

因此，看電影四人組裡的附從孩童，也就是只撿到剩下的零碎觀看時間的孩子（有點像撿剩餘香蕉的猴子），對於壓力顯示極高的皮質醇反應。對比之下，高度支配的孩子，也就是得到最多影片觀看時間的孩子，不只是壓力反應低，甚至皮質醇指數在反應實驗結束後的分數還低於一開始時。觀看電影的排序，顯然與心理壓力的反應有所關聯。

幼兒園的階級差異讓孩子輸在起跑點

在日常行為裡，頻繁出現附從舉動的孩童（不只是在觀看電影的情境中），在幼兒園第一年，與支配地位較高的同儕相比，老師的報告裡明顯指出具有較多抑鬱和不專注的症狀、同儕關係較差以及學業能力表現較不優異。附從孩童（在團體形成的過程，被篩到班級地位階級底層的那些孩子）在班級裡的行為、人際關係、閱讀狀況、寫字、理解數字等方面，都明顯遭遇較多問題。

這項研究出現過去未曾發現的證據，指出即使是幼兒園孩童的微型小社會，它的分層結構、運作方式都與一個國家的社會層級如出一轍。也就是說，把成員貶至低下的社會地位，會導致健康和發展更常出現嚴重的疾病。無論是在成人社會中處於低階社經地位，或是在幼兒園教室裡處於附從地位，低位階與低聲望對於個人的身心健康都會造成明顯的後遺症。

隨著這些研究結論出現，我不禁想起我的妹妹瑪麗，她在小學階段，如何竭盡全力與其他支配性較強、較自信果敢的孩子們周旋。她設法建立並維持友好而持久的友誼，無奈她的極端敏感經常攪局，總是在她奮力處理那些合縱連橫的社交關係時，平添複雜和阻礙。

校園種姓階級制度

在我自己對三百四十個幼兒園孩童的發展進程和健康所做的詳細追蹤資料裡（距我妹妹上學第一年超過四十年之後），有個小男孩的故事（我們就叫他「迪亞哥」），特別能代表我們的發現。

迪亞哥是個害羞的男孩，他在托兒所的情況不外乎安靜地獨自玩耍，偶爾會在團體裡感到不知所措，但他通常只和四到六個孩子一起。在托兒所教職員的謹慎監護下，迪亞哥還算能適應與其他孩子往來，應付陌生的事物和壓力。但是，換到大型公立學校裡的幼兒園裡，由於同校還有一大群年紀更大、更可怕的五、六年級生，以及巨人尺寸的「高班生」，幼兒園生活成為一項嚴峻的新挑戰。突然之間被一大群看似有敵意的新同儕所環繞，迪亞哥於是企圖撤退到他可以藏身的角落。

然而，他的新教室並非是一個容易隱身的地方。孩子更多、空間更小、忙碌的老師對學生的監督更寬鬆，產生一個低約束下的混亂結果。霸道的孩子經常搶迪亞哥的玩具、顏料或座位，頻繁出現的攻擊、言詞威嚇和社交排擠，不斷提醒他自己低下的地位。那一年，他似乎更沉默寡言，更不願加入其他孩子（當然也無意與其他孩子正面衝突或競爭）、對自己的能力和價值沒自信、擔心自己未來在學校的安全和快樂。

學校的每間教室都會形成自己的階層化組織，每個孩子在其中的落點，都會產生真實而巨大的影響，而讓迪亞哥父母沮喪的是，兒子處在接近最底層的位置。

然而，階級絕非不可逆，在孩童的組成以及教室的特質上，幸好還有其他的差異變因，可以鈍化、甚或反轉社交附從性的悲傷結果。

蒲公英小孩是「環境絕緣體」

我們可以把蒲公英小孩想成具備一種不受人生際遇左右的體質。在困苦、赤貧環境裡成長的蒲公英小孩，可以出奇地健康而強壯，彷若完全不受那些環境所侵擾。

當然，不是每個貧窮孩子都會在困苦或卑微的險灘裡沉沒。同理，即便是在富裕、優勢背景裡的蒲公英小孩，也有陷入疾病或險境的可能，因為他們一樣不怎麼受所處環境的社經優勢的加持。換句話說，不是每個養尊處優的孩子，就一定能擁有不受疾病和被厄運牽絆的人生。

我曾經遇過兩個孩子，或許能有助於說明，無論是劣勢環境的危殆，還是優渥環境的庇護，蒲公英小孩有時候就像是環境絕緣體。我們分別稱這兩個孩子為「哈賽婭」和「雅各」。

哈賽婭的故事

哈賽婭（Haseya，這個名字在納瓦霍語的意思為「她的興起」）是我在一九七八年時曾照料過的一名十歲女孩。

她的家庭是個不折不扣的大災難。爸爸酗酒、不工作，媽媽一發現丈夫喝醉，就狠狠地揍他一頓，常把他打得不省人事、臉上掛彩，還頭破血流，讓已經微弱的意識甚至還會變得更微渺。

哈賽婭的一個哥哥，在女友提出分手時，從女友行駛中的車子跳車，頭頸受到嚴重的創傷，最後落得一輩子都要坐輪椅的命運。如果你有個哥哥，在他餘生中都要你幫他推著輪椅穿越一片荒漠，想想那會是什麼光景？更糟的是，這一家的井水砷含量超過標準，他們大量使用殺蟲劑，以保護只夠一家勉強糊口的菜園產出足夠的收成，羊隻在他們家的草屋任意漫步進出，可說是毫無衛生可言的環境。

但是，即使在這片連上帝都遺忘的土地上，過著貧窮的生活，混亂與失序的家庭，讓生活雪上加霜，哈賽婭這個可愛、有雙明眸、綁著馬尾的納瓦霍族女孩，卻是一副神采奕奕的模樣。她出生時是個健康寶寶，哭聲洪量，天生具有堅韌的特質。

她小時候在學校曾感染幾次常見的小兒疾病，但是從沒哪次的病情嚴重到需要住院。除此之外，學校的表現也相當好。她給人的印象就是一個友善親切、結實健壯的美國原住民女孩，生命力旺盛，就像一朵開在沙漠裡，穩定向上生長的鮮黃色蒲公英。她正是一般常說「堅韌」的最佳寫照。

雅各的故事

另一個讓我難忘的年輕病患是出身於舊金山富有家庭的「雅各」。

他的童年和青少年時期都在急性與慢性的疾症中度過。雖然擁有完善的醫療照護，住在讓人豔羨的地段，有堅強的家庭作後盾，就讀學費昂貴、位於市區的一流幼兒園，雅各的耳朵卻一再出現大部分抗生素都治療無效的感染，甚至連手術植入耳管也沒有幫助。長年感染，導致聽力損傷，最後造成語言學習延遲，於是需要進行語言評估、上語言治療課程。等到他入學時（一家師生比為一：十二的私立小學），他已經因肺炎住院兩次，課業進度大幅落後。

在童年中期，他偶爾會出現叛逆行為，漠視父母和師長的要求，而在高中時期，他有一段時間因為好奇而抽了大麻，最後變成經常性吸食古柯鹼。雖然他幾乎占有每一個孩童在人生早期可能擁有的優勢，但他的健康卻讓雙親和兒科醫師憂心，幸好這份擔心隨著他長成青年而消散。雅各在大學讀到一半時，找到了自己的路，通往更穩定、更有前途的人生：他在課業上開始表現優良，也戒了毒品（除了偶爾來一管紙捲大麻），而且找到一個讓他熱烈迷戀的女朋友。

某方面而言，雅各顯露出蒲公英小孩的另外一面。他早期的健康和狀況，並未受到孩童時期所處的社會環境加持，在這個例子裡，雖然身在一個養尊處優的富裕環境中，他仍然飽受疾病的反覆糾纏，暴露了他身為蒲公英小孩對於團團包圍他的社經資產的不敏感。

就像哈賽婭，雅各先天較不受到社會、物質環境的影響，但不同於哈賽婭的是，他的處境是優渥，而不是貧窮。兩則殊途同歸的故事顯示，蒲公英小孩的基本核心，與其說是「堅韌」，不如說是不受生活環境的侵擾和抽離。蒲公英小孩的獨特之處，正是這種對環境影響的抵抗性（早期環境與日後發展的結果脫勾）。

蘭花小孩，不是大好就是大壞

蘭花小孩以其人數少、敏銳的易感性，有別於人數較眾多的蒲公英同儕；蘭花小孩如果生在哈賽婭的貧困納瓦霍家庭，或許會出現嚴重、長年損害健康的問題。但若生在雅各優渥的灣區家裡，或許就會顯現絕佳的健康狀況，以及不受框限的發展結果。

蘭花小孩會與周圍環境產生強烈的互動作用，更多時候，他們仰賴這些環境條件的內在特質——無論是有害具威脅性，抑或是滋育有支持力。他們的發展結果緊繫於外界環境的優劣。

反觀哈賽婭和雅各這樣的蒲公英，堅強的韌性，或多或少能抵禦社會環境的影響力，他們的前景和潛能不會因此受到傷害，也不會因此被放大。他們能自在而安全地自絕於童年社會環境的極端狀況之外，通常能健康安然度過一生，擁抱實實在在的成就。正如他們不受家庭社經狀況是艱難或是順遂的影響，蒲公英小孩在面對同儕支配與附從狀況時，就算有時其中隱含威嚇的壓力，也能毫髮無傷地度過。

成人社會也好，幼兒園教室也罷，在階層分明的結構裡，我們直覺蘭花小孩會遠比人數更眾多的蒲公英同儕過得更糟，或過得更好，可能的原因有二。過得更糟的部分，一如第三章所提，蘭花小孩由於具有高敏感度，行為風格通常較拘謹，也較沒那麼自信果敢，或許因此會有較高比例的人被打入社交世界的底層。就像蘭花老鼠和蘭花猴子一樣。過得更好的部分，則是雖然許多蘭花小孩在早期童年的社交群體裡，可能經常處於附從地位。但實際上，同儕階級結構的最高層級中，蘭花小孩有時候也會占有一席之地，主要是因為他們對於社交動態的謹慎觀察，而這種觀察力，其實潛藏著成為領導者的可能性。

面對爭取支配地位的嚴峻競爭時，處於危急關頭的蘭花小孩，一不小心就容易誤蹈險境，並陷入伴隨競爭而來的困境與傷害。因此，被貶至低位階的蘭花小孩（被邊緣化與孤立是常見的情況），可能更常體驗到壓抑、壓力和絕望的反撲，導致心理和生理同時受到脅迫。另一方面，處於社會高位階的蘭花小孩，或許我們更能從他們的身上看到，這個層級可以帶來的好處，包括強健的心理健康和發展高成就。

然而，就像哈賽婭和雅各，我們可以預期，不管處於高位階或低位階，蒲公英小孩對於伴隨階級而來的影響，泰半遲鈍或無反應。

幼兒園老師是無名英雄

在一班二十或三十五個，五歲孩子的人生中，每年負責照顧、教導他們的老師是具有高度影響力的人（特別是孩童面對「學校」初體驗時的幼兒園老師）。不同於幼兒園教師，小學低年級的老師背負著較嚴肅而重要的工作，為每個他所接觸和教導的孩童，奠定下未來教育和發展的軌跡。

最重要的啟蒙老師

在美國，幼兒園教師的平均年薪大約是五萬二千美元，但是他們對於孩子的生命以及社會性的潛在影響力，卻是重大而深遠。

事實上，根據史丹佛經濟學家拉吉．切提（Raj Chetty）的估算，一位頂尖的幼兒教師帶給社會的投資報酬，大約是每年每班三十二萬美元。換句話說，一個班級如果有一位真材實料、教育素質超高的教師，每年就能創造三十二萬美元的國家利益和減少開銷*。

想想看，價值三十二萬美元的測驗分數提升、教育成就精進、大學畢業生人數增加、經濟生產力提升。長期來看，素質優良的幼兒園教師，甚至可能讓學生的未來過上更成功而有生產力的生活、減少變成單親的機會，並為退休而儲蓄，最引人注目的是，讓一名幼童長大後在三十歲之前，就達到滿意的薪資水準。而這些的關鍵，可能都繫在童年早期的某一年遇到一位優秀的老師！

在美國教育體系裡，托兒所／幼兒園教師的薪資，在眾多教職員裡屬於偏低的那群，然而從神經學早期學習的角度來看，對於幼童心智和人生的塑造，他們卻是影響力最為深遠的教育者。

幼兒園教師對於教室裡正上演的人際關係和政治結構，不但有敏銳的知覺，也是最大的推手。在「柏克萊幼兒園研究計畫」的早期，研究助理自五歲孩童的教室觀察之旅歸來時，對於班上的社會階層（誰位居上層，誰位居底層）都有鮮明的印象。

但是，他們還注意到其他事情。教室的文化或精神，也就是每班給人的感覺，也各不相同。

幼教老師帶班風格對學生的影響

我們有些助理描述到冰冷和剛硬的班級，權威的老師依照不能更動的日常作息表，按表操課，教室裡避免玩鬧，缺乏笑聲，老師藉由表揚天賦和優點，強化某些高位階孩童的特殊地位，同時忽視其他孩童較不顯眼的特質。

然而，有些助理則表示，他們觀察的教室，氣氛較為輕鬆悠閒，老師對學生的差異平和以對，即使是最邊緣、不起眼的低位階孩童，似乎也會高調地肯定他們出色的能力。

因此，在這裡，孩子在社會階層裡所處的位置高低，似乎就變得沒那麼重要，氣氛融洽的班級裡，社交群體通常較具可變性，也較無法預測。雖然多半還是女生和女生玩，男生和男生玩，但並沒有隨著時間而出現成員固定的小團體。

當我們討論這些幼兒園班級文化差異背後的因素時，我們開始理解，一如教育學者指出的，儘管有些老師會利用孩童的社會階層，做為控制孩童和群體行為的手段，但另外有一群老師卻努力把階層的影響力降到最低，採用更以孩子為中心、更平等的教學方法*。

例如，有些老師可能會站在具支配地位的孩子那一邊，以平息紛爭，或是任由某些孩子被邊緣化或排擠，以避免衝突或失望。對照之下，另一群老師似乎刻意地採取某些技巧或策略，破壞或挑戰學生的階層次序，像是公開讚揚某個附從地位的學生，在藝術、智能或運動上的才華，或是訂定禁止排擠的社交行為，建立「不准說『你不能玩』」的班規*。

不同老師帶班的做法和策略，在關懷和公平程度上出現明顯的班際差異，而較為敏感的蘭花小孩，在以孩子為中心、公平的班級裡，最能蓬勃成長。沒錯，雖然每一間教室仍然有其學生階層的存在，但是在這幾間教室裡，階層不明顯、危害也更加輕微。

這些班級差異所造成的結果，在我們研究之初就相當明顯可見。我們發現，孩童的班級社會階層，與類似抑鬱的症狀和行為（如感到悲傷、孤單、被遺棄，或因為恐懼犯錯而害怕嘗試新事物），兩者之間有明顯的關聯*。

可想而知，在這些階層分明的小型班級裡，位居底層的孩子，相較於位居高位的孩子，較可能出現抑鬱的症狀。對照之下，在班級階層裡享有最崇高、支配力最強的位階的孩子，精神健康狀態最佳。即使經過性別、家庭社經地位的統計調整，高位階孩童仍然是抑鬱行為較少、參與課堂的能力較高、同儕關係較正面、整體學業表現較亮眼的一群*。

不過，位居底層的生活，不是在每間教室都一樣的充滿孤單、恐懼和孤立。事實上，處於附從地位的孩童，他們的體驗感受取決於他們的老師是否採用以孩子為中心、平等的教學措施。

在老師無視、甚至強化支配關係的班級裡，附從階層和抑鬱行為之間，具有高度可預測的強烈關聯。相反的，當教師致力於實施更以孩子為中心、打破階層的教學方法，在這樣的班級，抑鬱行為和症狀幾乎都與孩子的社交層級無關。

老師的班級經營方法愈階級化，層級和抑鬱的關聯統計曲線就愈陡峭，反之帶班方法愈平等，曲線就愈平坦。換句話說，老師在班級裡實行平等、以孩子為中心的教學法，那麼孩子在新幼兒園班級的社會層級落點，將與精神健康症狀不太相關。

我們正開始看到一幅鮮明的圖象，顯現老師帶班的做法和想法，能產生多麼強而有力的影響。在可塑性極高的幼兒教育初期，老師帶班的風格和方法，對於兒童的早期發展、精神健康和學業成就，是關鍵的形塑力量。

當心「進化裡的退化」

支配階層的危害和刺激，顯然不是童年時期獨有，也不限於幼兒園教室裡經常處於緊繃的關係紛擾裡。孩子會長大，而在成人的工作場合和更廣大社會結構裡，暗潮洶湧卻無可躲避的支配與附從關係，仍然到處在上演。至少在現代文明和國家裡，因為人類的演進，以及對組織結構與穩定性的需求，社會獎酬分配不均的層級化，幾乎成為不可避免的現象。這種「自由市場」機制所標榜的好處，在西方社會的經濟體裡倍受推崇。

人類群體根據權力、財富和自尊而區分層級，儘管看似合情合理，但我們卻有理由相信，健康和人類發展，與一個人的社會地位，這兩者間不一定呈現絕對的相關。

確實，關於社會地位與健康的關係曲線，各國在曲線傾斜度（即兩者的相關程度）之間的差異顯示，一旦處於平等主義和公平正義的社會政策……等適當條件催化下，兩者之間的關係就得以脫鉤。

雖然支配與附從可能是長期演化史上無可避免的副產品，然而社會地位與健康發展兩者的關聯，不應該被視為無可避免或無可違逆。我們既要杜絕「扁平」社會的平等假象（個人的努力付出得不到獎勵，出頭的釘子先挨鎚，以確保齊頭式平等）；但也不能輕忽，何以貧窮和弱勢族群裡，出現健康不佳和早夭的比例，超乎尋常地高。

在我們努力創造更平等的國家和更公平的童年時，不要忽略了蘭花小孩和蒲公英小孩個別的特殊敏感性和強韌耐受力。蘭花小孩在惡劣環境裡會染患更多疾病，發展結果較差，也由於他們對支配關係較為敏感，因此貧窮和附從地位的經歷，也會對他們造成超乎尋常的影響。對於一個具備特殊敏感性的孩子，社會地位和霸凌的痛苦，常會嚴重到甚至需要醫藥介入治療的程度，八歲的小蘭只是其中一個例子。

但是像小蘭這樣的蘭花小孩，也可以是自平等、公平的社會環境中受惠最多的一群。蒲公英小孩在面對惡劣環境時，相對較不受到侵擾，身處在不公平的社會或較獨裁的社會關係時，受影響的程度也相對較低。事實上，不管是在教室或在一國之內，不公平的社會之所以經常存續，可能是因為像蒲公英般的人民占有絕對的多數，即使在最險峻、最掠奪的社會環境裡，他們都能找到蓬勃發展和成功的出路。

從某個角度來看，我們都是同一條道路上的旅人，不斷與他人打交道，進行權力的爭鬥、意志的角力、控制權的競賽……等這些本來就刻畫、滲透進原始人生活的事物。只需要刮除求偶和婚姻、辦公室和公司、立法和政府的表相，就會看到支配與附從在其中長久悶燒的鼎鑊。

沒錯，這種關係的結果並非全都有害。事實上，我們指望能從支配與附從裡，看到領導者脫穎而出、創造力取勝、情勢定於安穩。但是，當支配與附從出現脫序，我們以霸凌和欺壓做為社會控制的手段時，不管在當代社會或是小學班級文化裡，付出的代價歷歷在目。

二〇〇九年，那個槍殺了十五條生命的年輕德國學生，犯下暴行的前一天傍晚，在網路上發布的文字，就清楚地反映了其中的代價。他寫下：「我受夠了這亂七八糟的人生。永遠一成不變。每個人都取笑我。沒有人發現我的潛力。我是說真的*。」他的話悲傷得讓人很難不去揣想，有什麼能讓這個男孩透過富創造力、正向積極的作為，充分展現他的潛力？要是他的學校能及早察覺那些摧毀他的不公義，並試圖翻轉情況，他會有怎樣截然不同的人生？幼兒園、家庭和社會可以做些什麼，療癒這些社會壓抑下的傷口，為人類關係種下更平等的種子？並顧念這群最具感知力、最纖細脆弱的成員，同理他們特殊的敏感性？

第8章 如何當蘭花小孩的父母？

我們已經探索了蘭花小孩和蒲公英小孩的特質、起源、發展的優勢和弱點。現在，我們將要談到的教養謎題是類似攀岩者所稱的「關卡」（crux），也就是攀岩路線裡，最困難、最嚴苛的一步，需要勇氣、靈活度和力量。

上攀優勝美地（Yosemite）數千英呎高的花崗岩壁，途中的「關卡」可能是三英呎仰角壁面的盲攀；在教養孩子的路上，這個關卡需要具備知識、直覺和能力，因勢利導，幫助一屋子彼此迥異、各有所需的年幼生命能自在成長和發展。

對家長來說，養大一個孩子，在各方面都宛如面對攀岩關卡的挑戰，不只是個別子女在發展階段都有迥然不同的表現差異，每個孩童所需要的教養需求也大不相同。這就像在指揮交響樂團時，所有的團員都在演奏，但你偏偏一次只能指揮一個團員。

我家也有蘭花與蒲公英小孩

雖然我是受過嚴格訓練的小兒科醫師和孩童發展專家，在就蘭花小孩和蒲公英小孩的教養挑戰發表論述之前，我不得不承認，關於耕耘人類孩童花園的細節和眉角、祕密和課題、陷阱和糾纏，讓我學到最多的，是我那令人讚嘆的妻子吉兒。在寫作本書時，我和她已經結縭將近三十九個年頭，我們攜手共度，展開最深奧且收穫豐富的旅程。

旅程的起點，是我們兒子安德魯的降生；某個黎明破曉前，他在一陣尖聲哭號中，進入這個莎士比亞所說的「充滿氣息的世界」。那是個炎熱、明亮的八月早晨，在索諾蘭沙漠裡，安德魯、吉兒和我三個，一起踏上一段我們不曾完全準備好的冒險。

兩年後，一個乾燥的寒冷夜晚，在塔克松市充滿牧豆樹香氣的耶誕節前夕，我們的女兒艾美在顫抖的第一口呼吸之後，跟著等待她的哥哥，一起加入在這個可愛地球上舉辦的人生饗宴。自那時起，一切都不再相同。

這兩個突如其來、令人混亂又狂喜的新加入者，讓吉兒和我的生活完全改觀。撫育和教養兩個截然不同的孩子長大成人（一個是蒲公英小孩，一個是蘭花小孩），一度是我們人生最驚險也最喜樂的任務。隨著安德魯和艾美來到這個充滿著意義、哀愁、意志和欲望的人間，許多喝采、驕傲、純然喜悅的時刻也隨之到來。當父母見到孩子用笑回應自己時的歡欣；當幼兒邁開人生巍巍顫顫的頭幾步，學會了走路；當子女第一次驚異地窺見自己在這個世界的立足點和志向——人生沒有任何經驗能夠超越這些。

每個孩子都是獨一無二的奇蹟

一個家庭的教養方式，對於子女的發展，有深遠但個別不同的影響。父母撫育孩子的方法，即使是細微的差異，都會對蘭花小孩造成程度不一的影響。但是對蒲公英小孩來說，卻能風平浪靜地走過，不受父母的技能和缺點左右。父母、祖父母和其他的照顧者（如教師）若能對於蘭花小孩和蒲公英小孩具備清楚而完整的了解，明白不同的孩子，在需求、反應和對教養策略的感受力有所差異時，就能夠讓孩童的健康和發展處於最合適的起跑點。因此，針對敏感性和氣質不同的個別孩童，最適合採取什麼樣的教養方法，一直以來都是世界上多重領域的發展科學家們不斷探究的重點。

首先，不論哪個國家的父母，性別為何、是親生或收養、抑或哪一人種和民族、富有或貧窮，在迎接新生命的第一天，面對眼前這個漫長且浩大的任務時，都必須要保持靈活機動。我還記得我第一次幫安德魯包尿布的情景，當時他才出生兩、三天，從我執業的醫院初回到家。我那時已是領有證照的小兒科醫師，受過十二年的高等教育以及專業訓練，外加三年的執業資歷，而且大部分時間都投身於嬰兒和兒童的醫療和照料。那是拋棄式紙尿布還沒有問世的二十世紀，尿布就是名副其實的布製品，用兩支藍頭的安全別針固定，用過的尿布就丟進換尿布台旁那個噁心的大桶子裡。

本著新手爸爸對孩子的關愛，外加自認受過扎實訓練的兒科醫生自信，我把小安德魯放在折疊整齊的尿布上，後片往前疊在前片，邊緣對齊，拿起大大的別針，從尿布的這一邊扎進去，另一邊刺出來……只是，這一扎，也扎透了兒子的皮膚，真真實實地形成一個進入、一個穿出的傷口。他從頭到腳，全身漲得紅通通，理直氣壯（他完全有理）發出哀號。我迅速移除酷刑工具，驚恐地檢視安德魯有生以來所承受的頭一遭殘忍傷害……而凶手正是他那困窘、沮喪又深深悔恨的小兒科醫師父親。我認為在那之後，我們兩人都有一點創傷後壓力症候群，雖然他已經不記得這個事件。但教養絕不是輕鬆愜意的事，即使是特別受過嬰兒照顧訓練的人也一樣。

因此，我應該在一開始就承認，沒有任何直覺或經驗，沒有任何知識或課程，也沒有任何書本或播客節目，足以教我們做好充分的準備，完成這個艱鉅的挑戰——迎接新生兒來到人間，然後把這個孩子撫養成健康且成熟的大人。

每個出生到這個世界的孩子，都是獨一無二的奇蹟，一個極其獨特的生命體，我們能做的，只能像是隔著一層紗那樣看著他們和做判斷。有鑑於此，我們必須以更謙卑與敬畏的心情，迎接每個新生兒。因此，每當我檢查新生兒時，面對那閃閃發亮且不受束縛的生命，沒有一次不是默默讚嘆著生命的奇妙。

照顧「小蘭花」的六大法則

一如我從本書一開始就提出的主張，蘭花小孩（就我們所知，大約五個孩子裡就有一個）對於年幼時遭遇的社會和自然環境，有一種奇特、利弊互見的敏感性。他們對外界環境有一種易感性，容易受其影響，例如觸摸、聲音、味道和相關的體驗，當然還包括愛心、溫暖、惡意和冷漠……等的知覺，而這種感受力會造成他們在身體感官上產生巨大、有時是痛苦的反應。他們像是感官都對外界澈底的開放，因而造就出不是大好就是大壞的二元性結果：在強而有力、具正向支持的社會環境裡，他們比任何孩子都更朝氣蓬勃，但在相對嚴苛有害的環境裡，他們的人生可能會流向失序與谷底。

我的妹妹瑪麗就是這樣的孩子。雖然內在擁有聰慧、卓越的潛能，卻生長在一個視批評和否定為家常便飯的家庭，雖然是無心的，也或許是潛移默化下，在這樣的環境裡，蘭花女孩注定（或許是不可逆的情勢）會有一個充滿失望、挫折和疾病的人生。回顧她的人生，可以看到她一直站在天才與混亂之間那條窄細的分界線上努力保持平衡。她有極度清醒和極富創造力的時候，那時她會旅遊、工作和教學，但這些都是穿插於瘋狂和混亂之間的點綴，斷斷續續，而且出現頻率愈來愈低：她不斷住院，被腦中的惡魔牢牢地壓制住。

大部分的蘭花小孩，不會像我妹妹的五十三年人生一樣，在極端的健康與障礙之間蹣跚而行。基於對社會環境的感受力，他們擁有千變萬化的可能性，這也許才是蘭花孩子和她的共同點。哪一種環境才能讓她追尋到人生所渴求、能實現的成就與藝術？親職或師職（或兄職）裡的哪一個，能翻轉她不快樂的人生，將她帶往前途光明和精采豐富的坦途？

一如所有孩童，蘭花小孩的養育和教導方式，也沒有一條簡單或公式化的捷徑。不過，我們有累積自家長和小兒科醫生的智慧，從直覺和洞見裡找到關懷、保護幼小蘭花的方法。還有蒐集自家人和手足的智慧，就像我一樣，努力地去理解、解讀脆弱的姐妹、兄弟、姪甥晚輩。也有來自教師的經驗，他們在多年的教學現場裡找到方法，辨識蘭花小孩，提升他們的學習效率，並幫助他們適應環境。

接下來，是我個人蒐羅的教養和教學方法，提供給讀者參考，做為嘗試的策略、探索的機會或評估的方法。這張清單既非鉅細靡遺，也不具有防呆設計，適用於某個蘭花小孩的方法，放在另一個小孩身上或許沒有效果。但是，這算是一本匯編，出自多年觀察、傾聽和協助「我所認識的蘭花小孩」的經驗：包括我妹妹、我自己的孩子，以及那些我有幸能得到他們信任的蘭花小孩。

一、生活需要儀式感：新奇是種威脅，日常規律是種保護。

首先，對蘭花小孩而言，造成他們人生擾動的，是他們對新奇和意料之外事物的敏感性。凱根稱這種現象為「恐新症」（neophobia）。這是一種深植於性格中、對預期之外或對陌生事物的恐懼。我自己的女兒艾美就讓我們看到，一個有蘭花傾向的小女孩是多麼厭惡陌生的新事物，而又多麼悠遊自得於穩定和可靠的例行事務。

艾美小時候特別討厭不認識的新保姆。對艾美而言，他們渾身散發陌生的氣味、帶著無法判讀的表情、說著無法解讀的言辭，還有古怪、前所未聞的睡前儀式，因此這些一定要盡可能避免。每個學年都以艾美對新老師的適應為開場，換了新老師，不同於前一年老師的教學手法，授課方法、教室規範也無可避免會跟著變動。至於新食物，尤其是味道、顏色或質地帶點異國口味的，特別會引起艾美的疑慮，必須盡一切可能避免。不熟悉的孩子和新的社交環境，是造成她退縮或逃避的原因。等我女兒到了三歲，要展開幼兒園階段的體驗時，她已經變成無可救藥的恐新者。

奇怪的是，這種徹底的恐新症，根源從來不是害羞或缺乏勇氣。艾美和她有蒲公英傾向的哥哥安德魯，同樣膽量十足、充滿冒險精神。事實上，兄妹倆熱愛挑戰的程度，有時候會讓做父母的我們心驚膽跳，如越過高度十五英呎的撐竿跳、跳出飛機、攀爬驚險的攀岩牆和岩壁、滑雙黑菱形等級（意味「高手專用」）的滑雪道，還有躍入滾滾浪頭裡衝浪。艾美欠缺的從來不是膽量，她是對未曾遇過的社會環境和體驗，缺乏一種基本、信任的安心。

對艾美來說，一如那些蘭花氣質明顯的孩子，要克服這種對「新」的恐懼，解答是：仰賴日常生活的規則，藉此產生平衡效果。我們家就刻意經營家庭慣例，像是每天晚上一定一起吃晚餐、每週末一起上教堂、分派給孩子每天和每週固定要完成的家事、定時的小睡或安靜時刻、每個月一起參加父女團體活動、固定的就寢時間和就寢儀式順序（如穿睡衣、刷牙，然後上床，接下來是閱讀、蓋好被子、熄燈）。其中沒有花俏、繁複或不尋常的事物。現代生活裡，經常忽視的，正是這些例行、可以預測的事物，甚至會在家庭的團體活動裡自動被省略。固定的例行事務能構成一套確定、恆常的背景，將給予孩子一種可以掌控生活的安全感。

我認識一家人，他們讓孩子對日常生活擁有多一些掌控權的方法是這樣的：把某個時候或一天裡需要做的工作，全部都用圖像排列在毛氈板上，例如上學之前要做的事，包括刷牙、吃早餐、穿衣服、準備午餐，但是他們的兒子可以用這塊放在廚房的毛氈板，自己作主排列這幾項工作的完成順序。雖然每個上學日的早晨都要完成所有這些任務，但是孩子可以按照自己的方式去安排。這種做法對父母來說，稍微降低了控制權，既把主導權讓給孩子，又能讓複雜的日常例行事務能夠及時完成。

壓力和逆境屬於所謂的「生活變動」，也就是對個人調適能力構成挑戰的生活事件或轉變，包括負面和正面。事實上，成人精神科醫師湯瑪士·何姆斯（Thomas Holmes）、理查·拉赫（Richard Rahe）與精神流行病學家布魯斯·朵仁文（Bruce Dohrenwend）有一整套的研究，列舉「生活變動」做為壓力經驗的指標*，而我們採用了他們量表中的小兒科調整版本，用來評量我們研究的孩童們暴露在逆境的程度。

一如第二章提及的，我在與同僚研究人員合作時產生一個構想，那就是如果「壓力」可以視為生活變動，或許變動的相反，也就是生活的穩定度和家庭的例行事務，對於身處惡劣環境的兒童，或許儀式感反而構成了一種保護、支持的因素。沒錯，那項針對教堂山市區兒童和他們家庭的研究顯示，例行事務可以緩和伴隨壓力的生活變動而來的呼吸道疾病傾向。伊利諾大學厄巴那香檳分校發展心理學家芭芭拉·費絲（Barbara Fiese）就曾在一系列窮盡畢生職涯的精細研究裡，持續記錄了家庭慣例的益處和保護功能*。

二、給予孩子堅定不移的愛：無論單親、雙親或同志家庭，那怕只有一個大人的關愛也足夠。

第二個對蘭花特質的孩子提供安撫和支持的教養做法，就是家長無處不在的關注和愛。雖然所有孩子都渴望並需要父母的注意和關懷，但蘭花小孩需要特別多父母的關愛，而且特別能受惠於他們的影響。這種關注可以是來自雙親中的其一或雙方，祖父母、教父教母或是保姆。

誠如哈佛教授羅勃特・寇爾斯（Robert Coles）等兒童精神科醫師發表的豐富文獻證據顯示，即便只擁有單一一個來源的支持，也可以對一個孩子的人生產生髮夾彎式的影響。也就是說，只要有一位以上大人堅定不移的愛，就足以改變孩童（尤其是蘭花小孩）的人生和發展。

我們這個時代有一個由來已久的迷思：當家長礙於工作壓力、社會責任和日常的忙碌，以致如果沒有時間陪伴小孩，就可以用所謂的「品質時間」（quality time）來做為平衡，也就是特別安排一段時間，讓家長和小孩共同從事有意義的對話和活動。但一如我在一九九〇年於《美國童年疾病期刊》（*American Journal of Diseases in Childhood*）所發表的意見：「我想駁斥一個在現代生活已被奉為圭臬、幾近神聖不可侵犯的神話。『品質時間』不過是文化迷思。世界上沒有這種東西，現在沒有，過去也不曾有。我們不應該指望它會出現，也不應該試圖去創造它。」*

事實是，與孩子相處時，那些吉光片羽的美好，就藏身在沒有規劃、無預警的時光裡，如週六早晨開車前往足球賽的路上、一次日常的幼兒洗澡時光，或是匆匆忙忙準備早餐、送孩子上學時。即使煞費苦心籌劃，但是與孩子相處最親近、最珍貴的時刻，卻總是在上述那些意想不到的時候出現。這種珍貴的時刻無法提前安排或計劃。它們就在生活中，那些尋常、單調流動的時光裡偶爾探頭。只有如此平凡的日常，這些溝通和充滿親密感的特別時刻才會出現。

我記得與兒子安德魯就有過這樣的一個時刻。某次兩天一夜短暫的週末背包之旅，我們前往北加州荒蕪崎嶇、強風陣陣的海岸邊，在某個原始的營地紮營，這是一項我們經常從事的家庭活動。

安德魯當時大約八歲，我和他一起在山徑健行。隨著日落時分迫近，西邊太平洋上方的天空開始變色。午後一如預期地起了風，稍早，夏日海岸寒涼的薄霧已經散盡，我們的營地在望，就在一個小坡上，位於我們腳下這條路徑的盡頭。日落的美讓安德魯停下腳步，也讓我走進他更深的內在世界。

「爸，」他說，「我想要畫畫。我想要做跟藝術有關的事。」無法事前預見的自白就這麼傾瀉而出，像是暗示了未來人生的職涯方向，這句話在長達四、五個小時的相處裡，不過是短暫一瞬的插曲。如果沒有之前的長途車程，沒有在濃霧瀰漫的山徑，歷經數哩的艱苦跋涉，就不太可能成就出此時美好的一刻。我跟安德魯說，我知道他擁有真正的藝術天分，以藝術作為一生的志業是完全可行的。

接著，安德魯注意到，籠罩著太平洋的整片穹蒼轉變為鮮亮、半透明的橘色，這時，他再度讓我驚艷。「你看，」他說，「橘色是最被誤解的顏色。」

多麼具有啟發性！這個孩子（我的兒子！）對顏色的思考方式，就像是把顏色當作「人」。說真的，我壓根兒沒有想過，橘色會被誤解，或甚至被理解。他是個聰慧、有想像力的藝術家，當時是，現在也是。後來，安德魯一路成為耶魯戲劇學院的畢業生，也是得獎的劇場布景設計師，現在則是一家知名大學的劇場學教授。

多年前，有一款汽車保險桿貼紙是這樣寫的：「時間是對孩子最好的投資！」儘管這種文案就像是口號，但字裡行間卻透露出真理。家庭生活各個相關面向的研究人員普遍的共識是，現代父母給孩子的時間，可能多於三、四十年前的父母。然而遺憾的是，父母與子女之間深度且具參與性的互動，相形之下不增反減。

投資於親子相處的時間，報酬（孩童的行為和情緒健康）將可望在青少年時期收回，在青少年階段，親子時間和父母的監督，能有效減少導致犯罪、藥物濫用和其他青少年疾病的冒險行為。這些是貝瑞．布列茲頓（T. Berry Brazelton）所謂的發展「接觸點」（touchpoints）的例子。「接觸點」是發生在親子和醫病之間的特殊感受和難忘的時刻，它的特點是孩童與關懷他們的成人之間，對於溝通和影響力有高度的感應力。

布列茲頓在他早期的研究裡，注意到發展過程有可以預測的時期，例如孩子會停止做一些明明已經從事數個月的事，如睡過夜。並在此之後沒多久，再做一些新的事情，像是開始走路。另一個例子或許是一名八個月大的嬰兒又開始在半夜裡醒來，此時嬰兒在情感上，意識到母親和陌生人之間的差別。這些都是接觸點，標記著孩童發展在質化面向大躍進的時刻。在這些時刻，父母若是在訓練有素的醫療人員和諮商工作者的協助下，就可以更了解子女的需求、優勢和弱點、專精能力以及感受的表達。但是，這種學習以及它對家庭系統穩定度的提升效益，若是沒有父母實質投入時間和關注，就無法實現。

為了回應社會文化的「媽媽戰爭」（也就是年輕的母親為了職涯和母職而兩頭燒，要兼顧這兩個重要卻又無法錯開的僵局），有些社會學家提出證據指出，母親的缺席對於健康的發展影響甚微，尤其是在人生早期*。然而，單一研究並不成真理，我們當然也有證據顯示，在非雙親的收容機構裡成長，從身體的生長、大腦功能到社會情緒的健康，都會對幼小孩子造成負面的損害，如查爾斯·尼爾森（Charles Nelson）和同事在羅馬尼亞孤兒院的研究（第六章）。毫無疑問的，孩童早年至少要擁有一個慈愛、有回應的家長，這正是未來擁有健康、正向青少年發展的至要關鍵。

除此之外，我們也進入一個差異更為細微的領域，在觀察式或實驗式的研究裡都難以偵察得到的區塊。許多研究發現，在雙親健全的婚姻家庭裡生活的孩童，有較多的最適表現*，我同意這個結論。我們也知道，成長在「風險家庭」（具有侵略性衝突與冷漠、非支持關係……等特質），對於兒童發展和健康有嚴重的負面影響*。另外，也有實質證據顯示，家庭中父親的角色效果卓著，良好的父職將對孩童的發展和健康表現帶來明顯的益處*。

我要在這裡簡短就單親或非異性戀（LGBT）的父母做討論。我所認識最勇敢、最美好和能力最強大的父母，有些是獨力撫養子女，家裡並沒有任何成人能伸出援手協助。一般最佳的情況是家中有救援投手可以隨時補位，滿足孩子和伴侶的各種需求，例如：在照顧者筋疲力盡或倦怠時，支援親職；在遭遇極端的教養兩難情況時，提供第二意見；提供「化整為零、分進合擊」的能力；提供這個世界另一種成人典範；在親子教養變得艱難時，成為支持與和解力量的一個源頭。

雖然共親職（coparenting）的這些優點都名符其實，但還是有少部分的情況例外，父母雙方在一起，對孩童的健康其實是傷害，並不是提升。這世界也有數百萬傑出的單親家長，憑藉著堅忍、修養和毅力，養育出堅強有能力的孩子，這些孩子的成就足以讓任何國家或社群都感到驕傲。

雖然我不是非異性戀團體的親子教養專家，純粹以一個小兒科醫師的觀察，我看到由兩個同性別的人，組成一個盡責、慈愛的共親職，也能教養出一個健康、發展典型的孩童，不論親子之間是否有血緣關係。和來自主流異性戀家庭組成的同儕相比，在這類非異性戀家庭成長的孩子，通常一樣身心健康。因此，雙親教養的優點在此也適用——非異性戀雙親比大部分非異性戀單親在教養上更具調適力、更輕鬆、狀況也更好。

不過，在這裡，我們所關注的重點在於，親職教養的這些影響，無論細微或嚴重、正向或負向，它們所構成的環境條件，一旦遇上了蘭花小孩，影響程度就會放大好幾倍。由於蘭花小孩對社會環境的高度開放和易感力使然，有兩個家長能滿足他們的需求、鼓勵他們追求興趣、無論他們變成什麼樣子，都能無條件地愛他們，就會讓這群孩子從中受益最多。

相反的，蘭花小孩若不幸生在冷漠、衝突的家庭環境，背負的風險則將遠遠大於處在同樣環境裡的其他孩子。我有些蘭花病患有幸能擁有像我妻子吉兒那樣的母親。大半時候（雖然在我們子女在青少年時期，有時也會和父母出現激烈的歧見），她的仁慈與寬厚總是堅定不移，付出的愛沒有極限、穩若磐石；這種愛，正是蘭花小孩成長和勃蓬發展所需的必要養分。

近年來，欣慰地聽聞，我早期的一些蘭花病患，在他們的成人後，幸運地遇見能夠以愛和包容，滿足他們所需的伴侶，並結為連理。由於他們對於環境的敏感性，蘭花小孩就像是「礦井裡的金絲雀」，在良善和惡意的環境，能最提出預警並嗅出背景環境可見的影響。

三、尊重孩子的個別差異：對孩子的「敏感」要有敏感度。

父母支持關懷蘭花小孩的第三個方法，就是體認並尊重人類的個別差異。切記，就算是在同一個家，但每個孩子感受到的家庭氛圍就是不一樣。父母必須能辨識、了解進而欣賞孩子間的差異與獨特。

加拿大童書作家琴．李透（Jean Little）有一本可愛的小書，名叫《潔絲是勇敢的那個》（*Jess Was the Brave One*）。這是一個關於兩姐妹的故事，姐姐是膽小但想像力豐富的克蕾兒，妹妹是大膽無畏的潔絲。

潔絲看恐怖電影，眼睛連眨都不眨一下，她在診所打針時，也是一副勇敢沉著的態度，家裡周圍的樹，她能夠爬上最高的枝頭。克蕾兒和潔絲形成對比，看到皮下注射針頭，她的反應像是看到小刀，在樹上也讓她害怕，不過，她擁有鮮活的想像力，喜歡聆聽，也能重述祖父的故事。兩姐妹之間，通常是克蕾兒佩服「勇者」潔絲的時候居多。

但是，有一天，鄰居的惡霸偷走了潔絲心愛的玫瑰色小熊布偶「粉紅泰德」，這時，是克蕾兒發揮了精采的想像力，編出一個嚇人的故事，述說她們有個身強力壯具英雄氣概的表哥，馬上就會來這裡幫她們把小熊搶回來。

這個故事有多重倫理道德啟示，其中一個當然是手足之間截然不同的特質差異；另外，英雄氣概和勇敢是因情況而異的；還有，體認到每個孩子都是特別的。雖然膽小的蘭花克蕾兒在遊玩和家庭日常中總是缺乏勇氣，但在危機時刻，她卻是最穩妥的倚靠，成為激發英勇行為、扭轉情勢的那個人。

就像克蕾兒，生長在四周都是蒲公英的家庭裡，一朵蘭花很容易會因為自覺不如人而自卑。但是，如同柏克萊幼兒園計畫裡最優秀的老師所建議的，家長應該要能理解、認可並讚賞蘭花子女的特殊能力和優勢。雖然蘭花小孩在家庭喧騰、熱鬧的活動裡，有時候看似弱小或毫不起眼，但他們卻擁有許多重要且珍貴的天賦和才華。家長可以藉由與子女的互動，透過指稱和描述，以及信任子女能力的方式，來挖掘並展露孩子的這些天賦。

高質量、有回應的父母之所以能注意並回應子女在需求上所顯現的各種差異，就是因為他們具備這種「對敏感的敏感度」。唯有看到這種差異，肯定差異的正當性，才能讓蘭花小孩和蒲公英小孩各自盛開。

四、給予孩子寬容和自由的空間：全心接納，肯定孩子做自己。

父母要能接納並肯定孩子真實的樣貌、柔軟的心地和富創意的自我，如此一來，蘭花小孩就能夠茁壯。

蘭花小孩能夠敏銳地察覺到父母的批判和意見，對此照單接受，並以強烈的方式回應。他們通常也是最富創意和想像力的孩子，需要找到表達、運用創造力的管道。這樣的孩子如果察覺到，要達到父母的期望，就必須完全迎合父母的欲望和企圖心，完全不能有任何差錯，那麼孩子自己的希望、夢想和創意，可能會受到阻礙和壓抑。

愛麗絲．米勒（Alice Miller）在《幸福童年的祕密》（*The Drama of the Gifted Child*）一書中，描述一種高度內省、敏感的成人病患的心理治療過程。在病患的童年，父母的期望創造了「與真實自我分離的悲劇、痛苦狀態」。在領略他人心意方面「天賦異稟」的蘭花小孩，很容易陷入家人的期望，囚困於父母的嚴刻或忽視中，而無法表達出自己心中強烈的感覺和期望。蘭花小孩渴望的是一種能夠澈底敞開自我的自由空間。

因此，蘭花小孩的父母必須以特別的寬容，來回應孩子的敏感性需求。要做到這點，或許可以先從確保每晚家庭餐桌上，每個孩子都有機會講話，表達自己心裡的想法開始。進行的形式或許是找機會讓孩子表現音樂、繪畫、舞蹈或戲劇上的創意。雖然它不免稍嫌刻意於營造家庭文化，但此舉卻能維護每個人表達情緒的自由，讓不同的意見或感受都能受到重視。

我認識一個家庭，它以「說話杖」（一種有形的發言許可）的形式呈現表達的文化。「說話杖」會在晚餐時間輪流傳遞，確保每位家人都有機會暢所欲言，說出自己的想法、近況或意見，不被打斷。這個家庭保護與保留了某種空間，提供蘭花家人發言及表達自己意見的權利。

因此，養育蘭花小孩所涉及的，不只有家長的作為和敏感度，也要延伸至手足和整個家族。一如蘭花生長在岩石和樹上，而非在土壤裡，蘭花小孩也需要更堅實的結構，一個能夠讓他們蓬勃生長、盛開的「立足之地」。

五、建立在「保護」與「刺激」之間的微妙界線：不放任，也不成為直升機父母。

蘭花小孩的家人必須在精心的保護與壯膽的歷練之間，尋求一種恰到好處的平衡。由於蘭花小孩容易被外界觸動生理反應，所以父母讓孩子與外界刺激間保持某種隔絕，通常是必要而且有益的保護手段。

例如，由於知道我的孩子對於過度刺激的社會環境有強烈的生物反應，我可能事前會先確認好撤退路線，在時機出現之前盡量不動聲色。所謂的「撤退路線」，形式包括觀察他的不安和退縮；定時評估他的不自在程度；如果恐懼開始壓倒樂趣，可以讓他提早離開；對於太具挑戰的活動，有時候則會適時婉拒邀請。

但另一方面，教養蘭花小孩，也絕對不能只有保護和隔離：家長也必須知道何時該催促、何時該順水推舟、何時又該鼓勵孩子踏入未知的世界探險，甚至是那些讓他身心不自在的界域。因為一旦成功地挑戰未知地帶，就能一次又一次地讓孩子的成長，讓他對看似不可能忍受的情況，愈來愈有自信能掌握。

所有蘭花小孩的父母，都游走於保護和刺激之間，這條不斷變化的精微界線上。嚴格說起來，這條界線和所有孩童的教養都有關，但唯獨放在蘭花小孩的教養上要尤其留心，因為這群孩子對於教養方法的反應也會顯現非常大的差異。保護太多有溺愛的嫌疑，但是過度施壓強迫孩子踏出舒適圈，也可能讓孩子難以承受。一如詩人佛斯特（Robert Frost）在他的詩作〈恐懼〉（The Fear）裡所寫的，「每個孩子的童年回憶裡都應該有／至少一次的深夜漫步」，他的意思是，童年有一部分是掌控恐懼，以及正面迎擊黑暗裡的未知。所有孩子都必須知道，他們有能力承擔風險，面對未知和恐怖的險境。

上述正是反對過度保護孩童，以及拒絕「直升機父母」（這類父母會不斷監看子女的活動，總是以保護者的姿態盤旋巡察，防止「陌生人的危險」所造成的威脅，因而限制了現代兒童遊戲的空間、時間和種類）的部分原因*。因此，蘭花小孩的父母必須在催促他們本性沉默寡言的孩子參與可能讓他難以忍受的活動或事件，以及因為採取保護態度，卻可能讓孩子鮮少接觸有利於成長的新奇、冒險甚至困難的體驗之間，找到一個微妙的平衡點。這是一條難以辨識、也不好走的界線，但是在不斷地實驗和仔細觀察之下，大部分父母都可以微調出對他們的蘭花小孩最有幫助的方法。

六、善用遊戲的力量：玩出想像力與療癒力。

最後，遊戲、奇幻和想像的樂趣大有助益。蘭花小孩的父母，一如所有孩子的父母，都必須在其中接受陶冶。身在成人世界的我們，之所以深受孩童的吸引，諸多原因中的一個，就是孩子能夠自然且自在地進入生活中充滿想像力的玩樂角落。

有時候，我們這些大人，太早也太容易就放棄一度熟悉的嬉鬧和天真的快樂。我們喜愛、羨慕孩子，是因為我們從孩子身上看到自己曾經的模樣，以及我們曾有的經歷。他們提醒我們另一種生存方式，某種曾經是我們所歸屬的「家」。

所有孩子在教養上適用的道理和需要，在教導與關懷蘭花小孩時，那些需求尤其強烈。除了食物和愛，所有的孩子也需要從想像遊戲中汲取養分。因為遊戲就像夢想，也是生活現實中的一種縮影，能夠悄悄弭平重重衝突和屈辱的毒害。

一群野男孩假裝圍攻敵營，部分是為了釋放戰爭帶來的死亡陰影。孩子們圍成一圈，一邊跳舞一邊唱著「灰燼啊，灰燼啊，他們全都倒下了」，渾然不知歌詞隱含的意義，和十九世紀腺鼠疫和流行病的黑暗歷史有關。一個孩子行禮如儀、一絲不苟地照顧她最喜歡的娃娃，彷若歡喜而熱烈地為將來某天撫養孩子、當爸爸媽媽而預做綵排。遊戲是一段魔幻的假期，即使只有片刻，也能讓人放下日常生活嚴肅而真實的事務，而蘭花小孩對這些的感知特別敏銳。

因此，問題孩童的治療工作經常以遊戲形式呈現，絕非偶然。自然災害或瀕死車禍的倖存者，回復安穩平靜生活的方法是藉由假裝——重溫危難和恐懼的時刻。父母分居或離婚的幼兒，能在遊戲裡化解他們的悲傷，領悟到一個不願意承認、但卻存在的事實，那就是父母中的一個已經離去，並讓自己接受只能單獨與爸爸或媽媽一起生活。面對生活中的困難和情緒，蒲公英小孩和蘭花小孩都適用編造和假裝做為因應方法；而接納並參加子女遊戲的父母，因而能夠鋪出一條救贖之道，同時兼具孩子般的天真，與充滿療癒的力量。

要撫育、教導或引導一個儘管纖細、卻快樂又健康的蘭花小孩，以上就是六個有效的秘訣，要點包括生活需要儀式感；堅定不移的愛；尊重孩子的個別差異；肯定孩子做自己；在「保護」與「刺激」之間取得平衡；以及善用遊戲的力量。

從某個角度來看，照顧孩子時，那份深厚而崇高的慈愛，就像一種召喚，召喚我們每個人回到自己的起點，重溫其中的神奇和神聖之處。

第9章 當蘭花與蒲公英小孩長大成人

所有的父母都渴望子女能得到詩人瑪麗・奧利佛（Mary Oliver）所說的「非凡而珍貴的人生*」，人生裡有長久的快樂、身強體壯的健康、能帶來滿足感的人際關係，以及一些成就和意義。當父母第一次凝視著嬌小的新生兒那奇蹟、謎樣的臉龐時，這個希望就在他們的心頭翻騰。

就是這份希望支持著父母，讓他們能夠度過睡眠不足、寶寶哭鬧的漫漫長夜；熬過脆弱幼兒因病發燒時的憂慮；週六早晨忍受單調和乏味，待在棒球場邊觀看今年的第二十三場球賽；看著青少年在風暴裡摸索出路時，在一旁惴惴難安的擔憂；而且，在這一切之中，還能保持著關注和愛。因著這份希望，每個孩子的父母（蘭花小孩和蒲公英小孩、女孩和男孩、親生和領養都一樣）夢想著給予孩子愛和安全感，渴望看到他們能實現自我和肯定自我，擁有成功和美好的未來。

童年的記憶，會影響一輩子

像我這樣的發展科學家，之所以也關注人生早期所體驗到的良善和關懷，其中一個原因是，事實顯示，人一生進程的發展軌跡，大半都被人生頭幾年、無可替代的歲月所左右。人生早期發生的事，影響所及絕對不只限於那幾年，雖說沒有人記得嬰兒時期發生過什麼，但嬰幼兒時期發生的事不會只留在童年。

一如健康和疾病的發育起源（developmental origins of health and disease, DOHaD，又稱「都哈理論」）這個新領域所主張的，事件、環境暴露和幼年經驗會影響人生，甚至擴及中年和老年。

這個研究領域的開創者是流行病學家大衛・巴克（David Barker）和他那項影響深遠的觀察：營養不良的胚胎（反映在胚胎的生長狀況不佳和出生時體重過輕），可能和數十年後的冠心症，兩者有因果相關*。

另一項研究也觀察到，發生在成年晚期的疾病（造成許多人喪命的心血管疾病），源頭原來是在出生前以及出生後那幾年裡所發生的風險因子。換句話說，童年發生的事會延續一生。

童年會傷人

人生極早期的事件和經驗，會與後來的障礙和疾病有強烈的關聯，這個主張已經跨越了學科、地理和歷史的邊界。動物行為學家康拉德・羅倫茲（Konrad Lorenz）記錄了「銘印」（imprinting）效應，也就是小鵝在孵化後幾個小時，會對周遭看到的第一個移動物體產生本能的反應。他的實驗造成好幾窩小鵝跟隨著羅倫茲，而不是鵝媽媽（也就是銘印作用原本的目標對象）*。

生物學家杜博斯則主張，童年處於惡劣環境，會造成神經生物面向的風險，即使環境暴露因素減緩或移除，風險依然持續存在。三篇分別出自美國、英國和加拿大的重大研究報告，強化了這項共識，也就是因社經狀況和社會地位所致而出現歧異的人生早期經驗，日後將會形成發展和健康歧異更高的社會*。

愈來愈多科學證據顯示，孩童在人生最早幾年、甚至還有在母親子宮裡的經驗，都會持續影響後來的數十年人生，包括在健康、成就和幸福等各個層面。

那麼，對於我們這些發現自己具備蘭花或蒲公英的敏感性和訊號的人（還有我們的子女和摯愛的人），這有何寓意？蘭花小孩的柔軟，在青年時期的發展路徑上，發揮了什麼作用？蒲公英小孩的韌性，如何投射到人生的第二個和第三個十年？這些蒲公英或蘭花的體質，在個人長長的一生中，會衍生出什麼結果？這些都是寓意深遠的重要問題。因為，我們如何教養、教導和照顧所接觸到的蘭花小孩和蒲公英小孩，對於他們將成為什麼樣的大人、享有什麼樣的健康狀態、會歷經成功還是失敗，可能扮演了具定型作用的關鍵力量。

三十年前的孩子，如今變成什麼樣大人？

約莫四十年前，正是這些問題，驅使我投身醫學研究生涯，最終在舊金山灣區展開學齡前兒童的研究。從研究中（一如第三章所述），我們發現了蘭花小孩和蒲公英小孩（以及許多後來研究裡他們的後繼者），也就是本書寫作的基礎。

隨著故事脈絡浮現，我開始思索，那些現在已經長大的孩子，自從在一九八〇年代晚期參與我們的研究之後，這些年來他們有些什麼際遇？這些新問題促使我和同事艾碧・艾爾康（Abby

Alkon）、亞榮．舒爾曼（Aaron Shulman）著手從參與第一次研究（蘭花／蒲公英的對比在這次研究裡浮現）的學齡前兒童中，尋找幾個具代表性的千禧世代。我們想要知道，他們對於童年還記得什麼，我們也想聽聽他們剛成年時生活的故事。是否有像我妹妹瑪麗那樣悲傷得令人絕望的蘭花故事？或是我們研究裡的蘭花小孩，有的也蓬勃成長、展翅高飛？三十年後的現在，他們歷經了哪些勝利和失敗、歡喜和憂愁、悲嘆和懊悔？

我們做的第一件事，就是翻出一九九五年那篇塵封近二十八年歷史的科學論文，拂去塵埃，這份重刊本已經起皺、發黃；這篇論文首次提出差別易感性（參閱第三章，第八十一頁）。當時的「孩子」（現在已經三十多歲，和我的孩子一樣），我們還找得到幾個？他們有人願意和我們談談，或還記得我們是誰嗎？從他們接受我們的測試和觀察之後的這三十年期間，他們又學到了哪些人生課題？

我知道，要訪遍第一項幼兒園研究裡所有一百三十七名幼童，根本是遙不可及的目標，因此我們必須想出一個縮小範圍的方法。我們必須先篩選研究樣本，將樣本縮減至一小群具代表性、關鍵的少數，如果我們試得夠久、夠努力，或許能夠找到並聯繫到他們。

於是，我們找出奠定那篇論文根基的資料，再將那些蒐集、分析過的資料分為兩大類，分別是壓力實驗中戰或逃以及皮質醇反應特別低（蒲公英）和特別高（蘭花）的兩種。

還記得我們實驗的內容嗎？幼童在實驗室裡面對分派的任務時，所呈現的反應為何，例如嘗一滴檸檬汁、看一部悲傷或恐怖的電影，或是記憶一串數字。接著，把結果按照我們在孩子家裡和幼兒園裡評估的壓力和逆境程度，再進行分組。家庭壓力源是諸如搬家、看到或聽聞父母經常爭吵或有肢體衝突、父或母病重等挑戰。幼兒園壓力源則是像如廁之類的尷尬問題、幼兒園日常作息的變動、被老師管束……等事件。於是這兩種分群方式（反應和壓力暴露）產生了四組孩子：高／低壓力反應以及高／低自然發生的早期逆境。我們可以把這四組想成是生長在草原或高速公路旁的蒲公英，和生長在熱帶雨林或寒冷阿拉斯加辦公大樓裡的蘭花。最後，我們再根據他們多年前在幼兒園時期所展現的呼吸道疾病發病率的高／低，如感冒、喉嚨痛、耳朵感染、支氣管炎或肺炎等，把這四組孩子再進行分類。

我們現在知道，蘭花小孩的發病率不是極高就是極低，這取決於他們的家庭和幼兒園壓力程度；至於蒲公英小孩，無論壓力經歷如何，發病率都中等。

一如下頁那張現在我們已然熟悉的圖表所示，從這四組孩子裡，我們挑出八個最能代表蘭花小孩和蒲公英小孩疾病模式的年輕人。我們用前述「社會環境壓力」與「健康和發展受限程度」的關係，在圖表中用假名標示這八個人的位置。

我們懷著惴惴不安的心情，開始尋找這八名年輕人，希望能找到他們進行訪談。原來在幼兒園裡的小朋友，歷經三十年的離散，進入青年時期，要找到他們這真不是件容易事，也沒有任何捷徑（透過社群媒體和網路當然有幫助）。

然而，我們的團隊還是不畏艱難地找到了這八名當時參與研究後，即長久失聯的孩子，每個都願意接受了一到兩個小時的深度訪談。所有談話都由舒爾曼主導：他是我們當中年齡最接近受訪

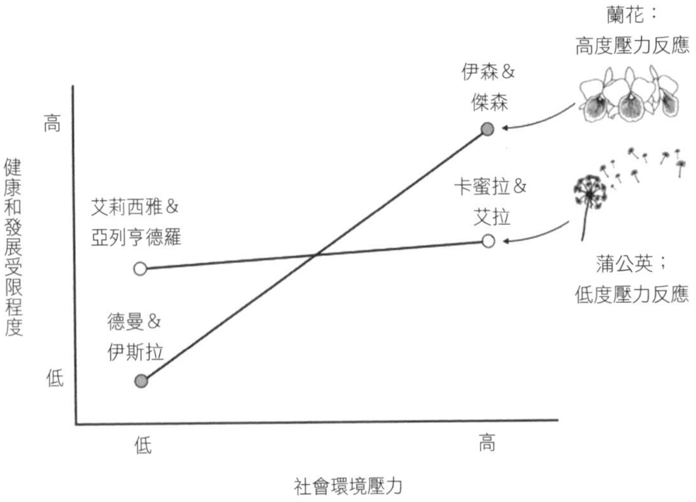

三十年後追蹤到的八位前幼兒園學生。根據壓力反應（低＝蒲公英小孩；高＝蘭花小孩）和早期社會環境的逆境暴露，區分出四個群組。這張圖顯示，在蘭花小孩和蒲公英小孩的壓力／健康關係圖裡，每個人所對應的位置。

者的，而在受訪者三十年前參加研究計畫時，他並不認識任何受訪者。因此，對於每個受訪者屬於哪個研究群體完全不知情，亦即處於「盲測」狀態。

對話以一系列開放問題做為開場，問題涵蓋各種主題，一開始是問到他們的早期回憶：

- 你小時候是個什麼樣的孩子，你的父母會怎麼描述你？
- 你在童年、青少年和成人時期，最自豪的成就和最大的挑戰是什麼？
- 你的興趣和志向如今還在？
- 你在人際關係上最快樂和最掙扎的是什麼？
- 這些年來，你的健康狀況如何？
- 你的工作和生活狀況如何？

- 你覺得自己變成什麼樣的人？你如何評價自己現在的生活？

這些問題拋出後，引發一連串極其坦誠的對話。所有的訪談（受訪者為三女五男）都有錄音，並謄出文字稿，用於後續分析。這種研究方式稱為「民族誌研究法」（ethnographic research），即對為數不多的參與者進行深度訪談，以真切地理解他們對人生的期待、想法和觀察。

雖然這種研究在本質上不同於我所慣用的量化、實證研究方法，但是有些可靠、可經科學驗證的觀察，只能透過這種與個人深度、具穿透力、回應式的對話才能取得。如果你想要了解一片森林，你就數算物種、記錄季節生長狀況、測量氣溫，但是如果你想要了解一棵樹，你就得花很多時間坐在那棵樹下。我們致贈每位參與者微薄的酬金，感謝他們付出時間。同時也對他們願意開誠布公和直言不諱地談論自己人生的前三十五年，表示肯定。以下是他們告訴我們的故事。

生長在草原的蒲公英小孩

蒲公英大人之一：返鄉重獲新生

「艾莉西雅」[1]三歲時，是個看起來很有自信的小女孩，勇氣十足，也很容易相處。學齡前幼

1　所有出現在本章節以及後續各章節的名字都是假名。

兒因為接觸到許許多多過去不曾遇過的病毒因而常患的感冒、咳嗽、流鼻水，她也都有，但是她的病情和她同樣幼小的同學差不多。

艾莉西雅後來成為表達能力出眾、自制力高、內向的年輕女子，打扮俐落，戴著時尚的眼鏡，有著一頭濃密的栗色波浪捲髮，一副年輕專業人士的完美形象，知道如何在都會的國度裡定位自己。

在八名參與者當中，她是唯一真正記得曾經參加過三十年前那項研究的人。童年時，她就顯露對個人控制的強烈需求。她仍然記得在非常小的時候，不喜歡上廁所這件事（也算是有趣可愛），因為上廁所等於對某些屬於她的物質放棄控制權。

部分是由於這種控制欲，部分則是父親傳達的責任倫理所致，她在學業表現上一向出色，沒有任何困難。在她早期與同儕的關係裡，她常扮演照顧、順從其他女性友人的角色，有時候會形成她認為「不健康」的關係。

她有鮮活的想像力，受到奇想和藝術的吸引，因此後來在大學修習藝術，至今仍然把它當成嗜好。

就在上中學時，艾莉西雅一家人搬到歐洲，為她帶來一些適應上的挑戰，包括強化語言能力的壓力（她在家裡與父母說新國家的語言，但是成長過程中，在學校的求學只用英文），還有熬過失去熟悉的環境和朋友的時期。與此同時，她正邁入青春期，歷經了身體的變化，卻沒有人幫她做好充分的準備。然而，所幸她最終還是適應良好，享受歐洲社會自由的生活。

她持續活躍於社交生活，與同是青少年的朋友到播放震耳欲聾舞曲的俱樂部玩樂，不過沒有踰越分際，也沒陷入任何麻煩的人際關係或嗑藥取樂。上大學時，她回到美國，大學生活過得非常順利，畢業之後，搬到紐約市，在那裡展開她的第一份工作。

在企業上班時，她與主管陷入一種「有害的關係」，她的主管利用她年輕、沒有經驗，將情緒發洩在她身上，踰越了工作的界線。幸好，她遇到了她現在的未婚夫。她自覺需要與紐約市以及與它有關的所有不良關聯做切割，於是收拾行李，從東岸回到西岸，回到她小時候搬離的舊金山灣區。雖然這個舉動有相當的風險，像是人際關係短暫地分崩離析，而她無法控制這個轉變的結果。她能夠控制的只有「必須搬家」的這個決定。而這個變動是她全心想要的，包括逃離惡劣的慣老闆、換到非營利部門工作、結織新人群和新朋友。

最後，她的紐約男友也來到舊金山與她團聚，兩人一起建立了非常幸福快樂的生活。她很滿意此刻的生活，也很自豪自己在走岔了路，遠離對她有益的事物時，能即時修正路徑。

她的堅韌和成功，在許多方面都和她的蒲公英同儕——亞列亨德羅，非常類似。

蒲公英大人之二：性向流動的抉擇

亞列亨德羅的聲調很友善，會讓你以為彷彿認識他的時間比實際上還久；在他順遂的精神科醫師職涯裡，這能有效地建立令人自在安心的醫病關係。

他對人生最早的記憶是一九八九年的洛馬普里塔（Loma Prieta）大地震。那年十月的某個下午，地震隆隆，撼動了灣區，當時他正在幼兒園的遊樂場和朋友玩。他記得地動天搖時，一整個遊樂場的小朋友開始哭泣，地震結束後，老師和家長都來撫慰他們。他相信，他的父母會用「乖巧的孩子」描述那個時期的他，他絕少（如果有的話）給他們帶來難題或麻煩。

他坦承自己很早就有「恍神」的傾向，造成短暫的專注力不足，在家裡和在學校都有這種情況。他也記得小時候很執著於公平，在與朋友和父母起衝突時，總是堅持要有平等的解決方式。他相信，就是這種對公平與平等的執念，讓他選擇在醫療資源不足的社區執業。

記憶中，他的父母很保護他，或許有時候是保護過度，當摯愛的祖母過世時，他們過了好幾天才能對他啟齒。但是，他的家庭生活穩定而充滿關愛；父母親有穩固、能夠相互扶持的婚姻；他與他高成就的哥哥建立了健康且和諧的手足關係。

亞列亨德羅在整個成長階段以及後來的時期，都有很好的學業表現和社會成就；他以傅爾布萊特學人[2]的身分在南美洲待了一年，後來就讀醫學院並駐院實習。在研究所時期的駐院實習訓練，他必須同時面對好幾項並存的考驗，若是換成別人遇到這種情況，可能得休假或放棄。

某次，當他搬家跨越整個國家後，面對著重新開始的局面，遠離了所有朋友，一頭栽進吃重的教育課程，與此同時卻遇上他的新室友跳樓自殺。雪上加霜的是，他和女朋友分手了。然而，他仍保持一貫的冷靜，面對逆境，參加一個治療團體，幫助他和他的同學面對室友的自殺，大家都說他在處理悲傷時表現沉著冷靜。

高中時，亞列亨德羅也開始主動探索自己的性取向，他的結論是自己是雙性戀者，或是人家說的「酷兒」（queer）。因為他在現實世界裡受到兩種性別的人吸引，這點偶爾會導致身邊的人對他有所誤解，也引發他自己的內在認同問題。

但此刻，他流露出對自我的接納，現在的他，對於自己成年初期的生活感到幸福、自在，唯一的挑戰是他在性向上持續的兩難，以及不知該如何追尋、維持長久的關係。

艾莉西雅和亞列亨德羅的青年生活，是我們在許多擁有安穩童年的蒲公英小孩故事裡所看到的寫照。這些孩子在安全和自立的環境裡成長，能夠沉著應付生活裡無可避免的挑戰和困難。以艾莉西雅來說，青少年早期搬家，進入一個全新的社會和家時，她面對的是調適上的挑戰，還有面對一個利用自身權力之便，發動情緒攻擊的權威主管。對亞列亨德羅來說，他的挑戰是自己的性向之謎、面對醫學院的緊急狀況，以及如何調適面對一樁身邊近距離發生的意外。但是，最明顯而重要的主題是，儘管得處理這些無法閃避、非常磨人的生活壓力，艾莉西雅和亞列亨德羅都在自己的內在找到適應和再生的能力。兩個人都曾歷經嚴重的問題，也都熬了過來。他們找到自己的路，通往滿足、有意義的成人生活。

—

2　Fulbright Scholar，由美國政府資助的國際教育交流計劃。

生長在高速公路的蒲公英小孩

蒲公英大人之三：年少無知的青春期偷竊事件

卡蜜拉有雙深具洞察力的眼睛，喜歡烹飪，喜歡聽現場音樂會，目前她才剛進入研究所。在被問及記憶中自己童年是什麼模樣時，她告訴我們，她是「老師的寵兒」，一個用功且努力的成功者，永遠在尋求權威人物的認可。幼兒時期的她，在學校或許承受了超過自己能負荷的壓力或惱人事件，但她的健康狀況比起同儕，顯然好壞差不多。

她的家庭寧靜而安穩，母親是她永遠的啦啦隊。在學校，卡蜜拉會向支配地位較強、領導型的孩子靠攏，偏好處於較附從、跟隨的角色。她承認自己有時候會挾地位較高的朋友的能力和名聲，霸凌較年幼或沒有權勢的同儕。天生膽怯的她，學會藉由與朋友的關係，擺脫壁花的形象，變得更加健談、可親和外向。她在這方面非常果斷、積極。中學之後，她想要改頭換面，成為一個外向人物，於是改造自己的公眾形象。

然而，就像大部分人一樣，卡蜜拉無法完全拋棄天生的個性，亦即附從於較具權勢的朋友的社交取向，在青少年晚期，發生了一起不名譽的事件。她和一名男性友人走得很近，對方喜歡在店裡順手牽羊以追求刺激感，她讓自己被牽著鼻子走，成為同伙。有一天，他們走進一家電器行，偷偷拿走一些高價的外接式硬碟，走出店門。得逞之後，他們來到停車場，高漲的情緒讓他們想追求更興奮的刺激感，於是他們立刻折回店裡，企圖偷更多硬碟。可是，這一次他們被逮了。原本看似幼稚（雖然危險）的青少年遊戲，突然演變成嚴重的犯罪問題。她和朋友被銬上了手銬、帶進警局問訊。她穿著囚犯制服，在集體牢房待了一個晚上。

這段經歷對她和家人而言是一記嚴重的打擊。對於一個出身於穩定的中產階級、負責任家庭的孩子來說，這是一段難以磨滅的記憶，她被起訴並定罪（按照律法，偷竊是重罪，但可以協商減刑），她的父親為此陷入深深的憂傷。

卡蜜拉在她的人生早期也曾面臨身材和飲食問題，與體重奮戰。然而，在她母親的支持下，她減掉過重的體重，克服了對自己的身體和形象的不安全感。

她現在與一個不同種族和文化的年輕男士建立了豐富而有滿足感的關係，成為一名聰明、有內省能力和對情緒有自覺的年輕人。

蒲公英大人之四：歷經喪父與酗酒的前半生

我們第一次認識艾拉時，她四歲，面臨超標的幼兒園壓力源，但是在實驗室卻只顯現一般的壓力反應，呼吸道疾病的發病狀況也很普通。

和卡蜜拉一樣，艾拉這些年來曾與重大的逆境周旋，雖然剛開始和她相處時你不會知道。她笑容可掬，有好奇心，帶著龐克風格（補釘牛仔外套、黑色大靴子），反映出沉著、快樂的自信。她描述自己是個害羞但個性倔強的小孩。她的母親則說她是個「意志堅定」和堅強的小女孩，在家從來不隱藏她的感受。

她在學業上沒有困難，但是覺得社交充斥著挑戰性，自認是標準的內向者。她十一歲時，舉家搬回南美洲（說來奇妙，大約和艾莉西雅搬去歐洲時的年齡相同）。他們當初是因為父親受訓的緣故，才從南美洲搬到舊金山。這對艾拉而言，是個重要而艱鉅的轉變，因為她需要更努力才能融入父母的母語，培養在文化上截然不同的社交和課業能力，並適應她身邊女同學們的性發育比當時的她還要成熟的現實。

她有一點男人婆，喜歡和表兄弟姐妹一起在街頭玩耍，但是在南美洲，她應該要有傳統年輕女子的樣子，表現她其實並不是那麼認同的價值觀和行為。

艾拉十六歲時，家庭遭逢重大變故：她的父親在四十五歲意外驟逝。每個人都深受打擊，退縮進自己的悲傷和哀慟裡，包括艾拉。家人變成各過各的，每個人默默承受父親突然缺席的痛苦。艾拉逐步走進她父親生前的世界，藉此撫平喪父的遺憾——她攻讀父親協助成立的課程，與他的同事在實驗室裡共事，並邁入他的科學領域。然而，有時候，她感覺自己對繼承父親的衣缽完全沒有心理準備，於是在大學時代，她曾企圖用酒精和大麻緩解這種不協調的感受。

畢業後，艾拉搬回舊金山，就像她四處遊歷的同儕們一樣，重新歷經一場反向文化衝擊。她必須重新掌握錯綜複雜又不同的社會期待、英文俚語中細微的意涵，以及美式行為和傳統的慣例。她想起「shady」（可疑或是陰陽怪氣的樣子）這個流行用語，就像在形容那段期間的她。一開始，她為漫無目標而困惑，依賴酒精和大麻，對未來和命運充滿不安全感。但是，她仍幸運地得到了實驗室技術人員的工作。

有一天，她同樣住在舊金山的姊姊給了她一輛單車。這個禮物彷彿一個神奇魔咒，讓艾拉的人生開始轉變。在歷經幾天筋疲力盡到她覺得自己會死在半路的單車騎行後，她找到了訣竅。之後她每天騎六英里的單車上下班；她開始攀岩，身材變好；她去看治療師，在對方的幫助下，重建自我和目標感。她一直有一段吵鬧混亂的感情關係，但她現在單身，最終得到了安定和快樂。

卡蜜拉和艾拉的年輕生命還有好多故事可說，這些故事，彷彿向我們再次揭示了蒲公英小孩的韌性和適應力。這兩名年輕女子在人生早期、參與我們的幼兒園研究期間，家庭和學校壓力源的暴露程度大幅高於同儕的一般情況。這種早期壓力源的形式可能是突發的負面童年事件，例如父母分居或離婚、目睹衝突或暴力，或父母一方陷入酒精或藥物濫用問題。壓力源也可能是慢性的逆境，例如親代精神疾病或長期精神虐待。無論這兩個孩子在幼兒園時期歷經的有害壓力源具體為何，有時候會伴隨著暴露於突發或慢性壓力源而來的呼吸道疾病，在兩個人身上卻都沒有出現異常的發病狀況。身為蒲公英小孩的兩個人，儘管在社會情緒生活裡遭遇重大煩擾，仍依舊維持相對程度的健康。

這種面對生活的挑戰和困難卻依舊不屈不撓的抵抗力，似乎將持續到兩個女孩人生的第四個十年，實在令人讚嘆。卡蜜拉是店內偷竊的十九歲初犯者，伴隨著起訴而來的，是法律和情緒的種種複雜經歷，而這場試煉，她仍在與之奮戰。除此之外，她還有體重過重這個艱鉅而頑強的難題。

至於艾拉，十六歲時失去父親，在北美與南美兩個文化間往返遷徙。不論任何年紀，失去父親都是難受而痛苦的經歷，對一個青少女來說，父親在青春期中途離世，沒有任何預警或心理準備，絕對是一場強烈得難以平復的災難。但是，不管是卡蜜拉或艾拉，一個是在法律與社會的清白與道德上有了汙點，另外一個則是摯愛父親的死亡，她們都始終不曾出現任何步伐停頓或沉淪的情況。兩個人看似都消化了重大打擊，也都找到方法，把遺憾轉化為人生的課題，有益於磨練或深化她們對自己的認同。

生長在熱帶雨林的蘭花小孩

蘭花大人之一：外向又過動的「未來百萬富翁」

德曼四歲時，是我們在早期研究裡遇到最健康的幼兒之一。雖然他在壓力實驗室展現出明顯的戰或逃反應，因此被歸為蘭花小孩，但他在我們觀察、定期檢查的那一整年裡，完全沒有疾病紀錄。他的感冒和病毒感染遠低於舊金山幼兒園裡所有的蒲公英小孩，是一個超級健康的小男孩。以一個四歲幼兒來說，他近乎零瑕疵、創紀錄的健康表現，也許部分可以歸因於他在校和在家過著有支持力、幾近零逆境的生活，再加上他的蘭花體質，讓他對這些資源豐沛、無壓力環境的保護效應極為易感。

那時的他是個極度喜歡交際、迷人的小傢伙（現在還是這樣的一個小伙子），縱然呼吸的空氣裡，滿布了同學咳嗽、打噴嚏的病原，但這些對他的健康紀錄絲毫沒有妨礙。在三十年後，他回想幼年，他認為雙親對他有點否定和嚴格，但是他依舊長成活力十足的健康青年，過著精采而活躍的生活。

從小，德曼就有著誇張的手勢和儀態，讓人感覺他和周遭的兒童世界格格不入。彷彿是一位一擲千金的三十五歲大亨蓋茨比（Gatsby），躲在一個小男孩的身體裡。他覺得同儕的嬉鬧、小孩的遊戲都很無聊、沒有挑戰性；相較之下，和父母的朋友、親戚裡的大人相處，他反而比較喜歡成人的世界。小男孩通常會瘋迷的事物，如運動電玩和恐龍，他也不喜歡。

他喜歡大人在家裡舉辦的庭園宴會，有優雅的布置和古董家具。他天生內在追求秩序的完美、規模的宏大和細節的講究。他對於不得體的狀況或事件有一種偏執的厭惡，他還記得有一次，因為有個同學在班上嘔吐，他就請假在家待了一週。他不諱言自己天生無法容忍那些平庸、糟糕或平凡的人事物。

德曼是注意力不足過動症（Attention Deficit and Hyperactivity Disorder, ADHD）的外顯者，不管是在日常生活裡或在我們訪談時都坐不住，但是正因為他靜不下來，驅使他轉而赴高級餐廳裡工作，藉此結識有財富、有影響力的朋友——最好是年長的。

他曾在某個舊金山政治人物的辦公室裡實習，但是一段時間過後，他似乎看不到未來的前途何在，因為過度好動的天性讓他難以蹲點並保持專注。大學畢業後，他住在家裡，積欠了高額的信用卡卡債，為的是要享受那種深深吸引他的上流生活。但是，他靠著自己的能力最終還是付清了債務。

在二十多、近三十歲時，他找到門路，踏進實境電視秀，突然有了明星光環加持，異國旅行機會、談話邀約、商機朝他滾滾而來，他嗅到了金錢微妙而獨特的香氣。他的本事無可置疑，他渴望公眾人物生活的鋪張、浮誇和盛大排場，尤其是名流高不可攀的公眾生活。

德曼高中畢業前夕，曾被票選為「最可能成為百萬富翁的人」，他目前的薪資正應驗（或超越）了這個預言，他的年薪遠遠超過五十萬美元。儘管個性有點躁動，在我們的訪談時，他依舊表現得落落大方討人喜歡，他天生就是能言善道的人，是洗練的溝通者，散發出光鮮亮麗的模樣和俐落的儀態。他所有的一切都傳達出敏銳、品味和優雅，他頗苦惱自己目前必須待在舊金山這個城市，因為他不怎麼喜歡舊金山，但這裡卻是他工作的大本營。現在的他，正順利地逐步實現，自己四歲時就開始想像和追尋的「特別」而迷人的生活。

關於他對於生活的追求，他認為缺點就是意識到，當自己為他人工作、遵守公司規範的要求和時程時，會非常的不自在。他渴望伴隨著所有權和領導力而來的控制和支配（無疑地，有一天他一定會得到）。

雖然他擔心未來有家室後的生活勢必將造成一些犧牲，例如較少搭機旅行、步調不能再飆得一團亂（諷刺的是，這是他保持情緒穩定的要件）。但他現在正和一位女子維持一段穩定的關係，而她可能將成為他的妻子。

蘭花大人之二：東歐移民二代的美國夢

伊斯拉與德曼同屬特別健康的蘭花小孩。根據他所說的故事，不但與德曼構成耐人尋味的對比，也是值得注意的對等平行。

一如德曼，我們發現伊斯拉是個認真、內省和自覺的人，雖然他外表冷靜，但有一種低調、聰慧的幽默感。他的態度沉穩安詳，在思緒沒有準備好之前，不會急著開口講話。伊斯拉認為此刻美國社會在經濟大衰退之後，經濟環境艱難，而且或多或少令人失望。

他出生在東歐，三歲時和家人移民到美國。他最早的記憶是他和父母在機場與大家族永遠告別的哀傷景象；他的父母都是猶太知識分子，在共產主義政府垮台前離開。他們搭上飛機，飛越大陸和海洋，降落在另一個洲，在那裡有另一種語言、另一個未知的生活在等待他們。

伊斯拉有一對關愛並鼓勵他的父母，為了保護他，也顧及他的未來，於是毅然決然放棄故鄉和熟悉的一切，爭取在自由和平等的環境下，撫養他和他的妹妹。

兄妹倆極為成功地融入美國社會，伊斯拉拿到獎學金，就讀一所雙語私立學校，挖掘出自己之前不曾發現的舞蹈熱情和才華，後來還進入舊金山芭蕾舞團，他成為舞團裡的年輕舞者，認真考慮以專業芭蕾舞者為職志，但是在高中畢業前夕的一次重大傷害，扼殺了他的舞蹈之路。不過，他的人生並未因此停下腳步或減緩速度，因為舞蹈只是他眾多才華裡的一項。

自信而天生擅交際的伊斯拉，從年幼的移民者，到後來融入舊金山市，並把這裡當成他的家鄉。他的生活有種如畫的美感，難以想像這是一個孩子的日常生活：他每天搭上這台城市裡最有名的街車，一路欣賞身邊的房舍和建築，到坡頂去上學。街車的駕駛甚至叫得出他的名字。他現在正在追求另一項興趣——建築，並與他所擁有的廣大、多元的社群人際網路分享這座城市的建築地貌和文化，或許這一切並非偶然。

他成年後繼續維持沒有大礙的健康狀況，目前有篤實穩定的情感關係。他對於自己目前的經濟狀況有些不滿，他把它歸因於二〇〇七至二〇〇八年全球金融危機的遺毒，並多少為自己顯然要一輩子待在舊金山和灣區而心生怨嘆。

德曼和伊斯拉的故事，儘管源頭和終點不同，卻在在顯現共同點，突顯蘭花小孩人生的複雜性。不管是童年或現在，兩個年輕人都不曾被視為平凡或普通之輩。在凡常無奇的男孩堆裡，這兩個生命都顯得卓然超群。德曼夢想擁有一個超越主流的人生，格調和方向都要新潮、雅致和獨特。伊斯拉生在灰暗、後蘇聯的混亂國度，移民到多采多姿繁華的舊金山，成為一個閱歷豐富、會三種語言的芭蕾舞者。兩個人在人際關係上，天生有一種優雅、從容的氣質，令人印象深刻。

不同於我所遇到的那些害羞蘭花小孩，他們兩個都在人生的第四個十年，變得外向而且自在從容。兩個人內心都有一股強烈的獨特感和個人目標，彷彿各自有一個為自己量身打造、祕密而特別的角色。兩個人都展現令人激賞的決心和能力，採取行動並逐步實現他們人生的願景。兩個人都不是孤僻的人，也不是彆扭的人。目前兩人都沉浸於明顯是忠誠而長久的情感關係中。

這些訪談讓我們印象深刻的，不只是兩個年輕人蓬勃發展的程度，還有他們展現出每個蘭花小孩如何「以獨特的方式展現獨特」的強烈意象。

生長在寒冷阿拉斯加辦公大樓的蘭花小孩

蘭花大人之三：與人群格格不入的藝術怪胎

一如我們幼兒園計畫裡測試的蘭花小孩，伊森對於壓力源有生物感應。即使我們要求他完成的是挑戰程度最普通的項目，他都顯現強烈的戰或逃反應，而且在描述情緒煎熬的事件時，明顯受到影響。對於一個四歲孩子可能遭遇到的好事和壞事，他似乎都有栩栩如生的想像力。

伊森在幼兒園裡所面臨的逆境，也多過他承受的限度，像是在遊樂場裡遭到排擠或霸凌；為上下學接送的程序變動而不安；教師人數少，無法處理每個孩子的壓力。或許是因為這些狀況以及伴隨著壓力反應而來的免疫功能低下，讓他長年生病。尤其是在冬季，他似乎接連染患病毒疾病，經常出現耳朵感染或鼻竇炎等併發症。他看起來就是個特別脆弱的小男孩。

三十年後，伊森在他灣區公寓的客廳裡與我們閒聊，言談間流露出若有所思的模樣。他的客廳滿滿都是書和DVD。他有張和善的臉孔，臉上有雀斑，他已經長成一個健康、穩重的年輕人，能夠與他人交流，儘管他似乎心事重重。

伊森來自一個大家庭，排行老么（有同胞手足，也有異父或異母手足）。他最早的記憶是他十八個月大時的受洗禮。以頗受認定的「嬰兒經驗失憶」（infantile amnesia）現象來說，這是非常早的記憶。對於大多數人來說，回想得起來的記憶，最早可溯至約三或四歲，但或許伊森有超常的敏感性，因而能夠保存那些在大部分人記憶裡已漸漸遺忘的信息。

即使如此，但伊森卻不記得他參加過我們的研究，不過他的父母當然記得。在最近這次的訪談前，伊森父母在前一晚告訴他，實驗室的測試項目曾讓他有多麼地不知所措。

伊森有很多受到所處情境「過度刺激」的童年記憶；他記得自己對許多事都敏感得無法承受，尤其是在擁擠或喧鬧的環境裡。他也記得自己脾氣火爆，他把它歸因於無法掌控某些狀況而產生的挫折感。從幼兒園開始以及後續的校園生活，都讓他心力交瘁而且倍受煎熬，他寧可躲在家看電視或閱讀。他擁有對他人強烈的同理能力，以及鮮活的想像力，印證了我們在他四歲時對他最早的印象。在小學的尾聲，他已經設定好人生要走的路。他當時上了一堂戲劇課，當下便覺得自己找到了歸屬。他要成為演員。

雖然找到了新方向和新目標，中學生活對伊森仍然是艱鉅的挑戰，無論是學業和社交都是如此。外來的感官刺激讓他無法專心於課業，常在遊樂場和通勤途中遭遇霸凌。他還記得那種「找不到融入的入口」的感受。孤單以及多少被孤立的伊森，還好最終在「怪胎」裡找到同路人，那些一樣是團體棄兒，忿怨不平而疏遠地在初中和高中社會生存的邊緣人。

為他的健康和安全而憂心的父母，在他中學讀到一半時幫他轉學，轉到一所教育模式更具彈性和包容力的「嬉皮學校」，但是伊森在那裡仍然找不到歸屬感。新環境裡的他，愈發感到孤單和抑鬱。當這個最黑暗的時期走到谷底，他萌生了自殺的念頭。他回想起這個階段，曾有一個具象的畫面：某次家庭夏令營，他不小心在自助餐廳打翻了餐點托盤，食物掉了一地。在一陣沒有惡意的玩笑話裡，有人開始鼓掌。伊森衝進洗手間，極度痛恨自己，他用拳頭搥牆，搥出一個洞來。

幸好，不久之後，他自己主動向父母提出他想要去看治療師，他們聽從他的想法，去找了治療師。逐漸地找回踏實而快樂的生活。中學時，他交了第一個女朋友，感受到一股全新的自信，慢慢脫離憂愁和絕望。他的成績開始進步，他的學習潛能也開始浮現。高中的最後一年，他發憤圖強，努力不懈，後來得到一所知名大學戲劇藝術課程的入學許可。大學是他的天堂。他終於找到他的伙伴，在戲劇系有活躍的發展。

大學畢業後，他有段時間在洛杉磯工作，但是覺得那裡的表演藝術圈競爭激烈，找工作要靠空洞浮誇的口才，而伊森顯然不善此道。他回到舊金山，在某一部戲劇中演出一角，靠著演戲和當餐廳侍者的收入，過著舒適自在的生活。然而，在生活中，他仍然覺得與怪胎在一起時，才能找到一種歸屬感，也就是那些愛好藝術、稀奇古怪、為我們的社會和社區增添色彩和裝飾的那些人。

蘭花大人之四：三十四歲的寂寞、徬徨與迷失

就像伊森一樣，「傑森」也在幼兒園研究計畫裡被標記為蘭花小孩：對實驗室裡的挑戰展現強烈反應，體驗到過多的壓力源，無論是在家裡或在學校都是如此，他是個經常感冒流鼻水的孩子。

傑森也有一個組合式家庭，在幾個兄弟姐妹裡排行老么，其他手足年齡都比他大很多，因此他大部分的童年時光都過得像獨子。他相信，他的父母會把他描述為「依賴」和「被寵壞了」。

他沉迷於電玩遊戲和棒球（觀看球賽，不是玩），並且交了一個要好的朋友，直到今天對方都還是他的死黨。談話時，傑森是個讓人感覺友善的人，他開心地靠在椅背上，講話的速度很快。

他在一所教會學校就讀初中和高中，為了反抗規範嚴格的校園環境，他開始酗酒和抽大麻。他

在大學時往來的都是嬉皮分子（一群散漫的懶鬼，而不是像伊森的那群藝術家），他們雖認同上學是一種勉強還能容忍的成長儀式，可是卻跑到加洲沙漠中，吃迷幻蘑菇、抽煙和在巨石間爬上爬下。

高中畢業後，傑森的父母搬到東岸工作，把舊金山的房子留給他，好讓他有個地方能回家，他現在仍住在那裡。他也曾隨父母在東岸城市住了一年，但環境的刺激過強，包括交通、人群和噪音，在在都讓他筋疲力盡。

傑森在當地一所大學擔任行政職，以安頓自己。這一份嚴肅、責任重大的工作，可以預見將帶來有保障的未來，他可以依循長期職務發展路徑往上爬，儘管晉升的階梯平緩，但卻穩定可靠。他安於目前的生活。然而另一方面，他的故事透著一抹失望和自我放逐的味道，在遠方的父母也為他的飲酒感到憂心。平常的日子裡，他下班回到家，就會抽一點大麻、喝幾杯酒，藉此放鬆，然後盯著電視，看一整晚的運動節目，直到睡著。傑森承認，他不能永遠住在父母的舊金山房子裡，但是舊金山的租金高得嚇人，此外他也需要儲蓄，這些是他保持現狀的原因，至少現在是如此，這倒也合情合理。

他的感情生活不像房子，最長的一段感情只維持了三或四個月，他認為原因出在他自覺一個人比較自在。

他有豐富的政治智慧，也是思慮周密的無神論者，對心靈修練或體驗不太感興趣，也不太需要。他在成年初期就有「敏感的胃」，原因不明，因此偶然會有惱人的腸躁症發作。他喜歡規律，看起來能有效地規避風險。三十四歲的他是個能言善道、健談的年輕人，但是不囉嗦也不廢話，他的笑容藏著焦慮，有時候會讓幽默變得走味。儘管他的生活看似安穩有保障，但是在此刻，他的模樣就像個困惑的年輕人，迷失在一種有時寂寞、無法反應他真實潛能的生活方式裡。

儘管我們從一開始就發現蘭花特質具有雙面性，一方面能成就蘭花小孩達到出色的成就，另一方面也潛藏著容易失敗的不幸和弱點。伊森和傑森所講述的生命歷程，嚴格說來不能稱為困頓或失敗。畢竟兩個人最後都有收入穩定的好工作，也都是對社會和世界有貢獻的公民。但是，兩個人在尋覓快樂的路上都走得辛苦。以傑森來說，辛苦的還包括對志向的追尋。相較於傑森，伊森已經展開了為夢想而奮鬥的人生。但是，兩個人都尚未完全融入任何一項工作或進入可以奉獻人生的家庭中。兩個人講述的故事裡，對工作和目標都只有平淡的成就和自豪感。

那些年輕生命帶給我們的深刻體悟

這八個當年還是幼兒的青年，離開幼兒園壓力和疾病的關鍵研究後，在外面闖盪三十個年頭至今，眼前還有大半人生等著他們。如果人類的預期壽命繼續增加，他們每一個人應該仍有半個世紀或更長的人生要度過。因此，我們現在的審視和訪談，謄稿過程裡所得到的任何結論，充其量都只是暫時的。我們、還有他們的父母和所愛的人，都希望他們能擁有悠長、有生產力、滿足的人生。

我們從這八個成年的「孩子」身上能得到什麼新見解，以更宏觀地闡釋蘭花小孩和蒲公英小孩的故事？知道他們對於家庭和幼兒園環境的敏感度有如此明顯的差異，他們的故事如何協助我們理解年輕的蘭花和蒲公英的人生弧線？我們或許可以從中得出幾個有益的省思。

一、沒有人是絕對的蘭花或蒲公英類型。

「蘭花」和「蒲公英」最好被視為特殊敏感性連續區間裡的一個位置，而不是人類表現型截然不同的兩個「桶子」，把每個孩子實證後，投入其中一個。

德曼、伊斯拉、伊森和傑森在三或四歲時，被歸為蘭花小孩，是為了神經生物反應發展研究而訂的標籤，因為他們每個人都具備某種我們認為屬於蘭花小孩的特徵。他們在距今年代久遠的幼兒園時期，對溫和的實驗室壓力源都有強烈的反應，具備特殊的敏感性。以德曼來說，他無法容忍平淡無奇和「正常」，伊斯拉擁有芭蕾的驚人才華，至於其他人，則是容易刺激過度，無法承受緊張或擁擠的環境。

我們較堅強的蒲公英小孩（亞列亨德羅、艾莉西雅、艾拉和卡蜜拉）早年，在一模一樣的實驗條件下，對於觸發蘭花小孩激烈反應的實驗室任務，全都展現無動於衷、最低度的生物反應。現在，他們每個人的生活經驗，都反映出他們在面對真實的逆境時，會啟動某種穩定、堅韌的力量。

以亞列亨德羅來說，是希望父母能對他透露、而非隱瞞祖母的死訊，讓他能夠實際參與並為她的過世哀悼。對艾莉西雅來說，是成功地適應在歐洲的新生活，即使她要應付青春期的巨大變化。在艾拉的人生裡，則是克服父親突如其來的因病早逝。

同樣帶來許多啟發的是，蘭花組和蒲公英組鮮明的多元性。蘭花小孩伊森狹隘的社交圈，卻能在戲劇舞台上得到難得的自在。另一個蘭花小孩德曼，童年時很少把時間花在尋找安適的位置，反而自信滿滿、甚至激烈昂揚地提前邁進成人生活。

蒲公英小孩艾拉和卡蜜拉在童年和青少年時期都有真切的創傷經驗。但是艾拉回應父親過逝的方式，是立刻加倍努力地向父親看齊（可能也是一種治療）；而卡蜜拉遭到逮捕和定罪，讓她原本平順的人生沾上永遠洗不掉的汙點。

每個人看似都是蘭花和蒲公英特質的組合體。即使在三十年後，這八個人的特質還是清晰可辨，一如當年實驗室程序裡給他們的分類，但他們當中沒有一個人是純然、不折不扣的蘭花或蒲公英標準範本。每個人都能在蘭花和蒲公英的敏感性光譜上找到位置。

二、**人永遠都在改變，會努力蛻變成我們想要達成的模樣。**

所有這些年輕人的人生和身分認同，都會隨著時間出現明顯的變化。這些年輕人有些變得更像我們在一九八〇年代末期認識的那個孩子，但有些則在氣質和行為上，與我們在他們三或四歲時觀察到的那個幼兒迥異。

卡蜜拉從幼兒園起就是高成就者和老師的寵兒，後來繼續在艱深的領域裡攻讀學位。伊森在小學畢業之前就探索戲劇和表演，不同於其他對影劇只是玩票性質的人，隨著時間過去，他仍舊對表演有著深深的熱情。

對比之下，亞列亨德羅早年就顯現神遊、不專注的傾向，一如他所說的「恍神」，這種傾向在學術工作鮮少帶來加分的好處。然而，他卻成為傅爾布萊特學人，現在是一項知名精神治療訓練課程的住院醫師。

艾拉在小時候容易害羞而焦慮，對社交情境有障礙。但是，她現在有活躍的人際生活，有好朋友，有珍惜的同事，成功地融入社交活動密集的生物科技產業。長大後的孩童，人生出現一百八十度的大轉變（有的轉變令人樂見，有的則讓人感嘆），常讓人驚呼連連，我們都聽過這樣的故事：年少時平庸的壁花，長大後成為驚艷四座、魅力十足的企業領導者，或是小時候的班長，長大後卻淪為白領罪犯和無賴。

但是，在我們的年輕受訪者中，最令人百感交集的，或許是伊森和傑森這兩個蘭花男孩。兩個人在幼兒園時期都面臨相對高逆境的生活，兩個人都特別容易感染疾病，不是嚴重的慢性疾病，而是接二連三的持續發燒和在幼兒園很常見的呼吸道疾病。兩個男孩的學校和家庭環境，對他們都明顯構成挑戰、逆境和壓力源。兩個人在中學時與之為伍的，都是一樣處於同儕社會邊緣，離群孤隱、混亂不安的群體。

然而，在這兩場訪談對話裡，伊森和傑森提到目前的生活狀態中，兩人和家人、同儕關係的這個部分，卻出現明顯的差異。儘管兩個人往來的同儕都落在中學或大學非主流團體，伊森的同儕是一群藝術家，有他們自己的奇特身分認同。反觀傑森的同儕團體，所作所為偏向真正的反社會、高風險行為，經常使用毒品取樂，與社會的鴻溝更巨大。儘管兩個年輕人都與父母和家人保持聯繫，但是伊森的家人盡各種努力，千方百計地確保他與家人的連結，著實讓我們印象深刻。例如，他們在用餐時會傳遞一種麥克風，讓每個人都有機會發言，連最年幼的伊森也不例外。在他極度抑鬱的時期，伊森的家人迅速採取行動，堅定地找了一位治療師，支持他的自癒之路。在他的整個年少時期，家人始終寸步不離地忠實守護著他，以各種方法支持、鼓勵他（還有他的藝術特質）。

對比傑森的家人，儘管有心參與，但卻因為距離，在情感面與空間上，較無法隨時陪伴在有時陷入泥淖的年輕兒子身邊。

這兩個早在三十年前的幼兒時期就常身處逆境的蘭花小孩，他們的人生路徑因前述的差異而出現明顯分歧。伊森早在小學階段就找到能讓他全心投入的人生方向，專心一志地走向劇場和電影工作。反觀傑森，至少在目前看來，因為過度涉入酒精、滯留在父母家裡（雖然實際上沒有同住），還在尋找人生的方向和意義感，因而仍處於煩擾不安的狀態。這正是一個鮮明的案例，顯示家庭後天養育和支持的差異，如何顯著地影響高敏感蘭花小孩的人生路徑。

儘管如此，還有一點也很重要，我們必須謹記，在許多方面，伊森和傑森的人生才剛起步，而人會以不同的速度成長和發展。即使在人生走過第四個十年之後（這兩個年輕人現在正處於人生的第四個十年），每個人依舊擁有無限的可能，可以跳脫過去的樣貌，努力蛻變成我們想要達成的模樣。

人生第一個十年的變化和發展，在步調和範疇上特別讓人屏息。但是發展是一個連續過程，也是一個不連續過程：眼前的這些年輕人，一方面是我們在三十幾歲時所認識的那些孩子的放大復刻品；但是另一方面，兩者也已經大不相同。敏感的四歲蘭花小孩，一眼就看得出滿溢的情緒和纖細的心性，但是在長大後卻變成強壯、勇敢的領導者，遠離不確定或猶豫的牽絆。而堅韌的蒲公英幼兒園小朋友，則可能會被成人生活的波折動盪所撼動，轉而屈服於勢不可擋的厄運，變得軟弱無力。借用卡爾・山德伯格（Carl Sandburg）的話：「人生就像洋蔥，當你一層層剝開它，有時候會讓你淚流滿面。」

三、當他人面臨挫折與意外時，我們要給予鼓勵、正向且具生命力的回應。

這三十年期間，環境和生活可能會說變就變。孩子面臨的挑戰，不是我們預設引發壓力生物反應的實驗室壓力源，而是真實的逆境——父親過世、誘惑的召喚、社會壓力出現、家庭搬遷、遭遇失敗。

這八個年輕生命吸納的這些事件和麻煩，難道只是機緣巧合的隨機事件？也許，某方面來說，每個年輕生命都隱藏著既定的天命，就像莢裡的種子，蘭花小孩是基因序列和環境暴露下，某種最偶然的機率滙聚而成的結果嗎？所以蘭花小孩天生就是蘭花小孩，人生無論如何就注定有一副易感的柔軟心腸？而我們的蒲公英小孩，還處在溫暖羊水包覆的幽暗子宮裡時，就孕育出對未來環境的知覺，即使有天隨風飄向異地，也能保持強健而不受影響。

我們所有的科學（兒童發展科學與無可避免興起的人類大腦科學），都是為了尋找、探察一致性和模式，以利於結果的可預測性。我們尋找（也通常會找到）一個孩子早年的樣貌與隨著人生推進後的樣貌，兩者之間的強烈關聯。即使一個孩子因為遭逢意外事件，而脫離了軌道，但是在發展上還是能嗅到一致、可界定的規律，有其脈絡可循，科學努力去理解這樣的結果。只是，疊加在可預測發展規律順序上的，卻往往是另一個充滿混亂和無可預測的框格，沒有任何的生命能完全擺脫。

大部分人的生活裡偶爾會遇到有些事件（悲慘和良善都有），就是會打破既定的進程，讓我們偏離曾經習慣、有邏輯且可以預測的軌道。有部分人的人生受到這些事件的影響特別大，有些則否。因此，當我們把一個孩子歸類為蘭花小孩或蒲公英小孩，就能夠使人勉強有跡可循，預測當這個孩子面對人生中許多意料之外的事件和結果時，是會走向更有活力，還是更脫序的未來。而父母、教師、醫療照護者和朋友所扮演的角色，能藉此更敏銳地察覺出每個孩子的本質，也就是他在蘭花與蒲公英的量表上所處的位置，以便能在他們遭遇不幸的事件時，即時給予鼓勵、正向且具意義的回應*。

第10章 代代相傳，包括教養方式

身為家長、教師或醫生，當我們要為「真切地理解每個孩子的本質」盡最大的努力，卻礙於我們自身童年和人生歷練的不足，而受到限制，甚或難以勝任時，該當如何？當下一代的需要和希望變成我們肩頭的重擔，面對如此艱鉅的任務，我們只能寄以惶惶無措嗎。事實不然，人類關於養育、教導、療癒的能力，取決於我們的心理、社會情緒的優勢和弱點，而這些可以追溯到我們自己某個幽微遙遠的源頭。

教養會複製

幾年前，在某個冬天傍晚，有個病患的家人坐在我面前。一家人看起來受創且無助，他們的青春期兒子，人生已經走到一個成癮和混亂的危險僵局。

那是個極為聰慧的年輕人，未來充滿機會，但他迷了路，徘徊於古柯鹼、大麻和抑鬱的黑暗境地。他似乎從很久以前就荒廢了學習、棄置了抱負，而他的家庭帶他來見我，希望能有機會重新拾回他的人生。

他坐在那，刻意不修邊幅，穿著一身黑，低垂著頭，講話含糊帶著悶音，右手臂上滿是可怕的刺青，對家人的不屑，是十五歲的他，人生赤裸裸的宣告。他的兩個手足，一個年齡較大，一個較小，他們的目光瞥視著這個房間，彷彿正在等待暴烈的家庭怒火和父母婚姻的瓦解，他們的坐立不安，是為了掩飾他們其來有自的焦慮。

男孩的父親大聲咆哮，語調透露厭惡和絕望：「安東尼（這不是他的真名），看在老天爺的分上，坐正、專心！我們努力在幫你！」

四個家人僵坐在自己的椅子上，只有安東尼懶洋洋地動了一下，回瞪父親。那位憂傷的母親，力圖保持沉著、冷靜，她安撫道：「好了，現在大家一起做個深呼吸，談一下。我們只是要試著一起解決這件事。」

「不要削弱我對兒子的權威。」她的丈夫陰沉地斥責。

沒多久我就意識到，這個家庭的父子關係已經陷入悲哀而殘酷的鬥爭。不管安東尼在生理上是不是一個蘭花小孩，儘管一眼就足以辨識出他是個敏感而脆弱的孩子。他日益沉迷於某種歌德式的反社會行為，性冒險、小犯罪、對成人權威和禮節無端的不敬、沉溺於通宵狂歡的毒品文化，放盪不羈的跡象，在他身體上歷歷可見。

對這個孩子愈來愈墮落的生活感到失望的父親，大聲地說他難以置信，他的孩子會過著如此毫無羞恥、不負責任、不知感恩的生活。他的孩子、妻子、鄰居和我，所有人都毫無疑義地明白這位父親對於年輕兒子的任性和沉淪，所抱持的立場為何。

但是，父親其實也陷在深切的的無力感中，他眼睜睜地看著才華洋溢、有著豐富創造力的兒子，一步一步地走進死胡同裡。父親怒氣勃發的譴責，遮蓋了他對這個孩子的愛，讓藏在心裡的父愛，像是永遠觸及不到的寶藏。他的怒氣讓安東尼覺得受到脅迫而害怕，便以退縮或更叛逆，做為對父親的回應。

同時，父母的婚姻也正逐漸觸礁。在丈夫的不認同和怨忿的高聲喧囂裡，母親寬容的聲音難以發聲。家庭裡每日上演的戰爭，其他的孩子也深受影響。年紀較大的男孩，感覺到父母的痛苦，以及父母的婚姻瀕臨分崩離析，乾脆遠離風暴，全心過自己的生活，盡可能對身旁上演的激烈衝突視而不見。較小的女兒，雖然對於家庭的混亂感到迷惑，卻明顯地站在媽媽那邊，對於父親「不公平地批判」哥哥的「生活方式」感到忿忿不平。

確實，安東尼嘗試毒品的種種不良行為，父母當然早已有所警覺。事實上，大部分父母親眼見孩子偏離常軌、過著離經叛道的生活，都會有一樣地焦慮和擔心。但是，這個父親的反應卻遠遠超過正常的程度；他把整個家庭都一股腦拖入憤怒和責難的汪洋之中。姑且不論他對兒子的反應是多麼反常，隨著他自己的童年在我們的會面裡斷斷續續地浮現，我開始能理解，這位父親對他孩子的怒氣從何而來。

他自己的父親，也就是安東尼的祖父，是在可怕的世界大戰裡長大的人，也是一個滿心怨恨、滿嘴辱罵的酒鬼。他用皮帶和拳頭管教孩子，根據模糊的宗教教義，他信奉這是讓正直和榮譽在孩子的「品格」裡生根的有效方式。

安東尼父親童年的家庭裡，只有至高而不可侵犯的行為守則，鮮少談「愛」。祖父對於恪遵規範的嚴格要求，每每到了夜晚，就在酗酒中瓦解，家庭一再被悲傷、週而復始的虐待、斥責和悔恨所取代。孩子因為失敗而遭責罵，因行為不當而被嘲諷，因踰越父親不容妥協的律法而挨揍。安東尼的父親在無意間把這些創傷經驗，以及遭受的傷害，帶進自己成年後的家庭裡。有鑑於這些人生早期的經歷，那麼當在自己的兒子出現偏差行為時，威嚇和譴責會變成他的直覺反應，也就沒什麼好奇怪的了。安東尼對父親的批判有種特殊敏感性，造成他更加退縮，以遠離父親毫無轉圜餘地的價值觀，而父親因孩子的逃避，反而變本加厲地斥責，於是父子間形成疏遠和懲罰永續不斷的惡性循環裡。

這個家庭面臨的險峻考驗，讓我的心頭湧上一股心痛的熟悉感。

創傷的世代傳遞：我媽媽和我妹妹

我自己的媽媽和妹妹，與安東尼不快樂的家庭生活，兩者所顯露的世代衝突，有明顯的共通性。我猜測（這是我無法驗證的片面說法），有某種黑暗物質，加劇了我的蘭花妹妹和母親之間長久燜燒的關係。我只能在第一根導火線點燃的六十年後猜測，也許當時出了什麼錯，以致於讓一個慈愛的母親和一個脆弱的女兒變得疏遠，走進彼此怨恨和對立的僵局。

我這個做哥哥、做兒子的在這裡提出我認為最有可能的猜測，立意並非要把一個家庭長期的困厄寫成驚世駭俗的八卦故事。相反地，我希望藉此剖視上一代的傷害經歷，是如何傳遞到下一代，不管多麼無心、有沒有惡意。這也是一個尚未完結的故事，講述的是世代間創傷的鎖鏈，可以如何用愛、恩典和希望的煉金術斷開。

壞掉的大人，受傷的小孩

安東尼的家庭和我的家庭，當然不是一模一樣，但是兩個家庭有共同的特徵和歷程，也曾走進類似的荊棘裡。

經濟大蕭條時代，我的母親在一個競爭無所不在的家庭裡成長，她的父母都是威斯康辛大學一九一三年最優秀的畢業生。她的父親還擁有芝加哥大學地質學博士學位。她的母親和三個姐妹（與兩個兄弟）成長於威斯康辛的小農場，四姐妹都是威大的優秀畢業生。一如她的丈夫，她是天生的學者，靠自己成為出類拔萃、成就斐然的知識分子。

我的外祖父母極力追求探索和學習的人生，連他們一九一五年的蜜月旅行，都是到科羅拉多磯山徒步探險。旅行期間，他們只帶了一頭負重的騾子相隨，我的地質學家外祖父為了能近距離研究這些壯闊山脈的地質起源，他們在前寒武紀崎嶇不平的地域，連續走了三個月，除了採集的石頭、一頂帆布帳篷、滿滿兩鞍袋的食物和補給品，幾乎別無長物。

這是一段長久、成功的伴侶關係和婚姻關係。他們後來生下四個女兒和兩個兒子，家庭成長環境，對於教育高成就有堅定的期望，允許孩子擁有無拘無束的好奇，接受無盡的智識薰陶。他們住在奧克拉荷馬州的阿德莫爾（Ardmore），那是一個沉靜的南方小鎮。

然而，一如奉獻於學術的家庭有時會有的情況，我的母親也成長於情感壓抑的環境，通常都不形於色，更不用說檢視、肯定或探索。我母親是個有藝術才華的孩子，在家裡排行老二，她的表達情感和衝動的需求，可能永遠得不到成長所需的空間。我只能猜測，她人生早期的情緒，常深陷在冷靜的分析和克己的家庭文化裡。然而，我的外祖父母並沒有刻意想要壓抑感情表達，這只是他們兩個人在那個時代、那個地方生活的產物。

這種對感受和情緒表達的壓抑，最後導致我母親以退縮做為自衛的手段，一如安東尼的父親，退回一個孤立、冰冷的感情空洞裡。

我記得我童年時看過一次她澈底絕望的失控。我那時大概是六或七歲，我們去母親童年在阿德莫爾的家，拜訪外祖父母。她帶了一份特別為我外祖父準備的父親節禮物，表達她的真心誠意。在一頓漫長的家庭午餐之後，她把禮物（我想是襯衫）拿出來送給他，事後回想起來，可以感覺得出當下，母親其實有一些猶豫。祖父打開禮物，面無表情地隨便看了看。他似乎並未感受到女兒對這份禮物的看重和意義，猛然在桌首站起來，怒氣四射，大聲訓斥「父親節」這種人為文化消費的愚蠢。毫無疑問，他所表達的價值觀（他對簡樸的堅持，是在經濟大蕭條時期所養成的），不但真實、難能可貴而且良善。但是他卻完全沒有領略到，這份禮物背後，其實代表的是一份小心翼翼的孺慕之情。看到外祖父以盛怒回應一份子女單純的愛，我和瑪麗瞠目結舌。而我的母親早已被淹沒在淚水裡。

童年情感忽視

我母親能夠感受各種情感，但她也深知她的家庭嚴禁強烈情緒和感情的表達（甚或是體驗）。我母親是家裡緊咬著對方的腳步、競爭無止無休的四個女兒裡的一個。童年時，她對於自己女性的身分一直有所質疑（有時候略帶惡毒）。她確實有幾名要好的女性友人，但即使和親近的姐妹之間，也隱隱潛伏著一種競爭關係。

她的母親，也就是我的外祖母，對這情況，看似樂見其成，不太阻止女兒間帶著敵意的關係，因為她自己本身也是在一堆爭強好勝的姊妹間長大。手足裡出現患有障礙的哥哥（他是真正的天才，但在世紀初患了小兒麻痺症，造成一隻腳嚴重萎縮），外祖母無意消停我母親和姐妹之間的摩擦。因此，母親對於任何一個新加入她人生軌道的女性，預設的反應就是敵視和不信任的懷疑（這種反應，或許有時候也說得過去）。

我的母親熱愛新生兒和嬰兒，他們大多無助、完全依賴她，但是當嬰兒（尤其是女嬰）長成孩童，有了意志、欲望和自主權，無可避免的衝突就變成難以收拾的情緒。她的童年延伸出的兩大問題：無法應付強烈情感的陌生領域，以及對其他女性出於反射的不信任，於是注定了我母親無法做個稱職的母親，也無法全心全意地去愛一個嬌小、感知力強、脆弱的女兒。

有鑑於此，瑪麗最終發覺自己身處在一個就算不是絕望、也是頗為艱困的家庭環境中。一對受傷的母親和蘭花女兒，是問題重重極不穩定的組合；她們兩人彼此仇視，形成微妙且有害的對立關係，就在瑪麗蛻變為可愛、但有威脅性的青少女時，情況愈演愈烈。

大約在瑪麗十一、二歲，正要步入青春期，變成一個美麗出眾的年輕女子時，她陷入厭食症，這是一種潛意識想要退回嬰兒時期，以保有那種相對安全感受的精神疾病。她不去上學，不斷住院，削瘦憔悴到危及生命的狀態。隨著瑪麗逐漸步入更嚴重、更骨瘦如柴的疾病和失調，我們的母親努力克制自己，不再強迫瑪麗吃東西，但始終未見什麼成效。我還記得那些劍拔弩張的晚餐片段：瑪麗和母親對坐，為了一盤沒有動的食物展開漫長而緊張的對峙。

與此同時，我的爸爸（一個溫暖而備受敬愛的大學行政人員）自顧不暇地跌入抑鬱的深淵，再也沒有康復；至於我，說來或許慚愧（雖說是為了保護自己），我迅速從戰場撤離，躲進中學、運動和朋友等其他相對安全的世界裡。

苦痛的繼承

當我對於人生的迷惘隨著時間而加深時，我愈是清楚看見創傷和關心是如何在代間傳遞（inter-generational transmission），一如基因從父母傳給子女、再傳給孫子女一樣貨真價實。遭受虐待的孩子長大後，也會虐待他們自己的孩子，機率超乎一般人的想像或預期；祖父母對暴力和壓迫的記憶，會重現在孫輩的脆弱性上，一如古代《摩西五經》裡所寫的，父親的罪愆會被「追討延及至三、四代」。

確實，創傷的代間傳遞，已經在當代研究裡變成重要的顯學。我們正在探究，親職教養的行為，在親子互動相關的生物心理過程中，是如何在表觀基因裡傳遞。愈來愈明顯的是，其間傳遞的訊息，不只風險和傷害，保護和善意也在傳承的範圍中，以可見的規律從一代移轉到另一代。此時，我們所知的這些，在此刻和未來，將為照顧、養育、庇護蘭花小孩和蒲公英小孩，帶來重大寓意。

為此，我經常感慨，可嘆當時為瑪麗檢查和治療的醫生，對於代間傳遞的傷害，這門現代新興科學所知甚少。大部分人都無法逃避那些折磨自己的創傷，或是出生時的家庭遺傳。但是所幸我們生來也內建強大、令人生畏的韌性，前提是只要有人告訴我們如何啟動。因為那份與生俱來的堅韌，似乎也能代代相傳。

因此我們想要問的是，如果創傷和關懷、心理傷害和未顯露的韌性可以代代相傳，那麼這種傳遞是如何發生的？我的外祖父母內斂的情感表達方式，是藉由哪些生物行為機制，傳到我母親身上，再由我母親傳到我妹妹身上？此外，就我們所知，演化變遷的步調有如冰河移動般緩慢，那麼，前述的這種代間傳遞，不是與此原則違背嗎？生物演化如何在這麼短的時間裡移動，從這一代的心理障礙，變成下一代的精神疾病？將近兩個半世紀之前，有位沒沒無聞的法國自然學家，也和我們一樣地在思索這些問題。

從蝙蝠的眼睛與長頸鹿的脖子看基因記憶

拉馬克（Jean-Baptiste Lamarck）是十九世紀晚期的法國生物學家。他的演化研究是演化論的重要先驅，達爾文在一八五九年提出的《物種源始》（*On Origin of Species*）曾多次引用拉馬克的著作。

拉馬克與達爾文的演化論之爭

一如達爾文，拉馬克相信生命的形態不是靜態的，而是隨著時間演進，在代代更迭中變得更複雜、更具適應力。一八〇〇年，他在巴黎的國家自然歷史博物館發表演說，勾勒出他認為「演化處於持續不斷發展」的這個論點。

他提出兩項重要原則。第一項原則是環境引發行為的變化，促使動物的生理產生改變，導致外形和功能上的擴張或萎縮。第二項原則是所有這些基於經驗的變化，都可以透過遺傳並傳給後代。拉馬克因此做了一個著名的推測。

他舉的例子是住在全黑環境裡蝙蝠退化的眼睛，以及長頸鹿的長脖子。長頸鹿靠著能吃到更高處的葉子而生存，而蝙蝠雖然具有視覺，但牠們的眼睛非常小，而且發育不良，牠們改而運用類似雷達的回聲定位系統飛行和餵哺。拉馬克相信，處於黑暗環境中的蝙蝠，隨著每一代經驗傳承，眼睛的價值減少，雷達系統的價值就會增加。同理，拉馬克也相信，每一代長頸鹿脖子變長的覓食經驗，將藉由遺傳帶給牠們的子孫，於是逐代地享受脖子變長的益處。親代長頸鹿脖子的延展，會讓後代的生理構造占有優勢，並具體體現在牠們更長、更實用的頸椎上。

雖然拉馬克絕對不是提出這個主張的第一人（類似的觀察和推測可以追溯至希臘哲學傳統），但是，隨著達爾文演化論在意識型態上的興起，批評愈變愈尖刻，他的理論也成為撻伐目標。

達爾文生於一八〇九年，與拉馬克發表決定性的《動物哲學》（*Philosophie Zoologique*）同年；達爾文主張，演化的發生不是透過後天世代經驗的流傳，而是生理構造和功能形式偶然變異，並在機緣巧合下保留了下來（即自然篩選）。因此，蝙蝠的回聲定位餵哺系統為隨機出現（如同頻繁且自然發生的基因突變），而它之所以在世代間保留下來，不是什麼可遺傳的經驗移轉，而是擁有聲納能力的個體，有較大的機率生存下來，相對地繁殖機率也大增。同理，達爾文主張，長頸鹿並非把有利的長頸透過某種餵哺經驗，神奇地遺傳給後代，而是原始頸子較短的長頸鹿，牠們意外出現形態變異的後代，這群後代能搆到最頂端的葉子，以致於提高了成長和繁殖的比例，因而把長頸以基因為基礎的結構，傳給下一代的長頸鹿。

在二十世紀初期，隨著達爾文演化論變成人人信奉的科學信仰，拉馬克的理論在生物科學界成為名譽掃地的代罪羔羊*。然而，透過流行病學的觀察和表觀遺傳學科學的興起，拉馬克長久被棄置的「神奇」觀念卻在步調快速的二十一世紀初期捲土重來。拉馬克的主張重新引起人們的興趣，甚至讓某個演化網站刊出一則標題為「拉馬克，醒醒！會議室現在需要你！」的刊頭文章*。

恐懼的記憶會遺傳

讓拉馬克演化論復活的科學觀察，其中一個例子是二次世界大戰，一段發生在荷蘭的饑荒故事（當地稱為「饑餓之冬」）。聯軍在D-Day（一九四四年六月六日）成功攻進歐陸後，占優勢的德軍，採取的手段愈來愈激烈。陷入戰事的荷蘭政府下令攻擊鐵路，以抵禦納粹的占領，而納粹亦在一九四四至一九四五年的冬季採取報復手段，對荷蘭西境實施煤和食物的全面禁運。鐵路和公路中斷，隨著港口和水路被破壞或封鎖，船隻運輸也跟著中斷，一場影響四百五十萬人的大饑荒降臨荷蘭。因為營養不良而引發的死亡率迅速增長，在長達五個月的圍城期間，死亡人數高達一萬八千到兩萬兩千人。

一如所預料的，在饑荒期間，懷孕的女性所生下的孩子，相較於德國封鎖之前和之後的胎兒，出生時的體重較輕，頭圍也較小。然而，出人意表的是，後來針對該群孩童和他們後代（也就是遇到饑荒的荷蘭父母的孫代）研究顯示，他們罹患肥胖症、新陳代謝失調疾病（如糖尿病）、慢性心血管疾病、思覺失調症，以及重度的神經精神狀況的比例，也超乎尋常的高。

這裡顯示，不知怎麼地，在一九四四至一九四五年，這群曾面臨饑荒，營養不良的荷蘭女性基因，在傳了兩個世代後，創傷的經驗，竟以受阻的新陳代謝、較高的慢性身體疾病風險，以及更頻繁且嚴重的精神異常狀態等形式顯現*。

荷蘭饑荒的故事以及後續影響，也與其他幾項類似的研究結果一致。首先，一如第九章所提及，大衛・巴克（David Barker）對於健康與疾病在發展上的起源，比較了一九二一至一九二五年間，英格蘭和威爾斯的嬰兒死亡率地理分布，以及該地五十年後成人的心臟病死亡率。發現這些指標隨著時間過去，兩者竟依舊可見明顯的關聯性（也就是一九二〇年代嬰兒高死亡率地區，在一九七〇年代有較高的心臟病致死率），他提出一個論述，主張營養不良導致胎兒成長遲緩和出生時體重過輕，可能間接讓這些人在數十年後發生冠心病*。巴克的研究，以及其他科學家的研究皆強烈顯示，孕期營養不良在「胎兒編程」裡扮演關鍵的角色，足以影響下一代罹患心臟病、中風和高血壓的風險。

針對大屠殺倖存者下一代的健康缺陷調查也顯示，上一代的心理和生理的創傷會透過某些方式遺傳給下一代。因此，大屠殺倖存者的孩子，雖然是在二次世界大戰結束後才受孕並出生，從不曾暴露於德國集中營不人道和致命的環境中，卻仍然背負著它的創傷。這類人在精神健康疾病（焦慮、抑鬱和創傷後壓力症候群）以及慢性身體疾病（糖尿病、高血脂和高血壓）上，相較於一般人，都清楚顯現偏高的致病率。*

在一項更晚近的世代創傷研究裡（九一一攻擊事件後世貿中心的疏散），在攻擊事件中倖存下來，但後來卻患了創傷後壓力症候群的女性，她們一歲寶寶皮質醇系統顯現低度的反應，也就是未來精神疾病風險的壓力荷爾蒙標記。暴露於威脅生命的創傷事件，恐怖攻擊的後遺症似乎已被當時在子宮裡胎兒以某種方式承繼下來。*

陸續的證據不斷出爐，有人類的，也有實驗動物的，顯示正向的健康也會有代間效應，例如：一代的運動對下一代的新陳代謝和心血管健康有保護作用，或是豐足的孕期環境，能對後代產生正向的健康益處。*

下一個深刻而重要的難題，就是這種傷害和保護的「代間繼承」，實際上究竟是怎麼發生的？父親（以及母親）可怕、受傷的經歷，究竟是如何降臨到子女以及孫子女身上？在正向支持的社會環境中，上一代的又是如何把正向且健康的益處傳達給下一代？

來自父母和祖父母的傳承有很多模式。像是孩子可以實質地繼承來自出生家庭的貧窮和財富，或是所有的孩子都有父母的基因稟賦，我們有一半的基因組來自父親，一半來自母親，四分之一來自兩邊的祖父母。在某種程度上，我們的外表和舉止，就像我們的先祖，因為我們繼承了他們的財富（或貧窮），還有他們的DNA。至少有那麼一度，我們也繼承了父母的環境，因為我們通常需要和父母同在，以取得保護和供應人生早期所需。

透過有樣學樣，我們也延續了行為傾向，影響所及包括如何教養自己的後代。這些傳承都透過基因、行為榜樣、環境訊號，甚至是社經地位，一一傳給子女、孫輩，還有可能傳及更遠的後代。

隱藏的傳承：表觀基因學

要注意的是，這些傳承機制沒有一項符合拉馬克的想法。他的想法是後天取得、以體驗為基礎的資訊，從一代傳到下一代。然而這裡所言的並非是刻意、生物上的傳遞。例如，親職教養行為的榜樣學習就不屬於拉馬克的學說，因為它不包含由環境驅動，以致身體與生理結構順而改變。孩子是藉由觀察和體驗他們父母如何照顧他們，從中學習，轉而學會照顧自己的子女。同理，他們也能透過學習（例如閱讀像本書這樣的書籍），發展出與自己父母不同的教養方式，而這與長頸鹿的脖子長度或蝙蝠眼睛敏銳度的改變無涉。

基因訊息（即DNA序列）的傳遞，也不符合拉馬克的證據法則。DNA的繼承是生物的、被動的，精子和卵子所攜帶的DNA序列，不受父親或母親一生經歷的影響。然而，有愈來愈多的證據顯示，由父母生活經驗帶來的表觀基因變化，有可能才是代間遺傳的真正管道，至少在動物層面是如此，但或許在人類亦然。

你的基因裡，寫著上一輩過去的經歷

以下讓我們來看看兩百年前拉馬克的研究，和今日頂尖的表觀遺傳學研究如何相互吻合。

回想我們稍早在第五章及第六章提及關於表觀遺傳學的討論。個人的一生經驗會在基因組上留下化學標籤或記號，做為調節個別基因表現程度的基準，並因此改變重要的生物功能，以回應「適應」環境的需求。某些經驗可以抑制特定基因，有些則能增強表現。

回想第五章，這種基因表現的調節，就像音聲的等化器，能夠藉由修飾個別琴鍵發出的聲音，讓一首一成不變的曲調，出現千變萬化的可能性。不變的DNA序列，會因為表觀基因標記，而改變單一蛋白質的表現。這些標記位於基因上，標註並記錄下我們過去的經歷，科學家現在正在了解的，是這些控制基因解碼（因而控制人體功能）的標記，是否有可能會從一代傳給另一代——祖輩傳給子輩，再傳給孫輩。

雖然這種代間傳遞在人類身上的證據，仍然稀少並屬於觀察性質，但在哺乳類動物身上，卻有相當多具體的證據，顯示這種表觀遺傳的傳承。

後天取得的祖代和親代特質的代間傳遞，能夠以兩種形式發生，兩種都涉及表觀遺傳程序。第一，親代之間的行為以及父母親的經歷，能產生神經生物學的變化，塑造並引導後代的行為和生物學。

其中一個例子，如在第六章討論過的，就是母鼠為幼鼠舔舐和理毛時自然發生的差異，如何造成幼鼠的皮質醇系統反應（即牠們對壓力的反應）、焦慮和抑鬱行為發生改變，導致成鼠後自身親職的行為特質，出現顯著的差異。

另一個例子則是，在一九四四至一九四五年饑餓之冬時還在子宮裡的荷蘭孩童，在飲食和／或新陳代謝上出現的差異。

這些孩子在事件後得到的親職照顧，其中有些事物可能成為改變他們飲食的重要推手。這些在生物學和行為面的差異，源自後代暴露於母親的教養行為下所受的影響，如同幼鼠或孩童人生早期接觸環境壓力源而來的間接、經驗的傳遞。我們是在父母手中等著被捏塑的陶土，但別忘了父母他們自己其實也是之前人生所捏塑的陶土。只是，這種如陶土般的可塑性，會滲入我們基因的細胞核心，畢竟基因對於繼承具有驚人的敏感性和高度的開放性。

第二個代間傳承的方式，是親代對經歷的表觀基因紀錄會移轉至繁衍下一代的「生殖系」（即精子和／或卵子）。一隻雞一生的經驗（儘管我們看來覺得平淡無奇），會濃縮內建在有一天終將孵化成小雞的蛋裡。這種直接、生殖系的傳遞，涉及了製造精子或卵子的過程中，「傳承」被保留在親代的表觀基因標記裡*。

有個例子。在一項老鼠實驗裡，動物被訓練成只要在某種特殊氣味出現時，就會有恐懼的體驗。就像制約實驗，當氣味出現時，就給予動物的腳輕微的電擊，久而久之，幼鼠便會對那個氣味形成如同蘭花特質般的高度敏感性，即使氣味出現時並未伴隨電擊，但這種高度敏感性依舊會讓司職嗅覺的大腦區塊裡的規模增加。而特定老鼠基因中產生的氣味受體分子表現也將增強。

值得注意的是，甚至接連下來兩世代的老鼠，對於同樣的氣味也會產生類似的反應，出現同樣的恐懼反應，大腦嗅覺區同樣增加，氣味受體基因同樣會啟動，儘管在此之前牠們不曾接觸過那個氣味，也沒有遭受過電擊！研究結果說明，保留在原生雄鼠精子裡的表觀基因標記，是把感官知覺傳遞給後代的通道。彷彿孫子輩對高分貝噪音的敏感性，可以追溯到七十年前祖父遇到的戰時轟炸聲。

請留意，這兩種代間遺傳的管道（間接、體驗傳遞，以及直接、生殖傳遞）在本質上都涉及表觀基因作用。受母鼠最低關照度的幼鼠，表觀基因的DNA甲基化（由最低度的舔舐和理毛所觸發），導致較強的皮質醇系統反應，以及焦慮和抑鬱行為現象的增加。經過恐懼制約的老鼠，雄性生殖系（父親的精子）的表觀基因變化，讓第二代、第三代對於與恐懼連結的氣味訊號依舊敏感。顯然親代特質透過體驗或生殖系的傳遞時，表觀基因的作用儼然是共同的公分母*。

有其父必有其子

我們現在知道，在哺乳動物（包括人類）的胚胎發展上，這些表觀基因標記會在兩個階段裡幾乎被抹除：第一，製造配子（精子與卵）時；第二，卵子受精時，亦即精子進入卵子，形成合子（受精卵），組合出父系和母系的基因物質的時刻。

這些表觀基因標記的塗銷，就像重新產出一塊乾淨的石板，目的也許是為了禁絕來自親代的風險和易感性（例如，抽菸、暴露於空氣汙染或嚴重的壓力）傳給下一代。但是某些物種，表觀基因組在胚胎階段的塗銷可能並不完全，以致有些殘留的表觀基因印記依舊代代相傳下去。這種表觀基因遺傳，應該是企圖藉由確保適應性表觀基因標記能傳遞給後代，以達成有效的演化目的。雖然表觀基因遺傳在人類這個物種上還無法提出明確的證明，但也沒有確切的證據顯示它不存在。

親代和祖代的有害和保護經歷能夠以某種方式傳遞給後代，這點已經沒有疑問。在忍受整整兩個世紀的遺忘和屈辱之後，拉馬克和他的觀念，因為表觀基因學這門新興科學而意外復活了！無論是蘭花小孩發展的成敗，還是蘭花小孩與蒲公英小孩表現型的出現，這門科學帶來的啟發都再深遠不過。其中不只是暗示代間遺傳在蘭花小孩和蒲公英小孩身上的效力，還有這種遺傳如何影響這些孩子實際的發展。

如果一代的傷害和保護體驗可以傳給下一代，傳遞體驗的種類和多寡必然會強烈影響蘭花小孩的健康和發展。但是，即使像歷經荷蘭大饑荒這樣可怕的創傷，在遺傳上並沒有對倖存者的全體子女都造成危害。影響最深的孩子，或許是擁有具備像蘭花般的易感性；最無礙的，則可能是具備蒲公英體質的那一群。

雖然親代對子女的養育和支持體驗可以保護他們的後代，但傷害和虐待的體驗對於下一代的蘭花小孩也會有強烈的殺傷力。更進一步地說，由於蘭花和蒲公英表現型本身是基因和環境的發展產物（兩者都能得自雙親的遺傳），那麼孩童會具備怎麼樣的敏感性，表觀基因作用應該也是引導因素之一，蒲公英小孩和蘭花小孩都一樣。

蒙恩之道，榮耀盼望

原來，我們是什麼樣的人、會變成什麼樣子，不只是親代和祖代的基因，還包括他們的經驗和生命歷史。那麼，面對這項新興的科學發現，我們要如何解讀呢？構成子女的特質、引導他們的發展，不單單是我們此刻提供給他們的，還包括那些我們曾經得到的；那麼，我們又要如何運用這項知識呢？

虔心接受「更高力量」的指引

以我妹妹瑪麗來當作三代傳承的例子，我相信這就是一場多重世代風暴的實證，即使傷害是無意間造成的。我推測，瑪麗得自前代的基因物質和創傷體驗，兩者交互作用下，啟動了她那強烈的蘭花敏感性格，導致她的精神終將在某一天受到損傷。

我的妹妹、弟弟和我都深愛著母親和父親。他們對人之慷慨，是我平生僅見。我相信，我們的母親，身為三個孩子的母親、五個孫子的祖母，這一生已盡了最大的努力，在她理解的範圍裡，盡其所能地成為最慈愛的家長。我的父親當然也是如此。但是，具殺傷力的代間遺傳，在瑪麗剛要起步的人生中，不經意地發揮了作用。以致在多重世代傷害的風暴中，雖然我的蒲公英弟弟和我得以倖免於難，但是這場災害對瑪麗來說，負擔太重也太冗長。

絕大多數的雙親都愛子女，並渴望給予子女最好的人生。這雖是老生常談，卻是真真切切的真理。當然，偶爾也有例外情況：有孩子遇到瘋狂錯亂、喪心病狂的照顧者，受困在疾風驟雨的風暴裡；也有孩子遭到惡劣對待，被當作成人世界的交戰籌碼。但是，莫忘一個不變的事實，這世界絕大多數的父母，對於自己的子女，都有一顆盈滿愛、關懷和保護的心，那是他們盡全力從自己人生的環境和經驗所提煉出的精華。即使是我的病患安東尼的父親，面對令他苦惱的任性兒子，也依舊能從言行舉止間找到深藏其中的父愛；至於安東尼，長大後並沒有成為刺青藝術家或不法之徒，而是成為獸醫。真是意想不到。

對於親職教養這個需要傾盡心力的艱鉅任務，我們能夠動員的力量是如此微弱，這時該怎麼辦？倘若我們就是無法保護一個誤入歧途的蘭花青少年，或是護佑一個飽受折磨、被惡劣對待的蒲公英幼兒，我們能向誰求助？

我開始猜想，倚靠一個比自己崇高的恩典和智慧，也許像是一種順理成章的結論。脆弱而世俗的生命，往往寧可轉而尋求某個具有庇護作用的「更高力量」，而不是那些教育家、哲學家們所服膺的格言。這種庇護的力量，可能來自某個偉大的神祇、某種空靈而神聖的人類關係網絡、眾神，或是造物主。許多人自認對教養孩子盡了最大的努力，卻仍感不足時，常會求助於這些形而上的力量。即使是科學家、教授和醫生，這種奉科學自然主義至上的人，也會有某些科學似乎無法滿足的需求；我們渴望追求一個更遠大、更能滿足人心的存在，也渴望一種至善，能超越有限生命和崎嶇土地的物質限制。

如果我們迫切需要去做的事，卻是我們準備最不足或最不容易完成的事，這時，我們通常會向「祂」求助，不管祂對每個人而言是什麼。有數百萬心力交瘁的父母，當他們發現教養之路，自己並不孤單時，心裡就能感受到一股安心和堅定的力量。即使是在撫育孩子最痛苦寂寞的時刻，我們都不是踽踽獨行。生命雖然把傷害的表觀基因記號傳給新一代，但藉由上天恩典的玄奧神學，先祖遺留的仁慈、安適和韌性，總是有希望在其中傳遞。

深藏的愛

在阿德莫爾的一個傍晚，就在我母親為她的父親節禮物哭泣的那年六月，某一天，當所有長輩和父母外出到鎮上享用家庭晚餐時，我的外祖父在家擔任保姆。他留下來照顧十幾個和我同輩的小蘿蔔頭睡覺，我們全都在床上躺平，蓋好被子，房間也熄了燈。所有的孩子都睡著了，除了我。深夜時分，我擔心父母在陌生城鎮不知道會遇到什麼危險？因為牽掛他們的安危，我哭了起來。

雖然和已經入睡的妹妹比起來，我是個較偏向蒲公英的小孩，但其實我比弟弟吉姆更靠近蘭花地帶。吉姆是一株神采奕奕、如假包換的蒲公英。我為自己怎麼還沒入睡而煩惱，身邊圍繞著一堆睡覺也會發出聲響的表兄弟姐妹。我躺著，為長輩們不知道什麼時候才會到家而不安，為我為什麼這麼會煩惱而煩惱，甚至為我為什麼有時候要為煩惱而煩惱而煩惱。

現在回想起來，這至少提醒我們重要的一點：蘭花和蒲公英不是把人類一刀切成兩個類別的二分法。這兩種花是鮮活的比喻，也是有力的簡化，但它背後呈現的其實一個連續區間樣貌。

我的生理表現在光譜上較靠近蒲公英端，這並不表示我沒有任何蘭花的敏感性，例如我過度擔憂的本事就是（這種敏感性，就像大部分的敏感性，可能是祝福，也可能是詛咒，端視情況而定）。同理，我的妹妹也有與蒲公英相關的特質，例如她其實擁有還不錯的韌性。畢竟，在數十年間，她熬過了多種疾病和困境，仍然能找到喜樂的泉源。但是，在多年前的那個夜晚，入夜後安靜的阿德莫爾，當我清醒難眠時，這一些都還很遙遠，也無法想像。

最後，我再也無法忍受清醒的焦慮，我爬下床，慢慢地走下陰暗、吱嘎作響的樓梯，在樓梯一半的平台角落小心地偷窺。我的外祖父在那裡，安靜地閱讀，客廳燈光照亮了他的身影。然後，他突然讓人嚇一跳地轉頭往上看，望進了我在陰影中的眼睛，我大氣不敢喘一口地逃回床上，像一塊木板一樣在床上躺好，等著可怕的怒氣來襲。沒多久，我聽見他慢慢走上樓梯的腳步聲，我的心跳加速，快得像蜂鳥拍動的翅膀。他走進黑暗的房間，安靜地坐在我旁邊，說了一些溫柔、安慰的話，摩挲著我的背，直到我入睡。

無論是年輕而驚慌，或是年老而疲倦，對健壯的蒲公英，或是柔弱的蘭花而言，這個世界都可能是可怕、黑暗和寂寞的地方。每一個生命都有在這個世界會遭遇害怕和恐懼的時刻，每張生命的地圖上，總有些地方，應該用十七世紀的書法字體醒目地標示「此處有惡龍」。我們都會把不公和殘酷的陰影傳給後代，從一代到一代，從祖輩傳給無法成眠的孩子。但是，我們也會有恩典的時刻，有至善會在意料之外的時刻到來，這些都來自深厚不見底的愛，讓我們得以安歇、安睡，並相信一切終究會安然美好。

結論
幫助所有孩子茁壯

有一些記憶，由於耀眼燦爛，因此在時間的淘洗裡被留存下來。然而，還有些記憶——那些不起眼的經驗片段，幾乎找不到何以能成為「值得回憶」的理由，或值得保存的價值，對一個隨年齡增長，敏銳度會衰退、儲存空間受限的大腦而言更是如此，但這些記憶卻莫名地一路隨著我們，一起進入人生最後數十年的時光裡，原因無從辨識。不管是出於演化的結果，還是造物主的精心設計，我們的大腦，設計上當然既非那些不重要事物的專門儲藏室，也非個人存取資料的硬碟。因此，記憶（尤其是許久以前的尋常事物）就必須依附那些深埋在腦海中，更富有意義、更豐富，擁有更明亮核心的祕密泉源，才能不至於被遺忘*。

基於我很可能僅了解個中皮毛的線索來猜測，我在外祖父母家入睡的記憶，就是這種珍貴記憶的殘跡，儘管看似是平凡無奇的尋常片段，卻鮮明清晰得如同我寫作時所在的這個華盛頓州海岸外的小島，昨夜那輪升上海平面的明月。

童年往事

在炎熱的阿德莫爾，某塊花朵綻放、綠意濃密的土地上。我的外祖父母在那棟有著前廊的三層樓房子裡，撫養了他們五個孩子，其中排行第二的是我的母親。每年夏天，我們都會前往探視，在那裡住上兩週。我們會開車穿越西南部的沙漠，深入濕熱的平原，那裡就像是外祖父母永遠的根基。

這段旅程，充滿了冒險和期待。沿途可以見到無數的汽車旅館，取了像是「荒漠沙地小築」，或是「粉紅磚客棧」之類的名字；有迷你泳池，擠滿各種身形的泳客，逃離汗流浹背的酷熱車程；有大群的狼蛛和野兔，有死的，也有活的，散布在那些我們曾經走過、橫越國境的公路兩旁。

我們在黎明前出發，我和妹妹擠在開窗的一九五〇年代普利茅斯（Plymouth）車款的後座，包覆得像在繭裡頭那樣，睡得不省人事，度過漫漫長夜，等到沙漠艷陽從遙遠的東方朦朧裡升起，我們才在有如啟動後漸漸變紅變熱的車內烤箱裡醒來。

對於一個小學男生和他更年幼的妹妹來說（幾年後，還有他們更幼小的弟弟吉姆），不管那些天氣炎熱的旅行有多漫長、多辛苦，抵達阿德莫爾時都開心的不得了。外祖父母的家裡會開冷氣，室內是宜人的涼爽溫度，房子周遭是能惡作劇與突襲的未知探險勝地。

在阿德莫爾純真的一九五〇年代，那個永不復返的時間和空間裡，瑪麗和我可以不用大人陪同，獨自走去加油站，買一罐五分錢的葡萄汽水，或是一種叫做「糖老爹」的軟糖，不必擔心會有什麼危險。我們會沿著停滿五彩斑斕金龜車，像是大型福斯玩具車的街道，在蟬鳴聲裡，走去公共圖書館。我們借了一落又一落的書，把借閱額度用滿，在令人昏昏欲睡的午後，待在外祖父母家的前廊或後院的吊床上，盡情閱讀。

我們一起在那棟大房子裡探險，從陰暗潮濕、透著霉味的地下室，到日光明亮的屋頂閣樓，那裡有許多可以藏身的祕密基地，放滿了給來訪孫兒睡的床。我們發現了壞掉但仍可修理的收音機、年久廢棄的占卜板、十九世紀留著鬍子先祖們的照片、棄置不用的古董照相機，還有帶著異國風情、被一群頭戴灰色土耳其帽的阿拉伯人圍繞的埃及金字塔立體圖。

但是，所有這些夏日記憶中，最甜美的部分，是夜晚在我妹妹身邊入睡，我們躺在成對的兩張單人床上，在燠熱、悶濕、蟋蟀蟲鳴的夜裡，窗型冷氣嗡嗡低鳴。相較於我們在家睡的床，阿德莫爾的床又高又大，我們翻車輪似地滾到床上，彷彿攀爬險升坡，要登上高聳、白雪覆蓋的峰頂。關上的臥房門上有一扇小小的斜角玻璃窗，永遠半開著，所以我們可以從空調單調的嗡鳴聲中，聽見遠處樓下傳來父母、外祖父母和姨舅長輩們的談話聲和笑聲。在我們單純的童年裡，這真是記憶特別鮮明的一刻。夏日裡，那些逐漸褪色的點點滴滴，有一股超越時間的寧靜，在那裡我們只知道我們需要知道的：我們知道，自己的家在哪，而我們此刻在外祖父母家寬闊的白色大床裡安睡；我們知道，另一個炙熱、無畏的明天一定會到來；我們也知道，我們是安全的，有人愛我們。這個家和這幢房子，以某種強而有力、不言而喻的方式，成為我們的歸屬。

那些阿德莫爾的夜晚，無論有多模糊或不起眼，但我始終難以忘懷，當我在我的蘭花妹妹身邊入睡時，有一股難以言喻的安詳（或許她也有這樣的感受），而幾年後，當我的家庭發生悲傷事件時，那股安詳就成為彼端再也觸不到的夢想。我妹妹對於隱藏於暗處的人類情感，有一種深切的敏感性，如果換一個時空，在不同的家庭，或許會成為珍貴的資產。

瑪麗對於這個世界懷抱著令人心疼的純真，那也許可以是一名受愛戴的老師擁有回應學生的必備直覺；有能力的治療師必須富含的同理心；或是偉大神學家或牧師要具備的生命智慧。她本來可以因為她的敏感性，讓她搖身一變成為人群中最耀眼的存在。當然，她也擁有蘭花小孩絕不可能被誤認的特徵，也就是強烈的感官感受力，以及情緒過載，在新環境裡會呈現極度安靜的害羞，讓人生成就不是極高就是極糟的潛能。她的高度敏感性，是她最罕見的天賦，也是沉重的負擔。她在人性裡的這一面，或許能為她打開一道門，通往卓越超凡、成就斐然的人生。但同樣也因為這一面，引領她最終落入痛苦的深淵，最後走上一條不歸路。

有些生命，就像我妹妹瑪麗的人生，蘊藏著如此龐大、豐沛的可能性，可以悲哀，也可以喜樂，可能凋萎，也可能繁茂，因此我們所有人都有共同責任確保這些脆弱的生命，能得到保護和安全感。蘭花小孩的人生有這麼多難以預料的結果，因此身為父母、醫生、教師、教練和朋友的我們，有責任要挖掘出每個蘭花小孩擁有的雄厚潛能，並讓他們的潛能發揮到極致。這些孩子是我們社會最大的希望。

那麼，無論是個人層面或群體層面，我們要如何在他們的人生裡實踐我們的責任？本書最後的兩則故事，點出一些方法，讓蘭花小孩和蒲公英小孩都能盛開、欣欣向榮。

地震學與敏感度

一九八九年十月十七日下午五點四分，我站在加州大學舊金山分校的書店裡，瀏覽著書架，想找一本關於孩童創傷的書。突然間，理應不會動的堅固水泥地板，開始劇烈起伏，地板就像船隻底下起伏的波濤。整排的書開始掉落在地板上，發出巨大聲響，人人一臉驚恐，面面相覷。店裡的燈閃爍不定，終至完全熄滅。緊急照明燈亮了。另一名顧客和我反射性地退到走道門框處，不敢置信地看著整間書店震動、搖晃，時間大約長達十五秒鐘之久。

我們剛剛全都領教到芮氏規模六點九級的洛馬普里塔大地震，震央位於聖塔克魯茲西北十英里遠的山脈裡。就是這場地震，中斷了在燭臺球場舉行的一九八九年世界盃系列賽，也是聖安地列斯斷層（San Andreas Fault）自一九〇六年那場災難性的地震以來，規模最大的斷層活動：那場地震震毀了舊金山，也啟動了世紀交替。

身為加州本地人，地震對我而言不是什麼新鮮事。我記得童年時有許多個夜晚，我們全家也一樣站在房間的門框處，一起等待搖晃停止。沒什麼了不起。但，這場地震，是完全不同的等級，無論是強度或結果都是。

我離開書店，沿著仍在微顫的帕拿索斯大道人行道，走向排定要載我和其他十幾名教職員跨橋回我們位於東灣住家的廂型車。我們坐進車子，一邊等著離開，一邊聽緊急廣播，這才開始對剛剛發生的事，有了清楚的輪廓。

舊金山奧克蘭海灣大橋的上層橋面被震塌，砸到橋的下層，多起死亡是必然的結果，交通也陷入癱瘓。奧克蘭還有一條公路的結構體崩塌，化成致命的巨型鋼筋水泥塊，砸毀了車輛。在舊金山的海港區，破裂的瓦斯管引爆多起火災。生命也在消逝中，有位小兒外科醫師在現場嘗試進行一個孩子的截肢手術，拚盡全力要把她從奧克蘭公路的斷坯中解救出來。隨著時間分分刻刻流逝，事情愈來愈清楚，一場真實的大災難已經降臨，那一晚，我是無法回家安睡了。

我收拾好背包和外套，蹣跚地朝上坡走，找到一架公共電話，想要打電話給我太太和小孩（還記得那個年代嗎？手機在一九八九年尚未問世）。在幾通「所有線路都在忙線中……」的電話後，我終於聯絡上吉兒。吉兒向我保證，她和孩子都安全，我們位於東方整整二十五英里外的房子，在地震的猛烈搖晃中，大半都完好。我告訴她，我還不會回家。

接下來，我前往莫菲特醫院（Moffitt Hospital）急診室，預期在大量小兒科傷亡病人送來時，能提供協助。整座城市四處揚起警笛聲，朝北方的天空望去，黑煙升起，形成不祥的烏雲。這時，太陽已經沉落太平洋，我可以看到已經斷電的黑暗區塊。傍晚，我離開醫院，穿過黑漆漆的街廓，到一位同事家避難，我發現已經有形形色色的難民委身其中，等過了今晚，明天再想辦法回家。

我們就像在一九四〇至一九四一年遭遇德軍大轟炸的倫敦家庭，在黑暗中，圍坐在廚房桌邊，時不時還受到餘震驚嚇，看著遠方海港區的火光，聽收音機播報出許多傷亡，報導還說，從聖塔克魯茲到馬林郡，整個灣區的屋舍毀壞了一大半。總結所有的統計資料之後，洛馬普里塔大地震造成了六十三人死亡，三千七百五十七人受傷。

十月份地震發生的時候，正好是我們研究計畫的資料蒐集工作進行到一半的時候。那項計畫研究的是入學的壓力，如何影響孩子在新學年的秋季呼吸道疾病感染的程度。一開始，我們哀嘆研究中途，竟發生了一場歷史性的自然災害。我們該如何從如此駭人的天災裡，得到一個規畫謹慎、控制嚴密的研究？接著，我們換個角度深思，在地震發生的當下，參與研究的孩童有許多重要、描述性的資訊既已得到確認，而也許我們能藉此展開截然不同的資料蒐集方向。於是乎，洛馬普里塔大地震搖身一變，從計畫研究的破壞者，變成可遇而不可求的自然實驗。

我們檢視孩童在九月開學前後的免疫系統反應（即免疫細胞功能和指數的變化）發現，對入學挑戰出現淋巴反應強烈的孩童，在地震後的呼吸道感染率也明顯增加。我們因此能夠證明，對於輕微、常態壓力源（入學）的免疫系統反應，與重大逆境事件（地震）後的感冒和病毒疾病率有關聯。這是首批顯示孩童的免疫系統對壓力事件有反應的研究之一，而且這類反應在感染疾病方面有明顯可見的結果，例如流鼻水、肺炎和耳朵感染。

我們也寄給每位參與研究的孩童一盒蠟筆和一本筆記，請他們「畫下地震」，並說明畫作內容*。幾乎每個小孩都寄回關於地震的美麗畫作。不過，這些畫作的內容、顏色和心情，呈現鮮明的差異。許多孩童寄回的圖畫，都是明亮、開心和安心的畫面，只有輕微損害的房屋、幸福的家庭、微笑的黃色太陽等。然而，偏蘭花氣質的孩童，描繪的卻是用黑色和灰色穿插的嚴重崩毀景象，還有面容恐懼和哀傷的人，有些甚至還看得出帶著創傷。兩種畫作的例子如下頁圖。

猜猜看，哪類孩子在災後幾週的病況最嚴重？那些畫面色調呈現暗澀而沉重的孩子，在地震後幾週相對健康，而畫作中最樂觀、開心的孩子，呼吸道感染和疾病明顯較多。我相信這表示，面對

兩個孩子對洛馬普里塔大地震以及震後景象的描繪。
左邊的畫作大量運用黑色和暗色；父母敘述孩子的圖說為：「這是一間倒塌的房屋，煙囪損毀，地面出現一個大裂口（黑色部分），還有兩個較小的裂口。」右邊的畫作運用粉紅色，畫著幾個微笑的人躲在桌子下；圖說為：「有寶寶在餐桌底下玩搭帳篷。媽媽在廚房清理散落的起司……小孩手裡拿的圓形物品是米蛋糕。」

無疑是災難的事件，孩童用誠實、甚至冷酷的描述來創作出如崩壞、火災、恐懼和受傷的感受，是一種健康且具保護作用的方式。可怕的故事和經驗透過傾訴，不管是用語言或藝術的創作，是人類從古老時代就有的傾向。我們訴說讓自己害怕的事物，因為說出來就能讓它變得較不可怕；我們訴說悲傷，因為每說一次，傷痛就會減少一點。「訴說」這件事，必然不只是追求發洩，也有一種保護作用*。

在歷經人生事件時，無論遇到開心或可怕的事件，將情感透過文字、語言或音樂來表達，對所有人而言都是一種治療，尤其是對年幼的蘭花孩子來說，能把痛苦的感受向另一個人淋漓盡致地說出來，他們更是能從中得到安慰和療癒。由此可知，傾訴具有保護力，而我們的蘭花小孩，以他們豐富的情緒感受力和同理能力，或許是那些從傾訴或演示「發生了什麼事」中，得到最多益處的人。

兒童鉛中毒事件

很久以前，我在當小兒科醫師時，照顧過一個四歲的孩子（我們叫他「胡立歐」）。他被帶來看診是因為他在幼兒園裡的侵略和擾亂行為令人不安。他的老師描述他有「危險的衝動」，一旦別的孩子妨礙到他或是得不到他想要的東西時，就會推人、吼叫、打人。

一開始，在他三歲進入幼兒園時，這些行為只是偶爾發生，後來次數愈來愈頻繁，導致幼兒園的教職員開始認真考慮是否應拒絕他的入學。胡立歐的母親是單親媽媽，靠著一份兼差的薪水，省吃儉用，努力維持兩個年幼孩子的生活。他們住在低收入戶住宅，位置就在舊金山破敗又老舊的某間公寓。她自己也曾親眼看到胡立歐對其他孩子的攻擊行為，有時候甚至對象是他兩歲的妹妹。

起初的例行檢測顯示，胡立歐有貧血現象。他在診所測驗室的行為，就一個四歲孩童來說，他具有不尋常的過動程度。發展評估結果，這個男孩在認知和社交技巧，如專注力、與同儕進行合作型遊戲的能力，都處於落後的狀態。問診時，他的媽媽提到，他們家的公寓就在一座廢棄的加油站旁邊，而多年來，加油站既沒有被收回、也沒有再開發利用。

綜合這些生理和歷史的發現，我為胡立歐安排了血液鉛含量檢測，檢測結果為每公合二十八微克，幾乎是疾病控制與預防中心（Centers for Disease Control and Prevention, CDC）所設定「可接受」指數的三倍之高。在一位小兒毒物學家的協助下，胡立歐接受了螯合療法，口服藥劑數天，以有效排除他體內多餘的鉛。雖然他的擾亂行為，沒有立刻發生變化，但幾年後，我最近一次與他的家庭聯絡時，聽聞他在學校的學習已經進入狀況，也能控制自己的行為，未來足以遠離退學的威脅。

繼密西根州弗林特（Flint）二〇一四年的「鉛水危機」後，孩童鉛暴露容易誘發精神障礙的問題，再度成為全國矚目的焦點；在此之前，我們早就知道，降低鉛對大腦發展和精神障礙的有害影響，是公共衛生的基本要務之一。鉛毒素會導致孩童智商衰退，降低學習的專注力，並引發衝動，使其置身於傷害、藥物濫用和不當行為的風險中。

鉛水危機起因於政府決定轉換城市的供水源，導致更多的鉛從水管溶出，進入住家。除此之外，孩童也可能經由各種不同的管道而暴露於過量的鉛毒素中，尤其是那些生活環境惡劣的孩童，這些管道包括吃進以鉛為基底的舊油漆碎屑、呼吸到鉛汽油的油氣、住在廢棄電池工廠旁邊，或是手口接觸到遭鉛汙染的居家塵埃。

人們很早以前就知道鉛對健康的潛伏影響。古希臘人知道鉛的致命後果，但仍然建造含鉛的水槽、水管和廚房器具。班哲明・富蘭克林（Benjamin Franklin）就曾提醒經常暴露於鉛的印刷工人，要注意防範「鉛造成的惡果」。現代的美國社會為鉛暴露制定相關規範，聯邦政府自一九六〇年代到一九九一年間，對於兒童鉛中毒的定義，從血液中鉛濃度為每公合六十微克，降到目前的每公合低於十微克，大幅降低了採取診療行動的門檻，讓數萬個暴露於鉛傷害的美國兒童，能夠因此確診並得到妥善的治療。

促進這項政策變革的動力，部分原因是科學家發現，有些孩童帶有一種基因變異，能改變血基質的製造（血基質是血紅素的一種基本元素）。一旦這些孩子暴露在一定濃度的鉛環境下，他們身上的基因變異，已證明與血液中的含鉛量高低有關聯。大約百分之二十的孩童，對於鉛的毒性具有特殊的高度敏感性，鉛暴露甚至會誘發出更嚴重的神經損害。因此找出社會中這些對鉛最為敏感的孩童，並予以保護，其實是保護了現在和未來的所有孩童，免於鉛的毒害。

杜絕孩子成長環境中的「毒素」

一如我們對鉛的處置，如果我們主張，應該為群體裡的蘭花小孩，另外實施一套普遍的保護措施，這種說法並無不合邏輯之處。

我們現在知道，這些孩童具備不尋常的易感性，不是對鉛，而是對於家庭壓力源和經濟困境、嚴苛的教養、居住於貧窮社區並暴露於暴力、粗暴、忽視和虐待等負面環境。這些具備特殊敏感性的孩童，如果能減少他們暴露於社會環境的「毒素」，不但能夠保護他們免於生長在無應援、惡劣環境所造成的危害，也能夠讓我們的社會創造出對所有孩子而言更安全、更優質、更健康的友善環境。

更進一步來說，這群對於貧窮、暴力和絕望最為敏感的蘭花小孩，同樣也是最能自扶持、滋育、鼓勵的正向社會環境中，受益良多的一群。有鑑於此，我們既然已了解這群高敏感度孩童命運大翻轉的關鍵，我們難道不該自問，如果不給蘭花小孩更高層次的安全感和保護，這個世界和我們的國家能否禁得起這樣的損失？

儘管政策經常陷入政治現實的泥淖，但是我們可以選擇實行有益於年輕家庭健全的經濟構想、制定提高婚姻維持機率的方針、建立強化親子關係的政策。比方說，這些政策可能包括普及的孩童照護、學齡前幼兒教育的輔助、保障年輕家庭的基本所得水準、強化對學校的支援等。

或許，我們可以對所有新手父母提供基本的訓練，確保他們知道未來可能要面對哪些問題、該如何因應，以及到哪裡求助。我們還能要求幼兒園教師應有研究所教育程度，並指示中小學教師落實並促進社會情緒發展的基礎工作，而不只是教導認知能力。甚至可以跨出大膽的一步，讓照護孩童的醫生接受創傷知情（trauma-information）臨床醫學訓練，修習基礎的兒童發展科學。又或者建立有力的科技整合聯盟，專注於研究人類發展。或許有那麼一天，能達到一種知識水準，在個人易感性的機制引導下，從社會面和生物面發展出一整套完備的介入措施，以學校為基礎，拓展到保護飲食以及治療藥物的計畫。

雖然就現階段而言，光是體認並承認有一小群孩童和公民具備特殊且影響重大的敏感性，這樣的開始或許已經適足而且值得。在人口比例上，這個群體雖占比少，但實際人數卻眾多，我們也有充分理由相信，改善這些人的生命，尤其是早期的生命品質，在社會和經濟層面將獲得巨大的回饋。

堅強或軟弱的個性是先天注定

這裡已經進入本書的尾聲，書裡想要傳達的基本核心訊息是，世人關於孩童對創傷和逆境的易感性變異以及科學界的集體思考中，包含了兩個嚴重的基本錯誤，一個是範疇謬誤（category error），另一個是比例謬誤。

逆境對任何孩子都是打擊，無關乎堅強

第一個基本謬誤細述如下。當發現早期童年逆境對每個孩童的健康和發展影響不一時，我們假設最豐富的論述，會落在逆境中表現脆弱的孩子和堅韌的孩子，這兩者之間的差異。有部分孩童似乎能夠無視暴露於早期壓力源的危害，仍然蓬勃茁壯，因此自然而然地發展出一個假設：儘管大部分孩童都容易受到逆境的負面影響，卻還是有一些特別具有韌性的孩童，由於他們脆弱的那一面反應較遲鈍（或是根本就沒有脆弱的一面），因此在面對創傷和壓力的憂煩時，他們都能夠免疫或是戰無不克。

這個假設會衍生幾個錯誤的推論。例如，我們以為這群特殊的堅強孩童就是異常堅強，而且堅不可摧，能夠承受人生中的任何攻擊和打擊。但我們已證實，這世界上沒有堅不可摧的孩子；相反地，只要壓力源夠廣泛、有害和嚴重，任何一個孩童都會受到傷害和挫折。只要想想二次世界大戰大屠殺期間的猶太兒童就知道，歷經納粹的暴行、集中營的折磨，還有摯愛家人和親朋好友可怕的離奇消失，倖存的孩童沒有人能夠完全不受影響。

我們甚至也可以想想，寇爾斯所講述關於露比·布里奇斯（Ruby Bridges）的傑出事蹟。一九六〇年時，六歲的黑人女孩露比參加紐奧良學區融合運動，到白人學校上學，展現了勇氣和尊嚴。露比向寇爾斯吐露，每一天當她走進校門，面對那些種族主義群眾的嘲弄和傷害時，她會默默地為他們祈禱。她當然是一個堅強的孩子，但是她的經歷仍帶給她不可磨滅的陰霾。最後，童年的創傷促使露比·布里奇斯成年後，為美國民權運動奉獻，成為宣揚寬容的大使，提倡包容存有個人差異的人生。

有時候，我們會從大屠殺倖存者、露比和其他類似的故事中，得出一種錯誤的結論，誤以為要幫助所有在貧窮、虐待和逆境中長大的孩子，就是要讓他們全都像露比或安妮·法蘭克（Anne Frank，文學名著《安妮日記》作者）一樣堅強，於是我們找出那些人如此堅強的條件，再把那些條件灌輸給脆弱孩童，期許他們也會變得堅韌。這種思路很容易導出一個結論，那就是「脆弱的孩童是本身有問題或有缺陷」。我們傾向要那些無法生存的人為自己的失敗負責，而不是譴責可怕的環境。沒有孩子是無堅不摧的，當環境絕望、殘酷到了一個程度，幾乎所有的孩子都會軟弱、失敗。

然而，若將童年逆境影響的差異，完全歸因於孩童的本質是脆弱抑或堅韌，這個假設還會引發另一個錯誤，那就是以為「脆弱」是只對負向環境易感，對正向環境則無感。但是，我們的研究一再顯示，敏感或易感的孩童，無論是在負面、壓力重重的環境，還是在正向、充滿關懷支持的環境，都會引發強烈的反應。這項研究的好消息是，在惡劣環境裡最可能受傷、凋零的蘭花小孩，也正是那些在滋育和關懷環境，最可能蓬勃、成功和壯大的孩子。這對於蘭花小孩、他們的父母、老師和朋友而言，確實是無比欣慰的好消息！

所以根本而言，脆弱／堅強的假設犯了哲學家吉爾伯特．萊爾（Gilbert Ryle）所說的範疇謬誤，也就是一種邏輯上的謬誤，認為某個東西屬於某個類別，但它其實屬於另一種類別*。這就好比指稱身體和心智必然是兩種截然不同的世界：一個存在於三維空間，受制於物理／機械法則（即生理、神經作用），另一個不存在於空間裡，不受這些法則的約束（即心智的產物，如理性和思想）。

在思考「早期童年創傷對健康的影響」這個問題時，我們不該預設，受到創傷打擊最嚴重的孩子，屬於「脆弱」的類型；而安然無恙的孩子，則屬於「堅韌」的類型。我們過去三十年的研究顯示，對於社會環境展現特殊敏感性和一般敏感性的孩童，是相對中肯且具說服力的對照。在早期逆境條件下表現不佳的孩童，不單純是脆弱，他們其實是對於有害和有益的環境，更敏銳而易受影響，就像蘭花一樣。這是觀念上至關要緊的差異。它的意思是，高度敏感的蘭花小孩，若得到保護，杜絕惡質的環境，置於支持、關愛的環境，不單是能擁有一般程度的健康和幸福狀態，一如「脆弱」的孩童脫離逆境時可能的發展。除此之外，他們還會有良好的健康、穩健的發展，甚至創造出超凡卓越的成就，變得異常突出。

堅韌的孩童是常數，而非異數

第二個基本謬誤是假設所謂「堅韌」的孩童僅屬於少數，認為兒童普遍脆弱，這些特別堅韌的孩子不過是個別的偶發案例，這個想法則犯了比例上的錯誤。

一提及那些像露比這樣出色的孩童，對逆境的抵抗力以及絕佳的生存能力，我們往往輕易就能歸納出結論，這類孩子絕對是兒童中的鳳毛麟角。我們以為這些「堅韌」的珍稀樣本裡（在逆境風險和發病率規則的例外），藏著孩童生存的神秘鑰匙、創傷毒害的解藥。但是，研究結果顯示，事實正好相反：大部分孩童天生就極具韌性和極為堅強，能對社會環境的極端處境有抵抗力，足以讓他們能在最惡劣的條件下生存並前進。

回想一下，歷年來在我們的實驗室裡接受測試的幼童，大約有百分之八十在面臨溫和壓力挑戰和事件時，顯現低度或沒有任何生物損耗反應。也就是說，絕大部分的孩童在面對人為逆境時，相對不敏感，或是頂多顯現普通程度的困擾。在真實世界裡，同樣的現象也成立：大部分孩童，在社會環境裡面臨溫和、相對常規的壓力源時，都能泰然自若地度過生活的風暴。除了最敏感的孩童以外，其他的孩子都能隨著時間，適應搬家的考驗、父母的爭執、校園中的威脅，或是寵物的過世等等。可見韌性常在，而非罕見。

儘管如此，在全球許多地區，包括北美，確實有太多孩童處於惡劣的環境中，那些環境的惡劣遠超過我們研究中的孩童大部分面對的「常規壓力源」。全球有數百萬幼童正面臨強烈且形式廣泛的傷害，包括貧窮、戰爭、家庭瓦解、壓迫和霸凌、暴露於暴力下、雙親患有精神疾病和癮症，又或是遭受身體、精神或性虐待。在世界的某些角落，這些都是極為常見的逆境，即使有生物的保護機制，蘭花小孩在其中仍然會受到傷害和損害。

因此，好消息是，脆弱性其實是敏感性，其中蘊含能在正向、具支持性的環境裡，翻轉命運的非凡能力。因此，我們嬌弱的蘭花小孩，儘管經常在跌跌撞撞中掙扎，也能以超乎我們想像的方式，戰勝挑戰並蓬勃茁壯；堅韌的孩童是常數，而非異數，大部分的孩子都能有餘裕應付生活中偶爾會出現的典型壓力源。壞消息是，暴露於非典型、非常規逆境中的蘭花小孩，可能會陷入絕境，而這種逆境在世界上極為常見。

每一個小孩，都需要大人的認可與保護

體認蒲公英小孩和蘭花小孩的差別敏感性，了解他們對於社會環境的特質和支持程度具有截然不同的易感性，並因應其中所隱含的廣大社會影響，像這樣做出推論是一回事，而當這個新穎且令人信服的觀點放在個人的切身經驗上，那又完全是另一回事。

對我來說，它一開始是一段引人入勝的科學旅程，但是到了最後，它卻帶著我回到起點：我的原生家庭裡，我自己早期人生的錯綜糾結和迷惑不解。無論我們選擇去破解的什麼謎題、決定投身哪一種職涯，最後都會回歸到我們是誰，以及出發點為何。

我妹妹瑪麗的人生，絕對不是沒有喜樂或意義。即使在偏執和妄想占滿思緒時，她對自己唯一摯愛的孩子而言，依舊是一位慈愛至極的母親。她布置了一個精巧而美麗的家，到處都是珍貴的小東西。她看電影也閱讀。她有關係良好而堅定的朋友，有些往來超過四十年，她與鄰居也相處融洽。雖然她和食物反覆無常的關係，有時候讓人傷透腦筋，但她喜歡找一家好餐廳，好好吃一頓。遺憾的是，對於內在的她，那美麗且令人戒慎恐懼的纖弱，我們幾乎一無所知。當我為父母的

爭吵而苦惱、沮喪時，她必定也縮在小女孩無力的恐懼裡動彈不得。午夜過後，我發現父親因害怕而流淚，因此懷著難過的心情又再度入睡，那時的她，必然持續清醒著，努力與騷擾她心智和心靈的心魔交戰。在中學時，我有時候會因為青春期複雜的生活而陷入低潮，那時，校園綠草如茵的操場上，經常充斥滿懷惡意和威脅的對話，讓她陷入心灰意冷。我在某個藍眼女孩的臂彎裡找到了安慰，她在別人的臂彎裡，卻只找到遺棄和哀傷。

瑪麗成年後的人生，並非貧乏荒蕪，也不是沒有歡笑，只是到了最後，她必然是厭倦了那些她時不時就要奮起面對的戰鬥，那些糾纏著她不放的聲音，還有經常在她內心洶湧的情緒。她為患有障礙的女兒奮戰，為了女兒的就學，搬家千哩，參加她所能找到最好的公立特殊教育課程。在這個慣用一百四十個字符的簡訊推文世代，她寫優雅的長信，擁護無家可歸或愛無所依歸的人的尊嚴和權利。她服用了一種又一種會造成神智不清的藥物，結果卻是沒有任何一種藥能讓她擺脫最根本、最具破壞力的疾病。到了最後，她內心所有的希望和抱負都已被挖盡掏空，就在她五十三歲生日前夕，她服用過量藥物，幾週後死於呼吸衰竭。

我們當中，誰應負責照顧、保護那些人群中最脆弱的人？做為哥哥卻怠忽職責的我，是妹妹的守護者嗎？是我太快放棄了嗎？身為她最終失去的兩個兄弟裡的哥哥，我是否能夠以某種方式緩和這世界對她的衝擊，讓她免於最終被擊倒的命運？或許換成另一個家庭或另一個哥哥，就能施展魔法，讓蒼白、凋萎的蘭花盛開，變成美的化身？

身為蘭花小孩，瑪麗的生命和與生俱來的天賦，是一種我只能靠想像才看得見的聰慧和潛能，因此不斷地尋找答案，成了我的工作和研究的最終依歸。她或許本來能過著有影響力、享有名氣的人生，生命充滿偉大的目標和壯舉。她或許本來能成為一朵珍奇罕見的蘭花。

擴大至全球，全世界對於所有蘭花小孩都應背負道德責任和義務，人類這個物種要生存下去，至少有部分取決於我們選擇如何去認可及保護那些在我們周遭最脆弱而易感的人。我們是嬰孩、幼兒、小學生和青少年的守護者，他們是未來世代的希望，天真無辜地從我們手中接下一個破碎、哀傷，但同時也壯闊的世界。如果我們無法給予足夠的關懷以及堅定的愛，如果我們無法讓軟弱者堅強、讓匱乏者豐沛、讓最弱者強大，那就只能祈求上天垂憐、幫助我們。如果我們設法做到了，那麼願上天賜福我們。

本書以及這段旅程現在要在它開始的地方結束：帶著救贖的希望。蘭花或蒲公英、敏感或無感，無論如何，我們每一個人大抵都在研究所揭示的類型當中，對於這個世界抱持著程度不一的敏感性和柔軟度，有時候則差異鮮明。

蘭花小孩在科學發現裡隱藏著未現的沉潛之美，是否暗示我們，在救贖底下，任何人類的缺陷都不再是無解？即使是最不利的特質和缺陷，都有機會能挽回，只要生活環境和條件得宜，或許就能發揮保護作用？一如我們的研究所探問的，基因組上的表觀基因和分子標記是先天條件與後天條件、基因組與「親代基因組」、內在稟賦與外在世界互動的跡證。更進一步說，救贖是否就存在於上述那些標記的輪廓裡？

最後，對於那兩個紅髮孩子——生長在同一個家庭裡，同在熱誠、關愛但偶有困惑的教養下長大，基因上當然是不折不扣的手足——我們是否已能部分與暫時的解釋，為何兩個人會迎來悲傷且不公平的際遇？我們在這樣的故事裡，除了感同身受地感覺到悲傷之外，是否也能找到某些曾確實存在、美麗而且可能帶著希望的事物？

尾聲

蘭花與蒲公英，共成一個圓滿伊甸

你是怎麼做到的？
蘭花問蒲公英，
你怎會有如此旺盛的生命力？
你怎麼能如此攻無不克？
就算落在路邊的狹縫間，
你也悠然自得，有如落腳於肥沃田野。
長在石塊與地土之間，
盛開在寧靜的光輝裡，
是誰賜你雄獅之名？
還賜予無盡的幸運？
你不受霜寒與乾旱侵擾，
不為冰雪與凍雨憂慮；

鐮刀或熱氣也不能讓你低頭。
強勁的狂風或小孩的呼吸，
只會成為你的助力，
吹動輕盈精巧的白色絨球，
種子、羽翅和絲線搖曳，
隨風遠颺，四處散播。
你飛散成瀰漫空中的孢子，
在生生不息的新生命裡延續生命，
你壯闊翱翔，凌空飄散，
飛抵泥黃土地的岸濱。

我不得不如此，
蒲公英回答道，
我生得結實健壯，
火燒也傷不了我。
我是能抵擋暴風雪的堡壘，
我是能抵擋人生刀劍的盾，

我都能靠自己平安度過，
天命的繩索也束縛不了我。
但是，美麗的蘭花，
你的生命怎麼會如此稚嫩青澀，
哀愁與喜樂，
怎會並存於你那宿慧的殘缺？
你如何把園丁的悉心照料，
化作光彩奪目的美，
你如何從惡地裡綻放精緻優雅的花朵，
彷彿美麗動人是你的天命？
你的柔軟神奇美好，
一如我必須吃苦耐勞，
你容易受到傷害，
一如我能夠活得安然無恙。
親愛的蘭花，請為我悲嘆，
我被包覆在淡定的冷靜裡，
恐懼與至喜都無法牽動我，

人生的高峰與深淵，我也幾乎不曾經歷過。

你們倆，一樣被愛，一樣重要，
蘭花與蒲公英都需要的陽光說道，
一如空氣與土地，一如光與影，
也一如老與少。

你們互為前提，相輔相成，
似一體的兩面，又如焦不離孟。
你們彼此相互對應，
因截然不同而成就更多。
一個是如纓傘的花中珍寶，
一個有穩若磐石的忠實靈魂，
你們共成了一個花園，
伊甸因你們同在而圓滿。
你們要手牽著手，
蘭花與蒲公英都棲息其間的大地說，
你們同受善的祝福，

儘管各自承受的善大不相同，
都要把那份善化為聖潔。

湯瑪士・波依斯
二〇一七年，於加州柏克萊

謝辭

人們的生活和工作中，有許多事物都立基於看不見卻無比重要的合作、指導和友誼。本書所描述的工作和經歷，有賴寬厚慷慨的朋友和同事，願意與我並肩承擔重荷，這一切幸而有他們的支持、想像力和善意，才能夠完成。以下這些無可取代的人和機構，就是其中的一部分，我要在此對他們每一個人傳達我深切而滿溢的感謝。

我的專業職涯和工作，從起點到終點，都曾受到幾位導師的肯定，讓我備感榮幸。John Cassel、Sir Michael Rutter與Leonard Syme給了我超乎預想的禮物，驅策我踏入學者與研究的生涯，那是我在早年幾乎難以想像得到的成就。一位醫師兼科學家，如何對生化醫療科學界做出有意義的貢獻，同時為我們所研究孩童的人生裡，俯拾即是的悲劇和勝利做見證，Art Ammann、T. Berry Brazelton、Robert Coles與Bob Haggerty為我們立下最佳典範。

Nancy Adler、Marilyn Essex、Chuck Nelson、Jack Shonkoff與Marla Sokolowski送給我一份完

美的大禮：沒有他們，我的研究不可能達成，他們不但是我最珍視、尊敬的同事，也是我的搭檔和盟友，他們是我一生的學術伙伴，提供智慧、熱情和令人難忘的聰慧。同樣地，我在本書記述的那些研究和計畫裡，有Abbey Alkon、Nicki Bush、Margaret Chesney、Pam DenBesten、Bruce Ellis、John Featherstone、Jan Genevro、Young Shin Kim、Mike Kobor、Max Michael、Jelena Obradović、Jodi Quas、Craig Ramey、Juliet Stamperdahl、Steve Suomi、Melanie Thomas與Allen Wilcox，我們之間的同袍情誼深厚且珍貴。

已故的Clyde Hertzman、Ron Barr，以及不列顛哥倫比亞大學（University of British Columbia）人類早期學習伙伴機構（Human Early Learning Partnership, HELP）的人員，在我心中占有特殊地位。他們在最恰當不過的時刻，辨識出孩童在健康與發展具差別易感性的寓意，並給我完全的自由，去探明它的影響。無獨有偶，有幾個聰明絕頂、創意十足的研究網，我很榮幸能加入其中成為一員：加拿大高等研究院（Canadian Institute for Advanced Research）的兒童與腦發展計畫（Child and Brain Development Program）；JPB毒性壓力研究網（JPB Research Network on Toxic Stress）；全國衛生研究院（NIH）贊助的貧富不均、複雜性與健康研究網絡（Network on Inequality, Complexity and Health）；以及麥克阿瑟基金會（MacArthur Foundation）的精神病理與發展研究網（Research Network on Psychopathology and Development）；它們共同為我在人類逆境的起源和影響的研究注入新生命。我要特別感謝這些團體的領導者，他們是Alan Bernstein、Chaviva Hošek、George Kaplan、David Kupfer、Fraser Mustard與Hermi Woodward，沒有他們致力推動科際整合這個精妙的構想，許多真知灼見就會流失。強生基金會（Robert Wood Johnson Foundation）讓我最早窺見研究的喜樂和引人入勝之處；WT葛蘭特基金會（WT Grant Foundation）贊助我第一筆最不可或缺的研究經費；全國兒童衛生與人類發展研究院（National Institute of Child Health and Human Development）與全國精神衛生研究院（National Institute of Mental Health）持續投資於我的研究工作，讓它能夠以前所未見的方式前進。

我也要感謝加州大學舊金山分校（University of California, San Francisco, UCSF）醫學院的小兒科與精神病學學系，還有加州大學柏克萊分校（University of California, Berkeley）的公共衛生學院，並感謝那裡的院長和董事：已故的Patricia Buffler、Donna Ferriero、已故的Mel Grumbach、Abe Rudolph、Larry Shapiro、Steve Shortell與Matt State。這些機構和領導者不只訓練我成為兒科醫師科學家還邀請我回任，並教導我跳脫著眼於個別孩童的思維範疇，放大格局至關注全世界的孩童。舊金山的普力茲克夫婦（Lisa and John Pritzker）慷慨地捐助UCSF講座，也就是我此刻的現職，為此我深感榮幸。柏克萊大學和不列顛哥倫比亞大學的Nina Green和Tanya Erb，給予我行政管理上的支持以及友誼，賦予了我工作的空間。

有些朋友對於本書的內容，懷抱極高的熱情，讓我益發堅信本書有值得分享之處，這些朋友包括：Karen and Russ Cook、Julie and Craig Gay、Gretchen Grant、Kim and Teddi Hamilton、Mark Labberton、Bill Satariano、Lew Sprunger、John Swartzberg、Tom and Barbara Tompkins，還有Bruce, Sara, Dave, and Holly Williams。Kim Hamilton、Phyllis Lorenz與Elysa Marco在早期就閱讀書稿，並

對書稿提供寶貴的建議。

克諾夫出版社（Alfred A. Knopf）資深總編輯與副總裁Vicky Wilson，不但在早期審閱書稿時提出深入的見解，也在編務上嚴格監督本書成書的結構和修辭方法。對於「創造一個更有智慧、更健全，更公義的世界」這個目標不遺餘力的版權代理Idea Architects，Doug Abrams是它的創辦人，上述目標也是他的熱情動力，而他對於本書的問世，扮演了真正的引導角色——這一點，再怎麼說都絕不為過。二〇一五年，在Doug提議的午餐約會裡，我交給他一份正式的寫作大綱，書的內容與我的研究相關，具有科學上的周嚴性，但或許並不那麼生動活潑。在他溫暖、不懈的鼓勵以及敦厚的評論下，了無生氣的寫作大綱，變成動人的故事篇章。沒有Doug深厚的編輯智慧，還有Idea Architects的合作寫手Aaron Shulman的貢獻，就不可能出現這本值得讀者花時間閱讀的書。在Doug和Aaron的協助下，一個一本正經且積習難改的科學作者，才得以（幾乎無痛地）轉型成為寫故事的作者。

我也要謝謝我過去和現在的家庭，他們在我的人生以及本書中，扮演著不可磨滅、寬厚仁慈的角色。我的父親和母親是一對充滿關懷和慈愛的父母，他們教導我如何努力工作、保持柔軟心腸的不朽課題。就像我們所有人一樣，他們已盡了最大的努力，在不斷的嘗試中累積教養技能和真知灼見。一如本書讀者已經看到的，我的弟弟吉姆（Jim）和妹妹瑪麗（Mary），是我在人生中親愛而敬佩的家人，雖然瑪麗的故事仍是我們正在努力弭平的傷口。願瑪麗安息，我相信她在這個紛擾但依舊仁慈的人生裡，最終獲得了平靜。

最後，對於我摯愛的吉兒（Jill）、安德魯（Andrew）和艾美（Amy），我要表達的感謝，已超乎言辭所能形容。他們以愛、信實和人類的善良仁慈，填補了我靈魂的缺隙。他們是恩典所賜，是我人生永遠的牽繫，甚至在我遇到、愛他們之前就已經注定。

詞彙解釋

等位基因、對偶基因／Alleles

單一基因的不同形式；等位基因變異（allelic variation）指的是基因ＤＮＡ序列的所有變化。

生理恆定負荷失衡／Allostatic load

維持身體的生物穩定性，要付出的生理「成本」。

自主神經系統、自律神經系統／Autonomic nervous system (ANS)

神經系統的周邊系統之一，包含兩個部分，一是交感神經系統，能加速戰或逃反應；另一個則是副交感神經系統，能抑制反應。兩者共同控制人體對壓力的生理反應，包括口乾、血壓升高和心跳加速、血糖濃度改變，以及免疫系統調節。

行為基因學、行為遺傳學／Behavior genetics

屬心理學領域，目標是解析行為的起因，並將其歸因於基因面以及環境面（如父母的教養）因素。通常藉由研究同卵雙胞胎和異卵雙胞胎，來推估行為特質的可遺傳性。

細胞分化／Cell differentiation

幹細胞（未分化的細胞）變成肝細胞、腦細胞或肺細胞……等特定組織細胞的過程。雖然所有細胞都由完全一樣的基因組成，但由於基因的表現差異，就能引導產生出完全不同的細胞類型。

差別感受性、差別易感性／Differential susceptibility

對於社會和世界的本質和特質，具有一種特殊、相對強烈的敏感性；最重要的是，對社會環境條件有害以及有益的敏感性。

ＤＮＡ序列／DNA sequence

ＤＮＡ（deoxyribonucleic acid，去氧核醣核酸）核苷酸的排列順序，而ＤＮＡ是基因組的遺傳物質，存在於人類和大部分的有機體中。

表觀遺傳學、表觀基因學／Epigenetics

在不改變基因本身的DNA序列下，探索環境暴露（environmental exposure）因素如何修飾基因表現的科學。字首「epi」在希臘文意指「上面」或「上方」，意謂表觀基因組（一套化學「記號」或標籤）名副其實位於基因組上，並控制DNA在生命期間是顯現或沉默。

表觀基因組／Epigenome

整體的表觀基因標記，影響細胞分化與取決於經驗的基因表現差異。

（基因的）上位作用／Epistasis

某一個基因的表現型受到另一個或多個基因的影響，也就是一種基因與基因之間的交互作用。

病原學、病因學／Etiology

一門研究病因的學科。

基因—環境交互作用／Gene-environment interaction

一種共同作用。即基因與環境、生物面和經驗面的滙聚，對行為或發展的結果，構成一種綜合、非加性的效應。

恆定、穩態／Homeostasis

藉由生理或行為變動以達成生物穩定性的過程。

下視丘—腦垂體—腎上腺軸／Hypothalamic-pituitary-adrenocortical (HPA) axis

由腦部的下視丘、腦垂體和腎上腺（就位於腎臟上方）構成的荷爾蒙系統，共同製造、分泌作用強烈的荷爾蒙皮質醇。皮質醇對於心血管系統、免疫系統和新陳代謝系統有重大影響。

發病、發病率／Morbidity

一般醫學名詞，用以描述身體和心理的疾病、創傷或障礙。

恐新症／Neophobia

對於新的環境、人、味道或挑戰等新事物感到恐懼或不適。

神經元／Neuron

一種神經系統的細胞，位於大腦或末梢。

神經傳遞質、神經傳導物（質）、神經傳導介質／Neurotransmitters

橋接神經元之間微小空隙的化學「傳訊者」，致使下游神經元的啟動，以完成資訊的傳達。

核苷酸／Nucleotides

四種組成DNA的有機分子：腺嘌呤、嘌呤、胞嘧啶和腺嘧啶。

表現型／Phenotype

一組觀察得到、看得見的特質，如眼珠顏色、身高、個性和行為，用以描述個人或有機體。

突觸／Synapse

兩個神經元的「手臂」之間的微小空隙，功能是連接點，以及把資訊從一個神經元傳遞給另一個神經元。

注釋

（文字上方之數字為頁碼，讀者可依此翻查內文＊處加以對照）

前言　所有的孩子，都需要大人的悉心關愛

25　既然已經有人問起，我不妨就在此補充說明——到目前為止，我們已有四個孫子。再來一個，我們就可以組一支籃球隊了。

28　在小說《米德爾馬契》（*Middlemarch*）的結尾，喬治．艾略特〔本名瑪麗．安．伊凡斯（Mary Ann Evans）〕如此刻畫她書中的女主角朵蘿西雅．布魯克（Dorothea Brooke）：「雖然不是隨處可見，但世間仍然存在和她一樣的雅緻高潔心靈。她的天性由完整散化成許多渠流，一如那條被居魯士堵決的河，從此在世上沒沒無聞。但是，她對周遭人的影響，卻能依然不絕如縷，不可等閒視之；因為人間善的增長，部分仰賴於那些微不足道的行為；世人的處境不致於那麼悲慘，一半也要歸功於那些不求聞達，忠誠度過一生，然後安息在無人憑弔之墓裡的人們。」

第1章 兩個孩子的故事

44 “He was a skinny, vivid little boy”: William Golding, *Lord of the Flies* (New York; Putnam, 1954), p. 24.

45 They can be, as family therapist Salvador Minuchin taught: S. Minuchin et al., “A Conceptual Model of Psychosomatic Illness in Children: Family Organization and Family Therapy,” *Archives of General Psychiatry* 32, no. 8 (1975): 1031–38.

46 The strength and health of both orchids and dandelions: J. P. Shonkoff, W. T. Boyce, and B. S. McEwen, “Neuroscience, Molecular Biology, and the Childhood Roots of Health Disparities: Building a New Framework for Health Promotion and Disease Prevention,” *Journal of the American Medi-cal Association* 301, no. 21 (2009): 2252–59.

46 But orchids’ *differential susceptibility:* B. J. Ellis et al., “Differential Susceptibility to the Environment: An Evolutionary-Neurodevelopmental Theory,” *Development and Psychopathology* 23, no. 1 (2011): 7–28.

第2章 韌性兒童

58 René Dubos, the famed American microbiologist: R. J. Dubos, *Man Adapting* (New Haven, CT: Yale University Press, 1965).

58 "a remarkably similar set of social circumstances": J. Cassel, "The Contribution of the Social Environment to Host Resistance," *American Journal of Epidemiology* 104 (1976): 107–23.

59 Following in the tradition of Walter Cannon's early studies: H. Selye, *Stress: The Physiology and Pathology of Exposure to Stress* (Montreal: Acta Medical Publishers, 1950); L. E. Hinkle and H. G. Wolff, "The Nature of Man's Adaptation to His Total Environment and the Relation of This to Illness," *Archives of Internal Medicine* 99 (1957): 442–60.

59 There were also those, like Robert Ader: R. Ader, N. Cohen, and D. Felten, "Psychoneuroimmunology: Interactions Between the Nervous System and the Immune System," *Lancet* 345 (1995): 99–103.

59 We found and reported, in a 1977 paper: W. T. Boyce et al., "Influence of Life Events and Family Routines on Childhood Respiratory Tract Illness," *Pediatrics* 60 (1977): 609–15.

62 在我們早期的壓力與疾病研究中，下頁圖就是這類資料的範例。這張散布圖顯示一群三到五歲的孩童所體驗到的家庭壓力程度，與父母、老師所彙報的行為問題嚴重程度之間的預測關係。結果顯示，兩者雖然有高度顯著的線性關係（不太可能完全歸因於偶然），卻仍隱含大量的變異。

63 Thus, even before the systematic and elegant studies of resilience: N. Garmezy, A. S. Masten, and A. Tellegen, "The Study of Stress and Competence in Children: A Building Block for Developmental

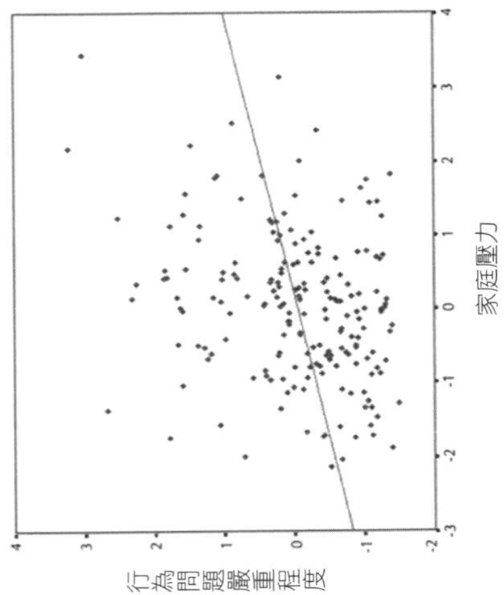

Psychopathology," *Child Development* 55 (1984): 97–111.

64 「精神病理學」（psychopathology）指的是可辨識，並符合《精神疾病診斷與統計手冊第五版》（*Diagnostic and Statistical Manual 5, DSM-5*）描述和分類診斷準則的精神疾患。許多這類疾患要等到青少年或成年才會完全顯現，而它們最早、部分表現的形式，通常稱為「精神前趨症候群」（pre-syndromal psychopathology）。

65 ACTH causes the adrenals: C. E. Hostinar, R. M. Sullivan, and M. R. Gun-nar, "Psychobiological Mechanisms Underlying the Social Buffering of the Hypothalamic-Pituitary-Adrenocortical Axis: A Review of Animal Models and Human Studies Across Development," *Psychological Bulletin* 140, no. 1 (2014): 256–82.

66 Children who are acutely or chronically responding: R. M. Sapolsky, *Why Zebras Don't Get Ulcers*, 3rd ed. (New York: Henry Holt, 2004).

66 以下資訊提供給對生物學仍想精益求精的讀者參考。第一個壓力反應系統也稱作促腎上腺皮質釋素（corticotropin-releasing hormone, CRH）系統，是由室旁核（paraventricular nucleus）和弓狀核（arcuate nucleus）這兩個下視丘核體所驅動，它們分泌各種神經傳導物質和荷爾蒙，包括CRH，以觸發或調整多項腦下垂體功能。其中一項就是促腎上腺皮質激素（adrenocorticotropic hormone, ACTH）的表現：ACTH能刺激腎上腺釋放皮質醇，這是一種會因壓力而觸發的強效荷爾蒙，也會對心血管、免疫與新陳代謝系統施展多種效應。這些效應包括調節血壓、葡萄糖和胰島素，還有抑制各種細胞免疫與體液免疫的各項成分。下視丘核體、腦下垂體前葉與腎上腺皮質共同構成HPA軸（hypothalamic-pituitary-adrenocortical axis，下視丘／腦下垂體／腎上腺軸），密切回應心理社會壓力體驗，並對整個人體的調節與新陳代謝作用產生深切的影響。

第二個壓力反應系統位於名為「藍斑核」（locus coeruleus）的腦幹核體中。藍核—正腎上腺素

（locus coeruleus–norepinephrine, LC-NE）系統也會在壓力情況下啟動，並藉由腎上腺素神經元連接下視丘，啟動自主神經系統（autonomic nervous system, ANS）的戰或逃反應。這些反應反映了交感神經（促進作用）與副交感神經（抑制作用）的相對平衡。ACTH和LC－NE系統會進行廣泛的交叉溝通，CRH也會啟動LC－NE迴路，而ANS對CRH系統也有調節作用。兩個系統對於多項生理作用都有強大的追蹤和調節效應，包括血糖值、血壓、心跳速率、心血管功能，還有對細菌、病毒和異物（如花粉和疫苗）的免疫反應平衡。對於壓力環境會出現急性或慢性反應的孩童，通常血糖較高（罹患第二型糖尿病的風險較高）、血壓較高（罹患心冠病和心血管疾病的風險較高），也常出現免疫功能的變異。

66 Neuroscientist Bruce McEwen has suggested: B. McEwen, "The Brain on Stress: How the Social Environment Gets Under the Skin," *Proceedings of the National Academy of Sciences USA* 109, Suppl. 2 (2012): 17180–85.

第3章　環境的好壞，決定蘭花小孩的未來

76 破舊與光鮮玩具的兩難困境就是所謂的「棉花糖測試」的調整型；棉花糖測試是史丹佛教授華特．米歇爾（Walter Mischel）多年前設計的實驗，用來評估年幼孩童的自制能力。可參閱W. Mischel, E. B. Ebbesen, and A. R. Zeiss, "Cognitive and Attentional Mechanisms in Delay of Gratification," *Journal of Personality and Social Psychology* 21 (1972): 204–18。

80 These highly sensitive, orchid-like children: W. T. Boyce et al., "Psychobiologic Reactivity to Stress and Childhood Respiratory Illnesses: Results of Two Prospective Studies," *Psychosomatic Medicine* 57 (1995): 411–22.

83 Jerome Kagan, a professor of developmental psychology: J. Kagan, J. S. Reznick, and N. Snidman, "Biological Bases of Childhood Shyness," *Science* 240 (1988): 167–71.

83 According to the early work of Alexander Thomas and Stella Chess: S. Chess and A. Thomas, *Temperament in Clinical Practice* (New York: Guilford Press, 1986).

84 What Belsky found: J. Belsky, K. Hsieh, and K. Crnic, "Mothering, Fathering, and Infant Negativity as Antecedents of Boys' Externalizing Problems and Inhibition at Age 3: Differential Susceptibility to Rearing Influence?," *Development and Psychopathology* 10 (1998): 301–19.

84 His interpretation of this and later findings: J. Belsky, S. L. Friedman, and K. H. Hsieh, "Testing a Core Emotion-Regulation Prediction: Does Early Attentional Persistence Moderate the Effect of Infant Negative Emotionality on Later Development?," *Child Development* 72, no. 1 (2001): 123–33.

86 更多與布魯斯・艾利斯的研究相關的學者演繹，請參閱他與David Bjorklund的著作*The Origins of the Social Mind: Evolutionary Psychology and Child Development* (New York: Guilford Press, 2014)。

87 The core tenets of that fledgling theory: W. T. Boyce and B. J. Ellis, "Biological Sensitivity

to Context: I. An Evolutionary-Developmental Theory of the Origins and Functions of Stress Reactivity," *Development and Psychopathology* 17, no. 2 (2005): 271–301; B. J. Ellis, M. J. Essex, and W. T. Boyce, "Biological Sensitivity to Context: II. Empirical Explorations of an Evolutionary-Developmental Hypothesis," *Development and Psychopathology* 17, no. 2 (2005): 303–28.

88 左圖的曲線，顯示了早期心理社會壓力與逆境，以及後代的生物反應預期水準之間在理論上的關聯。演化生物學已經指出，在所謂的條件性適應下，胎兒與嬰兒是如何無意識地評估他們的自然環境和社會環境，繼而在生物面與生理面做出調整，好讓自己有最大的機會可以成功適應那些環境。現在有證據顯示，誕生於中等壓力環境（圖中曲線的中段）的孩童，成為低生物反應蒲公英小孩的比例特別高。另一方面，出生在極度低壓力家庭（A點）與極度高壓力家庭（B點）的孩童，成為蘭花小孩的比例則出奇地高。A點的孩童會成為蘭花小孩是因為他們可以從所處環境汲取更多「良善」，然而在B點的孩童會成為蘭花小孩則是要把對威脅的警覺性提升至最高。

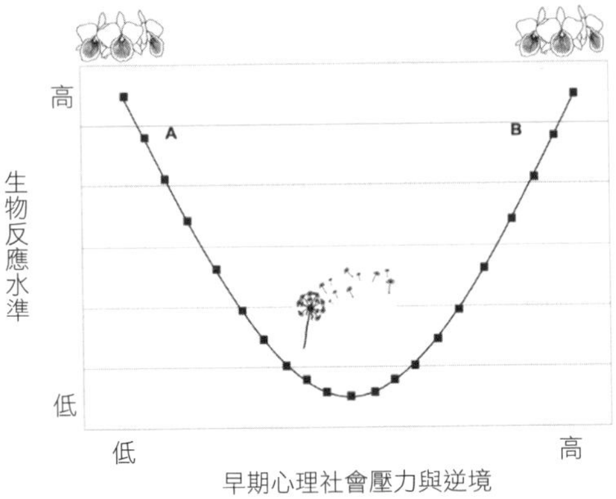

89 Buckeye butterflies develop: S. F. Gilbert and D. Epel, *Ecological Developmental Biology: Integrating Epigenetics, Medicine, and Evolution* (Sunderland, MA: Sinauer Associates, 2009).

89 Perhaps the best-known example of a conditional adaptation: J. Belsky, L. Steinberg, and P. Draper, "Childhood Experience, Interpersonal Devel-opment, and Reproductive Strategy: An Evolutionary Theory of Socializa-tion," *Child Development* 62 (1991): 647–70.

90 Jay Belsky has correspondingly suggested: J. Belsky, "Variation in Susceptibility to Environmental Influence: An Evolutionary Argument," *Psychological Inquiry* 8, no. 3 (1997): 182–86.

93 下頁圖顯示一群恆河猴在六個月的團體關禁期之前、期間與之後所承受創傷的數目和嚴重程度。如圖中所示，關禁期導致暴力創傷的頻率和嚴重程度都增加五倍。

第 4 章　高敏感體質的蘭花小孩

96 A team of scientists in London: J. Belsky, K. Hsieh, and K. Crnic, "Mothering, Fathering, and Infant Negativity as Antecedents of Boys' Externalizing Problems and Inhibition at Age 3: Differential Susceptibility to Rearing Influence?," *Development and Psychopathology* 10 (1998): 301–19.

96 Investigators at the University of Pittsburgh: S. B. Manuck, A. E. Craig, J. D. Flory, I. Halder I, and R. E. Ferrell, "Reported Early Family Environment Covaries with Menarcheal Age as a Function of Polymorphic Varia-tion in Estrogen Receptor-Alpha," *Development and Psychopathology* 23, no. 1

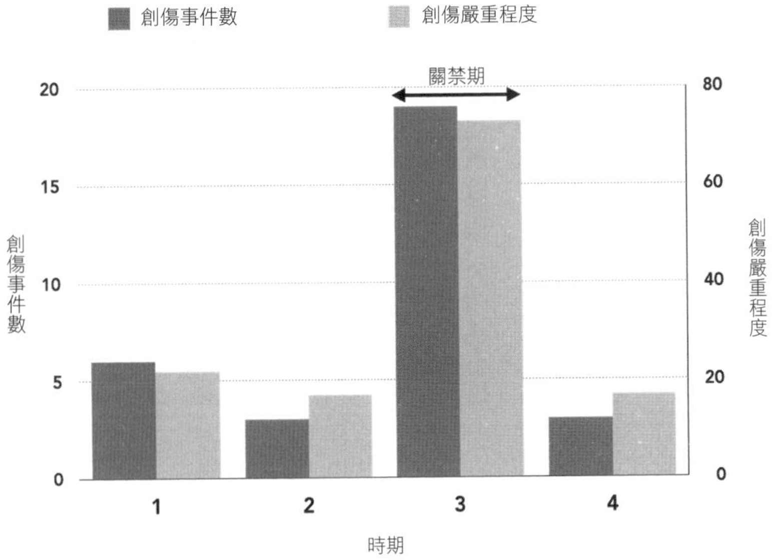

(2011): 69–83.

96 In Jerusalem, another group: A. Knafo, S. Israel, and R. P. Ebstein, "Heritability of Children's Prosocial Behavior and Differential Susceptibility to Parenting by Variation in the Dopamine Receptor D4 Gene," *Development and Psychopathology* 23, no. 1 (2011): 53–67.

99 人類的正常核心體溫是攝氏三十七度（或華氏九十八・六度），而恆河猴的正常核心體溫略高於人類，為攝氏三十七・三度（或華氏九十九・一度）。

101 對於大腦對稱性有興趣的讀者，可以參閱由精神醫師伊恩・馬吉爾克里斯特（Iain McGilchrist）所寫的卓越著作 *The Divided Brain and the Making of the Western World* (New Haven, CT: Yale University Press, 2009)。

101 We know, for example, that the brain: N. A. Fox, "If It's Not Left, It's Right: Electroencephalograph Asymmetry and the Development of Emotion," *American Psychologist* 46, no. 8 (1991): 863–72; R. J. Davidson and K. Hugdahl, *Brain Asymmetry* (Cambridge, MA: MIT Press, 1995).

102 We began to see a warmer right eardrum: W. T. Boyce et al., "Tympanic Temperature Asymmetry and Stress Behavior in Rhesus Macaques and Children," *Archives of Pediatric and Adolescent Medicine* 150 (1996): 518–23.

104 Thus, orchid children, like their nonhuman primate orchid counterparts: W. T. Boyce et al., "Temperament, Tympanum, and Temperature: Four Provisional Studies of the Biobehavioral Correlates of Tympanic Membrane Temperature Asymmetries," *Child Development* 73, no. 3 (2002): 718–33.

109 On the other hand, the dandelion-like kids: W. T. Boyce et al., "Autonomic Reactivity and Psychopathology in Middle Childhood," *British Journal of Psychiatry* 179 (2001): 144–50.

110 Here was an even more powerful demonstration: M. J. Essex et al., "Biological Sensitivity to Context Moderates the Effects of the Early Teacher-Child Relationship on the Development of Mental Health by Adolescence," *Development and Psychopathology* 23, no. 1 (2011): 149–61.

112 具備一定程度植物學知識的讀者可能要嚴正抗議，蘭花其實並非長在土壤裡。因此我特別在此澄清：雖然有少數幾種地生蘭花確實是長在土裡，然而大部分熱帶蘭花都是附生植物，意

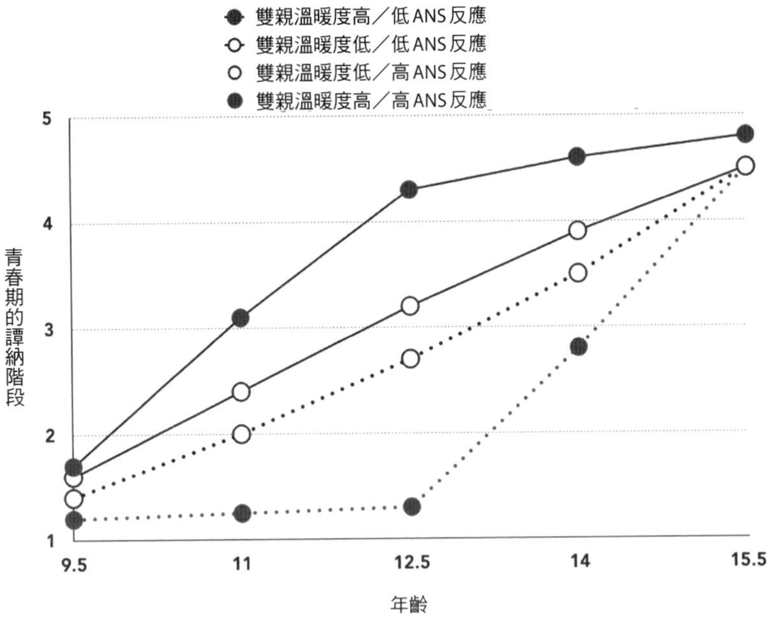

思是它們是在空氣中成長，而非在土壤裡。所以，此處與後文述及蘭花小孩生長所在的「土壤」，是一種譬喻手法，還請讀者包涵。

113

過去百年間，初經平均年齡呈下降趨勢，從十七歲提早到十二歲。若以過去四十年間來看，則女生的初經年齡大約提早幾個月，而胸部開始發育的年齡則提早一到兩年。大部分專家把這些長期趨勢歸因於疾病率的下降和營養的提升。對這個現象有興趣的讀者，可以參閱 *The Falling Age of Puberty in U.S. Girls, by Sandra Steingraber* (http://gaylesulik.com/wpcontent/uploads/2010/07/falling-age-of-puberty.pdf)。

113

上圖顯示各種雙親支持程度與戰或逃

反應程度（以ＡＮＳ反應衡量）所對應的青春期發展（以譚納階段〔譯注：用以測量青少年身體發育與性特徵發展的標準〕一至五來衡量）的時間軌跡。高反應的蘭花青少年顯現的青春期發展步調若非最快速就是最緩慢，速度取決於雙親的溫暖和支持。

115 關於解讀科學研究時的問題與困難，有興趣深入了解的讀者，可能會喜歡這本書：*An Epidemiologic Guide to Flaws and Fallacies in the Medical Literature* (Boston: Little, Brown, 1984)。

118 The orchids remembered nearly everything: J. A. Quas, A. Bauer, and W. T. Boyce, "Physiological Reactivity, Social Support, and Memory in Early Childhood," *Child Development* 75, no. 3 (2004): 797–14.

第5章 蘭花的根源，蒲公英的種子

120 Children with this shorter allele: C. A. Nelson, N. A. Fox, and C. Zeanah, *Romania's Abandoned Children* (Cambridge, MA: Harvard University Press, 2014); K. L. Humphreys et al., "Serotonin Transporter Genotype (5HTTLPR) Moderates the Longitudinal Impact of Atypical Attachment on Externalizing Behavior," *Journal of Developmental and Behavioral Pedi-atrics* 36, no. 6 (2015): 409–16.

121 Similarly, a team of Dutch researchers: M. J. Bakermans-Kranenburg and M. H. van Ijzendoorn, "Differential Susceptibility to Rearing Environment Depending on Dopamine-Related Genes: New

Evidence and a Meta-analysis," *Development and Psychopathology* 23, no. 1 (2011): 39–52.

124 Careful epidemiologic work: N. Razaz et al., "Five-Minute Apgar Score as a Markerfor Developmental Vulnerabilityat5 Years of Age," *ArchivesofDisease in Childhood. Fetal and Neonatal Edition* 101, no. 2 (2016): F114–F120.

125 出生時愛普格分數較低的五歲孩童，根據他們的幼兒園教師的評量（以十分為滿分）顯示，他們在發展上明顯較為落後。在早期發展評量工具（Early Development Instrument, EDI）的每個發展領域，都與愛普格分數的級等有關聯，低愛普格分數是高脆弱度的預測指標。參考文獻同前注。

126 第一個使用「先天遺傳VS.後天養育」（nature versus nurture）這個語彙的是達爾文的表弟，英國自然歷史學家法蘭西斯・高爾頓（Francis Galton）。這種強端的二分法最後終於不敵表觀基因的發現，表觀基因可說是先天遺傳與後天養育的滙聚之處。

131 And it is only religious faith: S. Kierkegaard, *Either/Or,* trans. S. L. Ross and G. L. Stengren (New York: Harper & Row, 1986 [originally published in 1843]).

第6章　一樣的家庭，不一樣的感受

156 I happened upon what is now a dog-eared and famous paper: R. Plomin and D. Daniels, "Why Are Children in the Same Family so Different from One Another?," *Behavioral and Brain Sciences* 10

(1987): 1–16.

158 對於梅尼和齊夫的親代行為表觀基學的研究，渴望深入了解的讀者，可以參考下列資料：J. D. Sweatt et al., *Epigenetic Regulation in the Nervous System: Basic Mechanisms and Clinical Impact* (London: Elsevier, 2013); M. J. Meaney, "Epigenetics and the Biological Definition of Gene×Environment Interactions," *Child Development* 81 (2010): 41–79; M. Szyf, P. McGowan, and M. J. Meaney, "The Social Environment and the Epigenome," *Environmental and Molecular Mutagenesis* 49 (2008): 46–60; I. C. Weaver et al., "Epigenetic Program-ming by Maternal Behavior," *Nature Neuroscience* 7 (2004) 847–54.。

160 雖然人類在基因、生物學與行為方面與其他哺乳類動物出奇地類似，重要的是，我們要體認並承認，即便是與我們相近的智人，在能力、創意，以及想像力和適應力上的成就，與我們仍有極大的差異。我們的基因組與黑猩猩只有剛好突破百分之一的差異，但那是多麼意義非凡的百分之一！

163 下頁圖顯示幼鼠出生後的頭幾天，母鼠的舔舐和理毛行為，將如何影響到幼鼠皮質醇系統對壓力的反應、對焦慮的易感性以及日後的養育行為風格。醣皮質素（皮質醇）受體（glucocorticoid receptor, GR）基因（在出生時未有甲基化），低舔舐母鼠的後代卻出現甲基化，導致高壓力反應、高焦慮，以及低關懷父母的傾向。

163 催產素的生物學有悠久而精采的歷史，以下兩書有不錯的記述：S. B. Hrdy, *Mother Nature:*

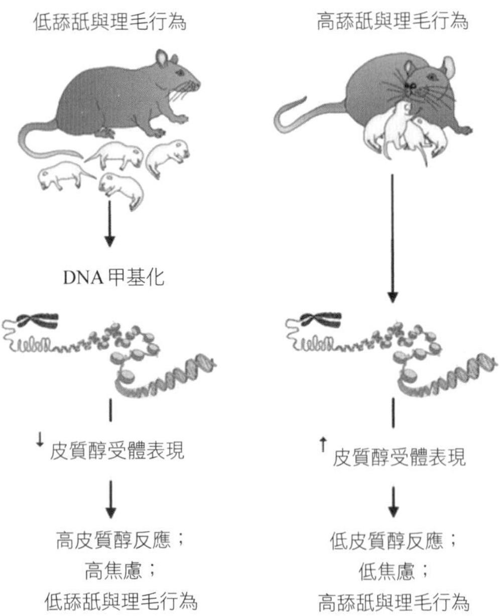

Maternal Instincts and How They Shape the Human Species (New York: Ballantine, 1999); and Meg Olmert: M. D. Olmert, *Made for Each Other: The Biology of the Human-Animal Bond* (Cambridge, MA: Da Capo, 2009)。對於仍在發展中的催產素故事，以下文獻有更科學的觀點：C. S. Carter, "Oxytocin Pathways and the Evolution of Human Behav-ior," *Annual Review of Psychology* 65 (2014): 17–39。

163 As with the effects of licking and grooming: A. K. Beery et al., "Natural Variation in Maternal Care and Cross-Tissue Patterns of Oxytocin Receptor Gene Methylation in Rats," *Hormones and Behavior* 77 (2016): 42–52.

164 The Bucharest Early Intervention Project: C. A. Nelson, *Romania's Abandoned Children* (Cambridge,

MA: Harvard University Press, 2014).

171 Both low and high licking: P. Pan et al., "Within-and Between-Litter Maternal Care Alter Behavior and Gene Regulation in Female Offspring," *Behavioral Neuroscience* 128, no. 6 (2014): 736–48.

第 7 章　孩子的善良與殘酷

176 Lan was what psychologist Elaine Aron: E. N. Aron, *The Highly Sensitive Child* (New York: Broadway Books, 2002).

177 Neuroscientists have in fact shown: N. I. Eisenberger, M. D. Lieberman, and K. D. Williams, "Does Rejection Hurt? An FMRI Study of Social Exclusion," *Science* 302, no. 5643 (2003): 290–92.

177 a kind of "ouch" zone in the brain: See "'Ouch Zone' in the Brain Identified," University of Oxford News & Events, March 10, 2015, www.ox.ac.uk/ news/2015-03-10-ouch-zone-brain-identified.

177 Although it is sometimes relegated: J. B. Richmond, "Child Development: A Basic Science for Pediatrics," *Pediatrics* 39, no. 5 (1967): 649–58.

179 One group of scientists used computer animations: L. Thomsen et al., "Big and Mighty: Preverbal Infants Mentally Represent Social Dominance," *Science* 331, no. 6016 (2011): 477–80.

181 讀者可能也會喜歡以下兩本書：一是法蘭斯・德瓦爾(Frans de Waal)所著的《黑猩猩政治學》(*Chimpanzee Politics: Power and Sex Among Apes*，Baltimore: Johns Hopkins University Press,

2007)，該書詳細地探索猴類的階層結構；二是克里斯多夫・波姆(Christopher Boehm)的《森林裡的階級》(*Hierarchy in the Forest: The Evolution of Egalitarian Behavior*; Cambridge, MA: Harvard University Press, 1999)。

182 The dominant animals eventually became sick: R. M. Sapolsky and L. J. Share, "A Pacific Culture Among Wild Baboons: Its Emergence and Transmission," *PLoS Biology* 2, no. 4 (2004): E106.

182 In the years since, the formerly number three clan: A. M. Dettmer, R. A. Woodward, and S. J. Suomi, "Reproductive Consequences of a Matrilineal Overthrow in Rhesus Monkeys," *American Journal of Primatology* 77, no. 3 (2015): 346–52.

183 Across the animal kingdom: C. Boehm, *Hierarchy in the Forest: The Evolution of Egalitarian Behavior* (Cambridge, MA: Harvard University Press, 1999).

184 Such "biological embedding" of low social status: C. Hertzman and W. T. Boyce, "How Experience Gets Under the Skin to Create Gradients in Developmental Health," *Annual Review of Public Health* 31 (2010): 329–47.

184 As Sapolsky has pointed out: R. M. Sapolsky, "The Influence of Social Hierarchy on Primate Health," *Science* 308, no. 5722 (2005): 648–52.

186 有證據顯示，即使在當代世界，原住民的狩獵—採集部落的實際運作與社會結構都較為平等——咸認這是史前時代原始人族群的遺風。參閱：K. E. Pickett and R. G. Wilkinson, *The*

Spirit Level: Why Greater Equality Makes Societies Stronger (New York: Bloomsbury, 2009)。

187 Marmot's work shows: M. Marmot, *The Health Gap: The Challenge of an Unequal World* (London: Bloomsbury, 2015).

187 左圖顯示童年時期慢性疾症數據與家庭社經地位（SES）之間的分布狀況。家庭社經地位與孩童的耳疾、氣喘、外傷、體能活動不足，以及所有構成限制的疾症之間呈連續、級等關聯。圖表重繪自以下這篇論文：*Psychological Bulletin* 128, no. 2 (2002): 295–329。

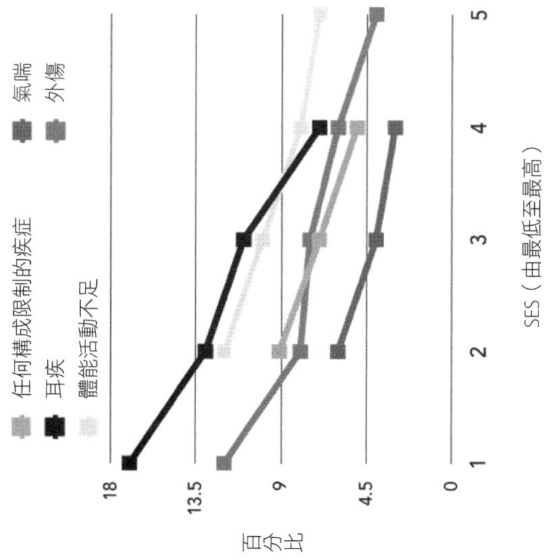

188 In fact, Richard Wilkinson and Kate Pickett: Pickett and Wilkinson, *The Spirit Level*.

189 As Nancy Adler and her colleagues: A. Singh-Manoux, M. G. Marmot, and N. E. Adler, "Does Subjective Social Status Predict Health and Change in Health Status Better Than Objective Status?," *Psychosomatic Medicine* 67, no. 6 (2005): 855–61; MacArthur Foundation Research Network on Socioeconomic Status and Health, *Reaching for a Healthier Life: Facts on Socioeconomic Status and Health in the U.S.* (Chicago, John D. and Cath-erine T. MacArthur Foundation, 2007); E. Goodman, S. Maxwell, S. Mal-speis, and N. Adler, "Developmental Trajectories of Subjective Social Status," *Pediatrics* 136, no. 3 (2015): e633–40.

190 One systematic review paper found: K. L. Tang et al., "Association Between Subjective Social Status and Cardiovascular Disease and Cardiovascular Risk Factors: A Systematic Review and Meta-analysis," *BMJ Open* 6, no. 3 (2016): e010137.

193 關於這個電影觀賞者實驗範本最早的運用，請參閱：*Ethology and Sociobiology* 4 (1983): 175–86。

193 左頁圖顯示幼兒園孩童皮質醇系統壓力反應與電影觀賞者觀賞時間排名之間的關係。排名最低的孩童，面對實驗室壓力源的皮質醇反應最強，而排名最高的孩童，反應最弱。

我在柏克萊的同事妲琳．法蘭西絲（Darlene Francis）巧妙地設置了一個與電影觀賞者範本相當的實驗版本，實驗對象是四隻為一組的老鼠。她用的不是引人入勝的影片，而是把融化的

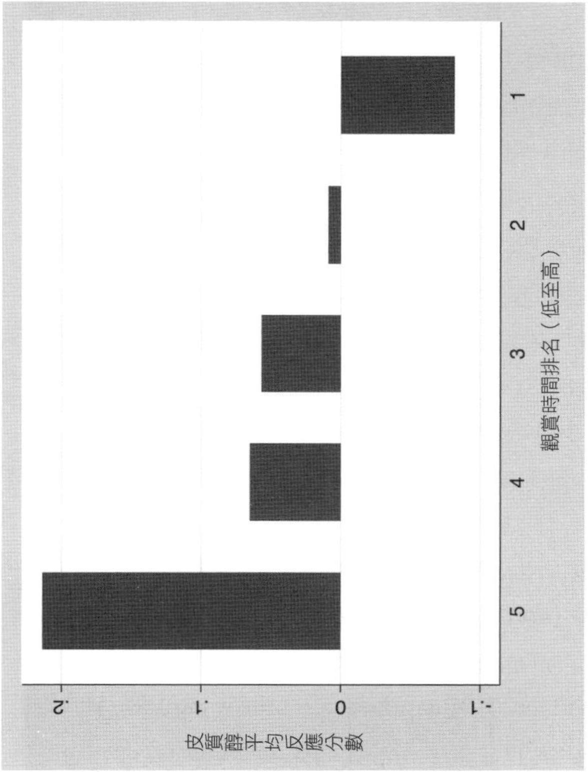

巧克力注入玻璃燭台，放進裝著四隻同性老鼠的籠子，然後研究助理記錄每隻老鼠舔食巧克力的時間量。結果浮現同樣的清楚階級：舔食時間少的老鼠皮質醇系統對另一項壓力源的反應，明顯高於那些舔食時間最長的老鼠。

201 In fact, the Stanford economist Raj Chetty: R. Chetty et al., "How Does Your Kindergarten Classroom Affect Your Earnings? Evidence from Project Star," *Quarterly Journal of Economics* 126, no. 4 (2011): 1593–1660.

202 As we discussed together what lay behind: G. W. Ladd, "Having Friends, Keeping Friends, Making Friends, and Being Liked by Peers in the Class-room: Predictors of Children's Early School Adjustment?,"

Child Development 61 (1990): 1081–1100; R. C. Pianta and B. K. Hamre, "Classroom Processes and Positive Youth Development: Conceptualizing, Measuring, and Improving the Capacity of Interactions Between Teachers and Students," *New Directions for Youth Development* 2009, no. 121 (2009): 33–46; D. Stipek, "Context Matters," *Elementary School Journal* 112, no. 4 (2012): 590–606.

202 This could occur if the teacher: V. G. Paley, *You Can't Say You Can't Play* (Cambridge, MA: Harvard University Press, 1992).

202 The result of these classroom differences: W. T. Boyce et al., "Social Stratification, Classroom 'Climate' and the Behavioral Adaptation of Kindergarten Children," *Proceedings of the National Academy of Sciences* 109, Suppl. 2 (2012): 17168–73.]

203 相反的主張或許也說得通：也就是說，抑鬱症狀造成孩子落入階級底層，而不是附從角色造成抑鬱症狀的出現。解讀資料時「倒果為因」的兩難，充斥於社會科學研究。但是以我們在柏克萊幼兒園的研究來說，精神健康症狀（如抑鬱）的衡量時間較晚（春季），是在教室社會地位的觀察結果確定之後。由於有這樣的變項衡量順序（社會地位在前，抑鬱與其他精神健康症狀在後），較可能是附從地位引發抑鬱，而不是反過來。要排除這個疑慮的唯一方法是隨機指派孩童的主導或附從地位，但是這樣的實驗，在執行上就算不是不可能，也是困難重重。

205 "I am sick of this messy life": Https://parenting.blogs.nytimes.com/ 2009/03/12/parents-and-school-shootings/.

第8章 如何當蘭花小孩的父母？

214 There was, in fact, a whole body of research: B. S. Dohrenwend and B. P. Dohrenwend, *Stressful Life Events: Their Nature and Effects* (New York: Wiley, 1974).

215 Barbara Fiese, a developmental psychologist: B. H. Fiese, H. G. Rhodes, and W. R. Beardslee, "Rapid Changes in American Family Life: Consequences for Child Health and Pediatric Practice," *Pediatrics* 132, no. 3 (2013): 552–59.

215 "I would like to debunk": W. T. Boyce, "Life After Residency: Setting Priorities in Pediatric Professional Life," *American Journal of Diseases of Child-hood* 144 (1990): 858–60.

218 In response to the sociocultural "mommy wars": M. A. Milkie, K. M. Nomaguchi, and K. E. Denny, "Does the Amount of Time Mothers Spend with Children or Adolescents Matter?," *Journal of Marriage and Family* 77, no. 2 (2015): 355–72.

218 Nonetheless, many studies find: L. M. Berger and S. S. McLanahan, "Income, Relationship Quality, and Parenting: Associations with Child Development in Two-Parent Families," *Journal of Marriage and Family* 77, no. 4 (2015): 996–1015.

218 We also know that child development: R. L. Repetti, S. R. Taylor, and T. E. Seeman, "Risky Families: Family Social Environments and the Mental and Physical Health of Offspring," *Psychological Bulletin* 128, no. 2 (2002): 330–66.

218 There is also substantial evidence: M. E. Lamb, *The Role of the Father in Child Development,* 3rd ed. (New York: Wiley, 1997).

222 Alice Miller's work: A. Miller, *The Drama of the Gifted Child: The Search for the True Self* (New York: Basic Books, 1997).

224 網際網路與大眾媒體最近紛紛大聲疾呼，呼籲家長解除因為擔憂危險而對孩童自然遊戲設下的障礙，並回歸過去世代對於危險潛伏的遊樂場和「粗野」遊戲的寬鬆態度。在這種新教養之道下成長的孩童，顯然就是所謂的「自由放養孩童」（free-range kids）。如此回歸一個較為無拘無束的童年。它對正向兒童發展所產生的影響，已經是目前流行病學家與心理學家的正規研究主題；參閱文獻M. Brussoni et al., "Risky Play and Children's Safety: Balancing Priorities for Optimal Child Development," *International Journal of Environmental Research and Public Health* 9 (2012): 3134–48; and K. Clarke, P. Cooper, and C. Creswell, "The Parental Overprotection Scale: Associations with Child and Parental Anxiety," *Journal of Affective Disorders* 151 (2013): 618–24。

第9章　當蘭花與蒲公英小孩長大成人

227 All parents yearn: M. Oliver, *New and Selected Poems* (Boston: Beacon, 1992).

228 This area of study was launched: D. J. Barker and C. Osmond, "Infant Mortality, Childhood Nutrition,